全国高等院校应用型创新规划教材·计算机系列

网络工程项目设计与施工

张殿明　韩冬博　主　编

时会美　牟建中　副主编

清华大学出版社

北　京

内容简介

本书教学内容以工作任务为依托，采用项目形式编写，系统、全面地介绍了网络工程设计的理论、技术，以及施工的工程标准和方法，主要涉及网络工程设计的基本知识、高速局域网设计、广域接入网设计、网络存储与备份设计、网络安全设计以及综合布线系统工程技术等内容，可为读者提供大中型企业网、广域接入网、企业资源服务器与网络存储、网络安全接入、综合布线等技术的解决方案。

本书适合作为应用型本科、高等职业院校电气自动化、电子信息工程、通信技术、计算机网络技术等专业网络工程课程的教学用书，也可作为培养企业网络信息化人才的实用教材，还可作为综合布线行业、智能管理系统行业和安全技术防范行业中工程设计、施工和管理等专业技术人员的参考书。

图书在版编目(CIP)数据

网络工程项目设计与施工/张殿明，韩冬博主编. --北京：清华大学出版社，2016
(全国高等院校应用型创新规划教材·计算机系列)
ISBN 978-7-302-43301-9

Ⅰ. ①网…　Ⅱ. ①张…　②韩…　Ⅲ. ①计算机网络—设计—教材　Ⅳ. ①TP393.02

中国版本图书馆 CIP 数据核字(2016)第 051991 号

责任编辑：桑任松
封面设计：杨玉兰
责任校对：宋延清
责任印制：刘海龙
出版发行：清华大学出版社
网　　址：http://www.tup.com.cn, http://www.wqbook.com
地　　址：北京清华大学学研大厦 A 座　　邮　　编：100084
社 总 机：010-62770175　　邮　　购：010-62786544
投稿与读者服务：010-62776969, c-service@tup.tsinghua.edu.cn
质量反馈：010-62772015, zhiliang@tup.tsinghua.edu.cn
课件下载：http://www.tup.com.cn, 010-62791865
印 刷 者：三河市君旺印务有限公司
装 订 者：三河市新茂装订有限公司
经　　销：全国新华书店
开　　本：185mm×260mm　　印　张：17.25　　字　数：420 千字
版　　次：2016 年 4 月第 1 版　　印　次：2016 年 4 月第 1 次印刷
印　　数：1～3000
定　　价：38.00 元

产品编号：066581-01

前　　言

本书是根据《国务院关于大力发展职业教育的决定》、教育部《关于全面提高高等职业教育教学质量的若干意见》、《关于加强高职高专教育人才培养工作意见》和《面向21世纪教育振兴行动计划》等文件的精神，以及当前计算机网络技术、电气自动化技术、通信技术等专业的发展需要，结合人才培养方案的最新要求和作者近年来的教学实践，以及在网络工程设计与实施中的经验教训，遵循项目驱动的教学模式，为进一步推动专业教学改革而编写的一本网络工程项目设计与实施教程。本书主要涉及网络工程设计基本知识、高速局域网设计与实施、广域网设计与实施、网络存储和备份设计与实施、综合布线系统设计与施工，以及网络安全设计与实施等内容。

本书的教学内容以工作任务为依托，采用项目形式编写，全书分为7个项目，每个项目基本上都遵循如下6个教学环节，从项目准备到项目实施再到效果检查，过程完整，系统、全面地介绍了网络工程设计的理论、技术，以及施工的工程标准和方法。

- 项目描述
- 任务展示
- 任务知识
- 任务实施
- 项目小结
- 项目检测

本书可为读者提供大中型企业网、广域接入网、企业资源服务器与网络存储、网络安全接入、综合布线等技术方案和实施指导。

本书具有以下特点。

(1) 在编写过程中注重学生应用能力、分析能力和基本技能的培养，突出了高职、高专学生的培养目标，淡化了理论叙述，突出了学生实践技能的培养。

(2) 注重内容的通用性、先进性和实用性。教材内容在反映新知识、新技术的同时，结合当前应用最广泛的网络工程技术来设计项目内容，保证学生能够获取与实际紧密联系的知识和技能。

(3) 适应高职高专学生的实际知识水平，注重学生专业的发展和就业的需要，各项目均从基础知识入手，循序渐进，有效激发学生的学习兴趣，理论学习与实践操作相结合，重在提高学生的动手和实践能力。

(4) 本书在编写、修改过程中，由企业、行业的专家亲自参与，实用性和实时性强，内容更贴近网络工程实际，是一本典型的校企合作开发教材。

本书内容丰富、图文并茂、深入浅出，对于帮助读者全面掌握网络工程设计方法，提高网络工程施工能力颇具实用价值。本书可作为高等职业院校计算机网络技术、电子信息工程、通信技术和电气自动化技术等专业的网络工程课程教学用书，也可作为培养企业网络信息化人才的实用教材，还可作为综合布线行业、智能管理系统行业和安全技术防范行业工程设计、施工和管理等专业技术人员的参考书。

本书由张殿明任主编，负责策划、组织编写、修改校对和统稿工作；日照市中医医院信息科韩冬博任第二主编，负责编写人员的组织和协调工作；时会美，牟建中任本书副主编。其中，项目 1 由时会美编写，项目 2 由张殿明编写，项目 3 由中国网通(集团)有限公司日照市分公司工程部郭建峰编写，项目 4 由日照海博电子科技有限公司牟建中编写，项目 5 由时会美编写，项目 6 由中国网通(集团)有限公司日照市分公司工程部杨毅编写，项目 7 由钱玉霞编写。

由于编者水平有限，书中难免存在一些差错和问题，希望读者批评指正。

编 者

目录

项目1 网络工程项目设计基础....................1

任务1 网络工程项目设计的相关概念........2

1.1 网络工程项目设计的概念............2

1.2 网络工程项目设计的目标............2

1.3 网络工程的标准............................4

任务2 了解网络拓扑结构............................4

任务3 网络工程项目的需求分析................9

3.1 网络工程人员................................9

3.2 需求分析..9

3.3 可行性分析..................................10

3.4 网络工程设计方案......................12

任务4 网络工程项目的设计方法.............13

4.1 物理拓扑图..................................14

4.2 网络系统层次划分......................14

4.3 有线网与无线网..........................15

4.4 网络安全措施..............................15

4.5 网络工程设计与实施的步骤.......18

项目小结...19

项目检测...19

项目2 高速局域网规划设计与施工........23

任务1 了解高速以太网技术概况..............25

1.1 以太网技术标准..........................25

1.2 万兆以太网..................................27

1.3 光以太网(Optical Ethernet)..........28

任务2 以太网设备的配置..........................30

2.1 网络传输介质互联设备..............30

2.2 网络物理层互联设备..................31

2.3 数据链路层互联设备..................31

2.4 网络层互联设备..........................32

2.5 应用层互联设备..........................32

任务3 网络多层交换与互连......................36

3.1 VLAN 的设计..............................36

3.2 多层交换技术..............................37

任务4 无线局域网设计与实施................ 44

项目小结 62

项目检测 62

项目3 广域网设计与施工......................... 65

任务1 了解广域网的基本知识.................. 66

1.1 广域网设备 66

1.2 广域网标准 67

任务2 路由器配置..................................... 67

2.1 路由器概述 67

2.2 路由器的工作原理 68

2.3 路由器的作用 68

2.4 路由器的类型 69

2.5 路由器体系结构 71

任务3 广域网设计..................................... 77

3.1 小型企业广域网接入的网络拓扑结构设计.............................. 77

3.2 ISDN 广域网接入的网络拓扑结构设计.................................... 79

3.3 X.25 广域网接入的网络拓扑结构设计.................................... 81

3.4 FR 广域网连接拓扑结构设计 83

3.5 ATM 广域网连接拓扑结构设计.................................... 86

3.6 光纤接入网广域网连接拓扑结构设计.................................... 88

3.7 无线接入广域网连接拓扑结构设计.................................... 92

3.8 4G 网络 94

项目小结 102

项目检测 102

项目4 网络存储和备份的设计与实施....................................... 105

任务1 了解网络存储技术...................... 106

1.1 传统存储技术......106
1.2 网络附加存储技术......107
1.3 存储区域技术......110
1.4 NAS 与 SAN 的比较......112
1.5 iSCSI 技术......112
任务 2 网络存储系统的设计......115
任务 3 数据备份与恢复......121
3.1 备份与恢复的概念......122
3.2 数据备份的类型......122
3.3 网络存储备份技术......123
任务 4 中小型网络数据备份与恢复......124
4.1 备份设备和介质......125
4.2 产品的选择......125
4.3 备份软件......126
项目小结......131
项目检测......131
项目 5 网络安全设计与实施......133
任务 1 了解网络安全设计的原则......134
任务 2 网络安全威胁与防范......136
2.1 网络威胁与防范......136
2.2 服务器威胁与防范......138
2.3 常用网络安全技术......140
2.4 安全事件响应小组......142
任务 3 操作系统安全设计......145
3.1 加强系统安全的必要手段......145
3.2 挖掘中级策略......148
3.3 配置策略阶段......149
任务 4 Web 服务器安全设计......150
4.1 提高 Web 服务器安全的手段......151
任务 5 网络边界安全设计......152
5.1 防火墙和路由器......152
5.2 使用网络 DMZ......154
5.3 访问控制列表 ACL......155
5.4 扩展 ACL 的应用......158
项目小结......164
项目检测......164
项目 6 综合布线系统的设计与施工......169
任务 1 认识网络综合布线系统......170
1.1 网络综合布线的发展历程......170
1.2 综合布线系统的基本概念......172
1.3 综合布线系统的各个子系统......172
1.4 综合布线系统的优点......175
1.5 网络综合布线系统工程的常用标准......176
1.6 我国综合布线系统国家标准简介......178
任务 2 认识综合布线系统的器材和工具......180
2.1 网络传输介质......180
2.2 线槽规格、品种和器材......185
2.3 布线工具......190
任务 3 网络综合布线系统的设计与实施......192
3.1 工作区子系统的设计与施工......192
3.2 配线子系统的设计与施工......194
3.3 干线子系统的施工......197
3.4 设备间的施工......201
3.5 管理间子系统的施工......205
3.6 进线间和建筑群子系统的施工......208
项目小结......226
项目检测......226
项目 7 网络工程项目管理与验收......229
任务 1 了解网络工程项目质量管理的相关内容......230
1.1 ISO9001 质量管理......230
1.2 网络工程项目质量控制环节......231
1.3 网络工程项目质量指标体系......232
1.4 网络工程项目质量控制方法......233

1.5 网络工程项目监理....................233
任务 2 网络工程项目成本及效益分析....234
2.1 网络工程项目的成本测算.........235
2.2 网络工程项目时间的估算.........239
2.3 网络工程项目的效益与风险.....242
任务 3 网络故障的诊断与排除...............242
3.1 网络故障概述.............................242
3.2 网络故障诊断和排除的基本思路....................................244
3.3 网络故障诊断和排除的方法.....245
3.4 操作系统自带的网络故障诊断工具....................................246
3.5 操作系统自带的网络诊断工具的应用................................251
3.6 常用的硬件形式的网络故障诊断工具...................................255
任务 4 网络工程项目的验收..................257
4.1 网络工程现场验收测试............258
4.2 网络设备验收............................260
4.3 网络系统试运行........................260
4.4 网络工程的最终验收................261
4.5 网络工程的交接和维护............261
任务 5 网络工程项目的评估..................262
5.1 评估基本知识............................262
5.2 网络健壮性评估........................263
5.3 网络安全性评估........................264
项目小结...265
项目检测...265
参考文献..266

项目 1

网络工程项目设计基础

项目描述

在当前的网络工程项目建设中，企业网的建设是非常重要的，企业网内部各种不同业务的开展，是企业网迅速发展的最主要原因。早期的企业网主要是简单的数据共享，现在则是全方位的数据共享，从过去单一的企业内部到现在异地甚至分布在全球的多个分支公司的互连，对网络的覆盖面要求越来越广，这种要求已经发展到整个企业、整个行业，甚至整个互联网。

本项目要完成以下任务：

- 掌握网络工程项目设计的相关概念。
- 了解网络拓扑结构。
- 学会做网络工程项目的需求分析。
- 掌握网络工程项目设计的方法。

任务 1　网络工程项目设计的相关概念

任务展示

在进行网络工程设计时，网络工程设计者首先要搞清楚网络技术集成、网络设备集成和网络应用集成三方面的要求；其次，将用户方的需求用网络工程的语言表述出来，使用户理解设计者所做的工作。

任务知识

1.1　网络工程项目设计的概念

计算机网络工程的描述性定义如下：计算机网络工程是指为了实现一定的应用目标，根据相关的标准和规范，通过详细的分析、规划和设计，按照可行性的设计方案，将计算机网络技术、系统、管理，高效地集成到一起的工程。

也可简单地描述为：计算机网络工程是将系统化的、规范的、可度量的方法应用于网络系统的设计、建造和维护的过程，即把工程化方法应用于网络系统中。

1.2　网络工程项目设计的目标

网络设计遵循技术和行业标准的指导原则，确保设计的解决方案满足网络建设的需要，并符合 IT 建设的标准，为将来的网络升级提供向后兼容能力。在整体方案设计中，要遵循功能性、可扩展性、适应性和管理性原则。

1. 有效性和可靠性

网络的有效性和可靠性，即可连续运行性，是网络建设必须考虑的首要原则，从用户的角度考虑，当网络不能继续提供服务时，不管是何种原因，网络就失去了实际价值。从

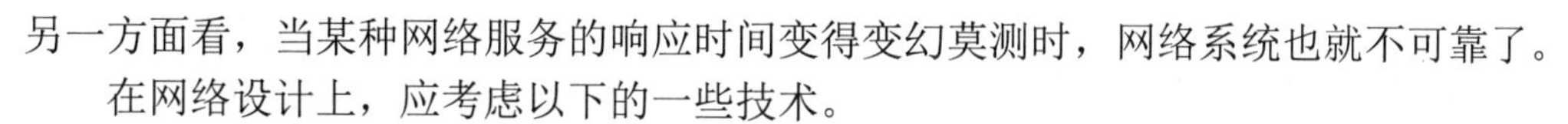
另一方面看，当某种网络服务的响应时间变得变幻莫测时，网络系统也就不可靠了。

在网络设计上，应考虑以下的一些技术。

(1) 选择的网络设备必须具有良好的可靠性。例如，有可热插拔的模块，有快速的恢复机制等。

(2) 拥有冗余及负载均衡的电源系统。

(3) 其他关键设备的冗余，如控制模块的冗余、负载均衡的网络链路冗余。确保不因为单条线路的故障而导致整个网络系统的失效，而且，应确保在某条线路发生故障时，对系统性能的影响也能最小。

2. 灵活性和扩展性

随着计算机应用的日益普及和进步，对网络系统的可伸缩性要求成为网络设计的一个重要考虑。一个设计良好的网络系统应能方便地对其规模或技术进行扩充。用户对网络资源的需求经常随着应用而发生变化，系统应具有一定的灵活性，为满足用户的不同需求而进行灵活的系统配置和资源的再分配。

网络将会是不断增长的，包括它的规模、它的应用范围和服务内容，都将随着计算机应用的不断普及而不断增加，因此，在网络设计上必须非常重视网络的扩展能力。网络的扩展包括如下内容。

(1) 网络规模的扩展：包括网络的地理分布，用户数。

(2) 应用内容的扩展：包括视频和语音服务也会不断加入到 IP 网络中，这就要求主干网络设备必须具有多种业务支持的能力。

(3) 网络容量的扩展：随着规模和应用的扩展，网络传输容量也必须能相应地增加。

在网络设备的选择上，模块化的系统在可伸缩性上也有着固定式系统无法比拟的优越性。整个系统的性能将能随着模块数量的增加而得到相应的增强，因此，也就更能适应不同规模网络对设备的要求。模块化的网络设备在多种技术的适应能力上具有相当大的灵活性。网络系统具有统一的系统平台，具有平滑升级的能力，使系统能满足各种用户不同程度的需求，以节约投资，避免系统性能的闲置和浪费。

3. 开放性和先进性

用户的环境、应用平台和硬件平台各不相同，遵循开放式标准是实现网络互连的最根本保证。系统具有开放性，意味着遵循计算机系统和网络系统所共同遵循的标准。开放性还意味着更多的选择和最佳的性价比，有利于在众多满足同一开放性标准的硬件、软件系统中选择最符合要求的产品，同时，可以保证在不降低性能的前提下使用第三方的标准产品，以降低用户投入的成本，因此具有先进性。

4. 可管理性和可维护性

在一个网络系统中，网络管理已经越来越受到人们的重视。因为它关系到网络系统的使用效率、维护、监控，甚至关系到系统资源的再分配。

网络管理对系统的重要性越来越大，这是由于系统对网络环境的依赖性不断增加而引起的，一方面，是由于网络中断而使业务被迫中止造成的损失会越来越大；另一方面，由于越来越多的用户连入网络，对网络管理的要求提高了，以确保网络能实现最高的效率。

1.3 网络工程的标准

计算机网络体系结构和国际标准化组织(ISO)提出的开放系统互联参考模型(OSI)已得到了广泛认同，并提供了一个便于理解的、易于开发的和标准强化的统一的计算机网络体系结构。

IEEE 802.3 标准是一种永久载波传感多路访问局域网。其基本思想是：当有一个站希望发送时，就监听线路。如果此时线路忙，该站就等待，直到线路空闲后再发送；如果在一根空闲线路上有两个或多个站同时开始传送，便会产生冲突。所有发生冲突的站都结束发送，等待时机，然后再重复上述过程。

所有 IEEE 802 实现的产品都直接使用曼彻斯特编码。IEEE 802 允许的电缆最大长度为 500 米，为了使网络扩展到较大范围，多根电缆可以用中继器连接起来。一个系统可以有多段电缆和多个中继器，但两个收发器之间不能超过 2.5 千米，任何两个收发器之间的路径上不能跨过多于 4 个中继器。IEEE 802.3 是基于概率统计的媒体访问控制协议，某个站的运气稍差一点时，其发送一个帧可能要等任意长的时间。另外，IEEE 802.3 的帧没有优先级，从而 IEEE 802.3 不适应实时系统。

网络产品符合 IEEE 802.3 标准的以太网(Ethernet)，其拓扑结构是总线型的，访问控制采用 CSMA/CD 方式，传输速率为 10Mbps。

除此之外，在双绞线以太网的基础上发展起来的快速以太网(100Base-T)，符合 IEEE 802.3u 标准。IEEE 802.3u 标准与 IEEE 802.3(10Base-T)标准在媒体访问方法、协议和数据帧结构方面基本相同，不同的是，IEEE 802.3u 标准在速度上进行了升级。在拓扑结构上，快速以太网不是总线型拓扑结构，而是采用星型拓扑结构，快速以太网支持全双工方式，使得实际数据传输速率能够达到 200Mbps。快速以太网可使原来 10Base-T 以太网的用户在不改变网络布线、网络管理、检测技术以及网络管理软件的情况下，顺利地向 100Mbps 快速以太网升级。

任务 2 了解网络拓扑结构

任务展示

网络拓扑是指网络中各个端点相互连接的方法和形式。网络拓扑结构反映了组网的一种几何形式。

任务知识

网络拓扑结构

局域网的拓扑结构主要有总线型、星型、环型、网状以及混合型拓扑结构。

1. 总线型网络结构

总线型拓扑结构采用单根数据传输线作为通信介质，所有的站点都通过相应的硬件接口直接连接到通信介质。

总线型网络结构如图 1-1 所示。

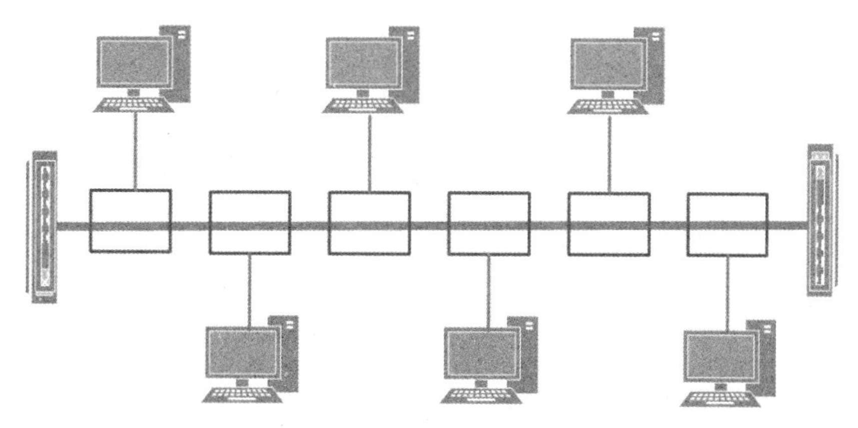

图 1-1　总线型网络结构

(1) 总线型拓扑结构的主要优点有：

- 布线容易、电缆用量小。
- 可靠性高。
- 易于扩充。
- 易于安装。

(2) 总线型拓扑结构的局限性：

- 故障诊断困难。
- 故障隔离困难。
- 中继器配置。
- 通信介质或中间某一接口点若出现故障，整个网络会随即瘫痪。

2. 星型网络结构

在星型结构的网络中，每一台设备都通过传输介质与中心设备相连，而且每一台设备只能与中心设备交换数据。星型网络结构如图 1-2 所示。

(1) 星型拓扑结构的优点如下：

- 可靠性高。
- 方便服务。
- 故障诊断容易。

(2) 星型拓扑结构虽有许多优点，但也有缺点：

- 扩展困难、安装费用高。
- 对中央节点的依赖性强。

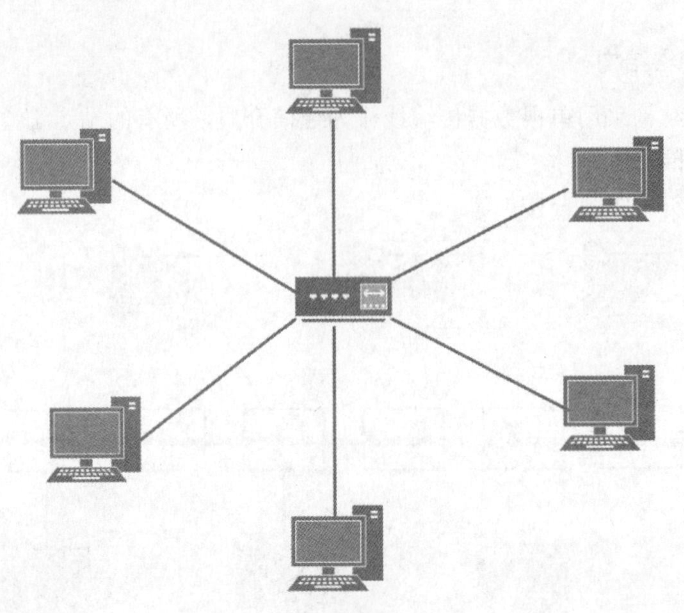

图 1-2　星型网络结构

3. 环型网络结构

环型拓扑结构网络是由一些中继器和连接到中继器的点到点链路组成的一个闭合环。在环型拓扑结构的网络中，所有的通信共享一条物理通道。环型网络结构如图 1-3 所示。

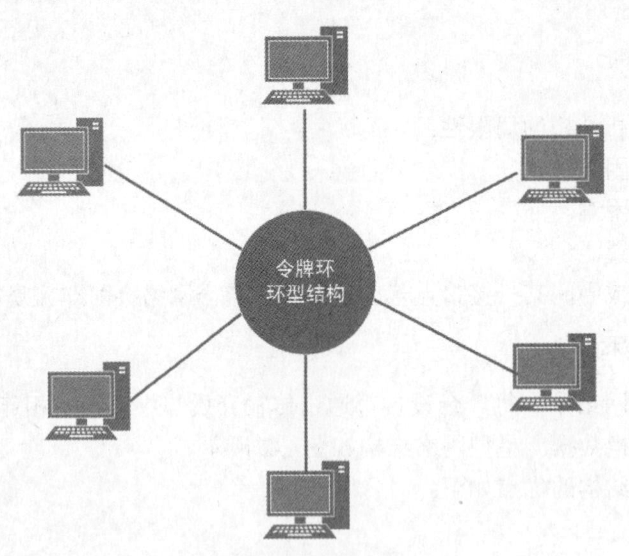

图 1-3　环型网络结构

(1) 环型拓扑结构具有以下优点：

- 电缆长度短。
- 适用于光纤。
- 可以进行无差错传输。

(2) 环型拓扑结构的缺点如下：

- 可靠性差。
- 故障诊断困难。
- 调整网络比较困难。

4. 网状网络结构

网状拓扑结构将网络中的站点实现点对点的连接。

虽然一个简单的局域网可以是一个网状网络，但这种拓扑结构更常用于企业级网络和广域网。网状网络结构如图 1-4 所示。

因特网就是网状广域网的一个例子。

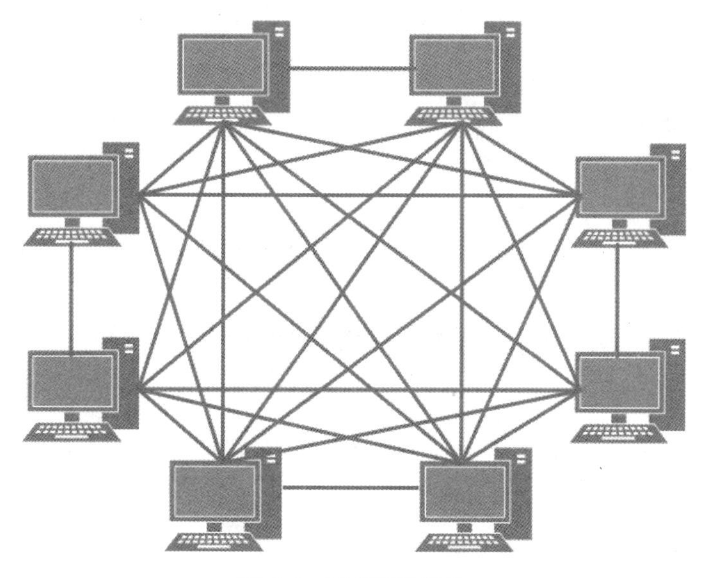

图 1-4　网状网络结构

(1) 网状拓扑结构的优点如下：

- 所有设备间采用点到点通信，没有争用信道现象，带宽充足。
- 每条电缆之间都相互独立，当发生故障时，故障隔离定位很方便。
- 任何两站点之间都有两条或者更多线路可以互相连通，网络拓扑的容错性极好。

(2) 网状拓扑结构的缺点如下：

- 电缆数量多。
- 结构复杂、不易管理和维护。

5. 混合型网络结构

(1) 星型总线结构

该混合拓扑结构组合了星型和总线构造。星型总线结构如图 1-5 所示。

(2) 菊花链型结构

星型总线网络拓扑还是过于简单，而不能代表一种典型的中等规模局域网。菊花链型结构如图 1-6 所示。

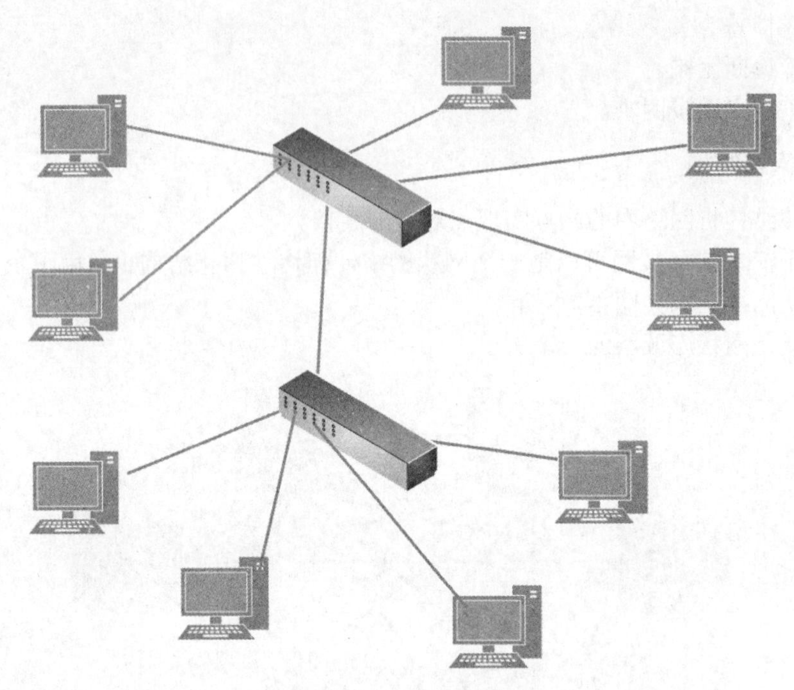

图 1-5　星型总线结构

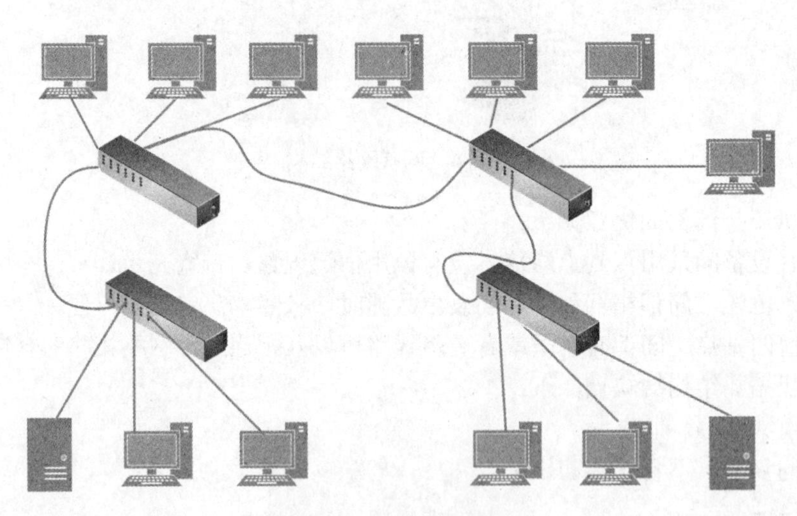

图 1-6　菊花链型结构

(3) 层次结构

层次结构如图 1-7 所示。

将拓扑结构层次化有以下几种优点：

- 对不同的组进行带宽隔离。
- 易于增加或隔绝不同的网络组。
- 易于与不同的网络类型互连。

因此，层次拓扑结构构成了高速局域网和广域网设计的基础。

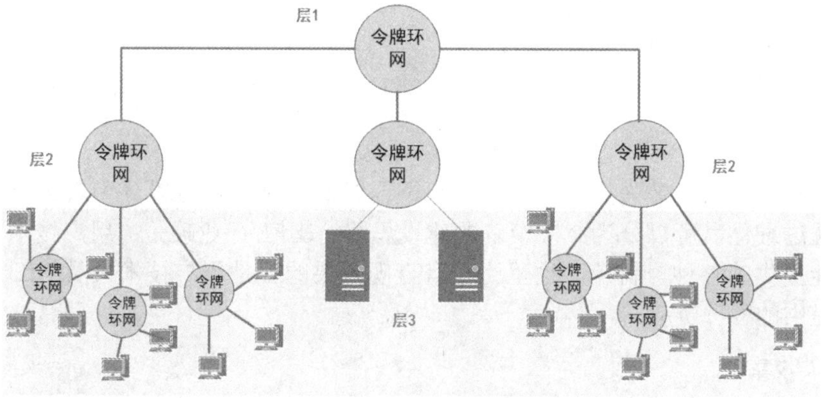

图 1-7　层次结构

任务 3　网络工程项目的需求分析

任务展示

需求分析是网络设计过程的基础。无论从工作量，还是从重要性来看，它都占到了网络系统工程约 60%的份额。对网络系统的设计和经费预算有直接的影响。

任务知识

3.1　网络工程人员

系统集成人员应了解用户需求，用户方应了解技术方面的需求，两者缺一不可。用户需求会存在一些问题。

(1)　提不出具体需求，仅凭想象。

(2)　提出不切实际的、过高的要求。

(3)　不断变化需求，使人无所适从。

因此，系统集成人员要引导用户，将自己的想法告诉用户，取得共识与谅解。

3.2　需求分析

1. 需求分析的目的

需求分析是网络设计的基础，需求分析需要我们与用户沟通，并将用户模糊的想法明确化和具体化，不正确的需求分析会导致网络设计结果与用户应用需求不一致，就会产生所谓的蠕动效果，使得项目被不断地延期，甚至被迫终结。需求分析通常包括 4 个部分。

(1)　分析技术目标与约束：这是从技术角度分析未来网络的功能需求是不是已经满足用户的需求。

(2) 识别商业目标和约束：理解网络商业本质的关键步骤，它将贯穿网络设计的整个过程，需要明确用户的投资规模等。

(3) 刻画未来网络通信的需求特征。

(4) 刻画现有网络的特征。

2. 需求来源

进行需求分析时，首先要收集需求信息，需求的来源大致可以分为政策上和技术上两个方面，通过细化，可以分为：决策者的建设思路、国家/行业政策、用户技术人员细节描述、用户能提供的各种资料等。这里比较有直观效果的就是用户技术人员的细节描述以及用户能够提供的各种资料。

3. 需求收集

需求收集从如下几个方面进行。

(1) 商业需求：商业需求需要确定关键转折点、确定网络投资规模、预测增长率。

(2) 用户需求：与用户群交流、列出服务需求、列出性能需求。通常我们是从用户的人员组织结构图入手，比如采用一些问卷调查、集中访谈等方式交流，交流过程中必须找出哪些功能和服务是用户完成工作所必需的，而网络设计中，需要对这些服务需求进行整理。要注意的是，用户并非总是从技术角度描述需求，而是从一些使用性能上来反映。

(3) 应用需求。分为可靠性/可用率、响应时间、安全性、可实现性、实时性等。

(4) 计算机平台需求。

(5) 网络需求。首先需要知道当前的网络拓扑结构，其次，还需要看看当前这个网络的网络协议，还有就是安全需求、网络设备和广域网连接的手段等。

每个需求的收集都要形成文档，有了文档，才能很方便地完成后面一些工作的实施。

4. 需求分析整理

首先应该将当前的网络业务情况总结出来，然后再进行新网络建设思路的整理，包括线路的选择、三网合一、安全性、可靠性、扩充性，以及今后的业务范畴。

3.3 可行性分析

1. 分析网络应用的约束

商业的约束对网络设计影响较高，也需要认真分析。

(1) 政策约束。

(2) 预算约束。

(3) 时间约束。

(4) 应用目标检查表。

2. 网络分析的技术指标

(1) 影响网络性能的主要因素如下：

- 距离。
- 时效。

- 拥塞。
- 服务类型。
- 可行性。
- 信息冗余。
- 一点决定整体。

(2) 网络性能参数如下：

- 时延。
- 吞吐量。
- 丢包率。
- 时延抖动。
- 路由器。
- 带宽。
- 响应时间。
- 利用率。
- 效率。

(3) 可用性(Availability)：网络或网络设备可用于执行预期任务的时间总量(百分比)。

可用性 ＝(运行总时间 / 预期总时间) × 100%

(4) 可扩展性(Scalability)：可扩展性是指网络技术或设备随着客户需求的增长而扩充的能力。主要包括的内容有信息点的增加，网络的规模，服务器的数量等。

(5) 安全性(Security)：安全性设计是企业网设计的重要方面之一，它能防止商业数据和其他资源的丢失或破坏。

(6) 可管理性。

(7) 适应性。

3. 确定网络的规模

(1) 确定网络的规模即明确网络建设的范围，这是通盘考虑问题的前提。网络规模一般分为以下 4 种：

- 工作组或小型办公室局域网。
- 部门局域网。
- 骨干网络。
- 企业级网络。

(2) 确定网络的规模涉及以下方面的内容：

- 哪些部门需要进入网络。
- 哪些资源需要上网。
- 有多少网络用户。
- 采用什么档次的设备。
- 网络及终端设备的数量。

4. 网络拓扑结构分析

拓扑结构分析要明确以下指标：

- 网络接入点(访问网络的入口)的数量。
- 网络接入点的分布位置。
- 网络连接的转接点分布位置。
- 网络设备间的位置。
- 网络中各种连接的距离参数。
- 其他结构化综合布线系统中的基本指标。

3.4 网络工程设计方案

不管是作为售前还是售后，当拿到一个项目的时候，都必须了解用户的环境：他当前的应用以及他期望的应用有哪些？他当前使用的网络产品和他期望使用的网络产品。这些对于一个售前人员或者一个项目经理来说，都是必须事先了解的，这样才可以给客户提供所谓定制化的最优的网络设计方案。

1. 企业网络的构成

对于一个企业来说，企业网络的构成，主要有如下 6 个方面。

(1) 应用软件：指支持用户完成一些特定操作的软件，而对于应用软件来说，它根据工作方式，分为单机模式和网络模式两种，不同的工作模式对网络会有不同的需求。

(2) 计算平台。

(3) 物理网络及拓扑结构：指从网卡到网卡之间位于网络之间的基础结构，包括电缆、连接器、插线板、集线器等。

(4) 网络软件及工具软件：网络软件是用来在客户端和服务器之间传输信息的协议栈，对于网络软件来说，最主要的就是网络操作系统。

(5) 网络互联设备：网络设备的选择在网络设计中是一个关键的决策。

(6) 广域网连接。

2. 网络的生命周期

对于一个网络，从设计好，到它生命的终止，主要分为如下 4 个阶段。

(1) 网络构思与计划阶段：必须明确网络结构体系，了解客户的需求，根据客户的需求来给客户设计一个最佳的网络方案，这个方案必须考虑到相关的设计目标和一些有可能的约束情况，如果没有正确的计划和对未来发展的考虑，这种实施和扩展网络都会变得非常困难。

(2) 分析与设计阶段：这是网络生命周期中一个非常重要的步骤，这个步骤主要考虑公司的整个需求，考虑用户的需求，确定网络结构。这个阶段还需要输出一些结果，比如用户的需求说明书、网络的逻辑图、网络物理连接图、网络地址的一些分配、物理设备说明、用户确认文件等，这些都可以作为我们网络实施的一些参考。

(3) 实施阶段：指定项目经理、指定实施工程师，然后根据设计和分析的结果，完成网络的实施。

(4) 运行与维护阶段：一个网络实施好了，如果没有很好地维护，那它的生命力是不会长的，因此，实施过的网络必须要有一整套运营和维护的手段，这个阶段可能需要用户不断投资，来对网络做有关的维护、改造、升级、换代等工作，这样才可以保证我们一个网络的生命周期很长，但是，这也会导致用户针对网络的连续投资。

3. 网络设计目标

(1) 最低运作成本。

(2) 不断增强的整体性能。

(3) 易于操作和使用。

(4) 充分的可靠性。

(5) 完备的安全性。

(6) 可扩展性。

作为投资方来说，它最关注的只有两点：成本和性能，如何能够达到最好的性价比，就是我们的目标。

任务4　网络工程项目的设计方法

任务展示

对于以网络设备实际物理地址为依据生成的拓扑图，我们称之为物理拓扑，物理拓扑的生成方式是根据 SNMP 协议扫描网络自动生成的。物理拓扑可以反映出实际的物理网络环境。这里给出一个物理拓扑图的例子，如图 1-8 所示。

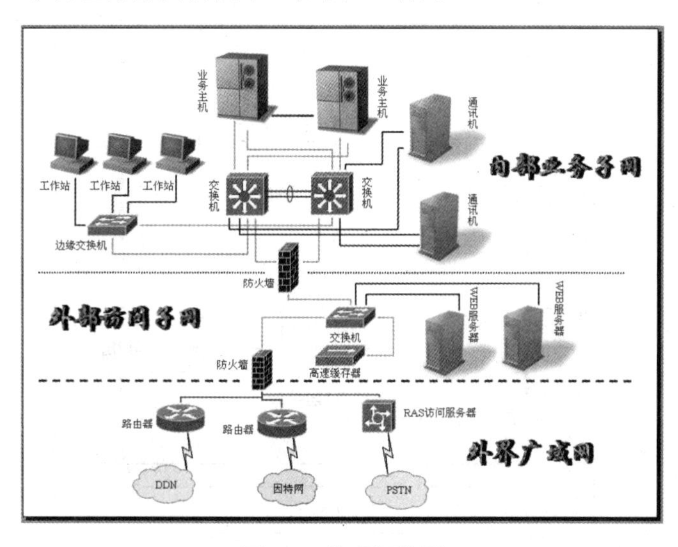

图 1-8　物理拓扑图

任务知识

4.1 物理拓扑图

物理拓扑图由于是根据网络设备的实际物理地址进行扫描而得出的，所以它更加适合于网络设备层管理，通过物理拓扑图，一旦网络中出现故障或者即将出现故障，就可以及时详细地告诉网络管理者是哪一台网络设备出了问题。举个简单的例子，当网络中某台交换机出现了故障时，通过物理拓扑图，网络管理系统可以告诉管理者在网络里众多的交换设备中，是哪一台交换机的那一个端口出现了问题，通过这个端口连接了哪些网络设备，便于网管人员进行维护。

对于物理拓扑图来说，由于它是基于 SNMP 协议自动扫描网络而生成的，在精确程度上，需要我们仔细地进行检查。这是因为，网络设备品牌型号众多，如果想要生成精确的拓扑图，就必须对不同品牌和型号的网络设备的内部 MIB 库有着足够的了解。而网管系统厂商如果想把市场上所有的网络设备的 MIB 库掌握完全，显然是不现实的，所以，没有一家网络管理系统的厂商敢于保证他们的产品在每一个网络中都能生成 100%准确的物理拓扑图。换句话说，物理拓扑图生成的准确与否，是网络管理系统厂商长期积累的结果。同时，如果网络中的某些备用设备没有开启，那么，在扫描生成物理拓扑图的过程中，是无法发现这些没有开启的备用设备的。

4.2 网络系统层次划分

对于计算机网络系统这样一个十分复杂的系统，分层是系统分解的最好方法之一。利用分层的思想，可将计算机网络表示为图 1-9 所示的层次结构模型。

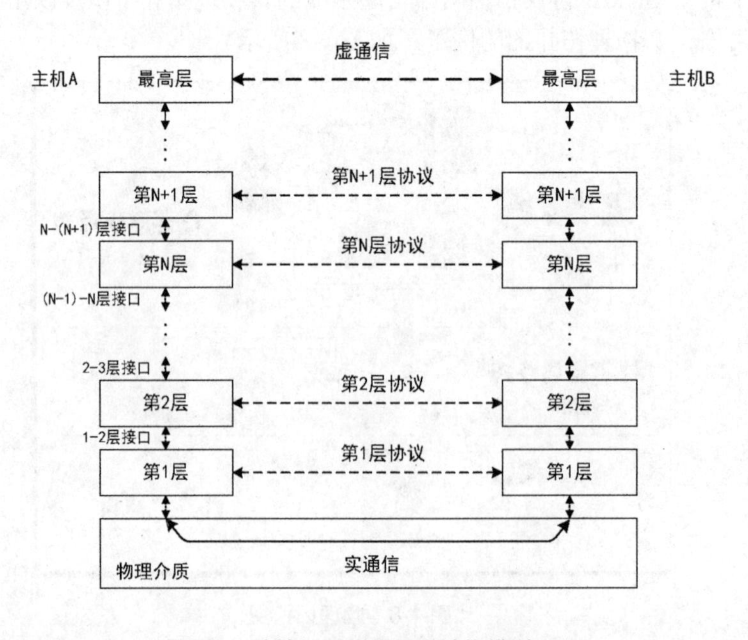

图 1-9　计算机网络的层次结构模型

(1) 网络层次结构的特点

① 以功能作为划分层次的基础。

② 第 N 层是第 N−1 层的用户，同时是第 N+1 层的服务提供者。

③ 第 N 层向第 N+1 层提供的服务不仅包含第 N 层本身的功能，还包含第 N 层以下各层提供的服务。

④ 同一主机相邻层之间都有一个接口，该接口定义了下层向上层提供的操作原语和服务。该接口中交换信息的地方称为服务访问点(SAP)，它是相邻两层实体的逻辑接口，即 N 层上面的 SAP 就是第 N+1 层可以访问第 N 层的地方。

⑤ 除了在物理介质上进行的是实通信外，其余各对等层实体间进行的都是逻辑通信(虚通信)。除最低层外，一台主机的第 N 层与另一台主机的第 N 层进行通信，并不是同一层数据的直接传送，而是将数据和控制信息通过层间接口传送给相邻的第 N−1 层，直至底层。在底层再通过物理介质实现与另一台主机底层的物理通信(实通信)。

(2) 网络层次结构中的协议

① 不同主机同一层次(对等层)实体之间进行的通信。

② 同一主机相邻层的实体之间进行的通信。

(3) 网络层次结构的优点

① 各层的功能明确，并且相互独立。

② 易于实现和维护。

③ 易于实现标准化。

(4) 网络层次结构的划分原则

① 每层具有特定的功能，相似的功能尽量集中在同一层。

② 各层相对独立，某一层的内部变化不能影响另一层，低层对高层提供的服务与低层如何完成无关。

③ 相邻层之间的接口必须清晰，跨越接口的信息量应尽可能少，以利于标准化。

④ 层数应适中。若层数太少，每一层的功能太多，会造成协议太复杂；若层数太多，则体系结构过于复杂，难以描述和实现各层的功能。

4.3 有线网与无线网

有线网使用有形的传输介质，如电缆、光纤等，连接通信设备和计算机。在无线网络中，计算机之间的通信是通过大气空间(包括卫星)进行的。

从网络的发展趋势看，网络的传输介质由有线技术向无线技术发展，网络上传输的信息向多媒体方向发展。网络系统由局域网向广域网发展。

4.4 网络安全措施

随着网络规模的不断扩大、企业中连接部门的不断增多、网络中关键应用的不断增加，网络安全已不再是几条规章制度所能保证的了，它已成为一个在网络建设中需要认真分析、综合考虑的关键问题。下面将从 5 个方面来讨论保障网络安全的若干措施。

1. 网络设计方面的安全措施

在内部网络设计中，主要考虑的是网络的可靠性和性能，而如何确保网络安全也是一个不容忽视的问题。

(1) 尽量避免使用电话拨号线路

如果使用 X.25 来组建网络，由于拨入方具有电信局分配的唯一的 X.121 地址，被拨入方的路由器将识别这一地址，非法用户难以入侵。而使用电话拨号线路来组建计算机网络时，被拨入方难以确认拨号方的身份，容易形成安全漏洞。

(2) 采用网段分离技术

网段分离就是把网络上相互间没有直接关系的系统分布在不同的网段，由于各网段间不能直接互访，从而可以减少各系统被正面攻击的机会。以前，网段分离是物理概念，组网单位要为各网段单独购置交换机等网络设备。现在有了虚拟网技术，网段分离成为逻辑概念，网络管理员可以在网络控制台上对网段做任意划分。

(3) 采用通信服务器

在安全方面有一个最基本的原则：系统的安全性与它被暴露的程度成反比。因此，建议引入通信服务器，各系统将要输出的数据放置在通信服务器中，由它向外输出，输入的数据经由通信服务器进入内部的业务系统。由于将数据库和业务系统封闭在系统内部，增加了系统的安全性。

2. 业务软件方面的安全措施

在网上运行的网络软件需要通过网络收发数据，要确保安全，就必须采用一些安全保障方式。

(1) 用户口令加密存储和传输

目前，绝大多数应用仍采用口令来确保安全，口令需要通过网络来传输，并且作为数据存储在计算机硬盘中。如果用户口令仍以原码的形式存储和传输，一旦被读取或窃听，入侵者将能以合法的身份进行非法操作，绝大多数的安全防范措施将会失效。

(2) 分设操作员

分设操作员的方式在许多单机系统中早已使用。在网络系统中，应增加网络通信员和密押员等操作员类型，以便对用户的网络行为进行限制。

(3) 日志记录和分析

完整的日志不仅要包括用户的各项操作，而且还要包括网络中数据接收的正确性、有效性及合法性的检查结果，为日后网络安全分析提供依据。对日志的分析还可用于预防入侵，提高网络安全。

例如，如果分析结果表明某用户某日失败注册次数高达 20 次，就可能是入侵者正在尝试该用户的口令。

3. 网络配置方面的安全措施

要想使网段分离和通信服务器起作用，还需要由网络配置来具体实施和保证，如用于实现网段分离的虚拟局域网配置。为进一步保证系统安全，还要在网络配置中对防火墙和路由等方面做特殊的考虑。

(1) 路由

为了避免入侵者绕过通信服务器而直接访问数据库等内部资源，还应仔细进行路由的配置。

路由技术虽然能阻止对内部网段的访问，但不能约束外界公开网段的访问。为了确保通信服务器的安全运转，避免让入侵者借助公开网段对内部网构成威胁，我们有必要使用防火墙技术对此进行限定。

(2) 防火墙

H3C 等公司的路由器通常都具有过滤型防火墙功能。这一功能通俗地说，就是由路由器过滤掉非正常 IP 包，把大量的非法访问隔离在路由器之外。过滤的主要依据，是在源、目的 IP 地址和网络访问所使用的 TCP 或 UDP 端口号。几乎所有的应用都有其固定的 TCP 或 UDP 端口号，通过对端口号的限制，可以限定网络中运行的应用。

4. 系统配置方面的安全措施

这里的系统配置，是指主机的安全配置和数据库的安全配置。据调查表明，85%的计算机犯罪是内部作案，因此这两方面的安全配置也相当重要。在主机的安全配置方面，应主要考虑普通用户的安全管理、系统管理员的安全管理及通信与网络的安全管理。

(1) 网络服务程序

任何非法的入侵最终都需要通过被入侵主机上的服务程序来实现，如果关闭被入侵主机上的这些程序，入侵必然无效。因此，这也是保证主机安全的一个相当彻底的措施。当然，我们不能关闭所有的服务程序，可以只关闭其中没有必要运行的部分。

(2) 数据库的安全配置

在数据库的安全配置方面，应主要注意以下几点。

① 选择口令加密传输的数据库。

② 避免直接使用超级用户，超级用户的行为不受数据库管理系统的任何约束，一旦它的口令泄露，数据库就毫无安全可言。

一般情况下，不要直接对外界暴露数据库，数据收发可通过通信服务器进行。如果确实有此需要，最好以存储过程的方式提供服务，并以最低的权限运行。

5. 通信软件方面的安全措施

应用程序要发送数据时，先发往本地通信服务器，再由它发往目的通信服务器，最后由目的应用主动向目的通信服务器查询、接收。

通信服务器上的通信软件除了能在业务中不重、不错、不漏地转发业务数据外，还应在安全方面具有以下特点。

(1) 在本地应用与本地通信服务器间提供口令保护。应用向本地通信服务器发送数据或查询，接收数据时要提供口令，由通信服务器判别 IP 地址及其对应口令的有效性。

(2) 在通信服务器之间传输密文时，可以采用 SSL 加密方式。如果在此基础上再增加签名技术，则更能提高通信的安全性。

(3) 在通信服务器之间也提供了口令保护。接收方在接收数据时，要验证发送方的 IP 地址和口令，当 IP 地址无效或口令错误时，拒绝进行数据接收。

(4) 提供完整的日志记录和分析。日志对通信服务器的所有行为进行记录，日志分析将对其中各种行为和错误的频度进行统计。

综上所述，网络安全问题是一个系统性、综合性的问题。我们在进行网络建设时，不能将它孤立考虑，只有层层设防，这个问题才能得到有效的解决。我们还应看到，像其他技术一样，入侵者的手段也在不断提高。在安全防范方面没有一个一劳永逸的措施，只有通过不断地改进和完善安全手段，才能保证不出现漏洞，保证网络的正常运转。

4.5 网络工程设计与实施的步骤

1. 网络工程设计的步骤

(1) 分析网络用户的需求。随着业务环境和网络技术的变化，用户的网络需求也会不断地变化，需求分析不仅包括对业务的需求分析，还包括对网络的扩展性、建设成本、运维成本的一些深入细致的分析。

(2) 网络拓扑选择。这是指我们根据客户的需求，在网络分层模型里面找到最符合我们用户需求的网络搭建模型。一般来说，是指所谓的三层模型结构：核心、分布和访问层，有时候，我们会根据用户的网络规模，把它衍变成两层或者多层的网络架构。

(3) 网络流量的分析。根据用户当前网络不同的业务需求来分析在这个新网络里面的业务流量，有了业务流量，就可以根据业务流量来选择不同的网络技术了，比如带宽是采用每秒百兆位还是千兆位，是采用帧中继还是 ADSL，分析网络流量是为了完成后面的设备选型。

(4) 网络设计和设备选择。

2. 逻辑网络设计过程

(1) 确定设计目标。根据不同用户的差异，确定的设计目标是完全不一样的，通常来说，设计目标要满足给定服务水平的原始需求。设计目标可能包括以下几个方面：

- 要有最低的运作成本。
- 不断增强的整体性能。
- 易于操作和使用。
- 充分的可靠性。
- 完备的安全性。
- 可扩展性。
- 最短的故障响应时间。
- 最短的安装花费。

(2) 完成网络服务评价。不同的设计对网络服务的要求也是不一样的，主要的网络服务包括以下两个方面：

- 网络管理考虑的因素。
- 网络故障查找。
- 网络的配置和重配置。
- 网络监视。

- 网络安全。标出需要保护的系统，对需要保护的系统实施物理上的安全防范。
- 标出网络弱点和漏洞，防止入侵者或者未授权的使用者访问资源。
- 安全管理：检查访问审核的程序，确定安全指导方针，从管理上进行安全防范。

(3) 完成技术评价。

对于技术评价来说，物理媒体和网络拓扑结构的考虑是很重要的，在 LAN 和 WAN 里面都有很多不同的介质被考虑，各种不同的介质有各种不同的优缺点，另外，还有一个网络互联的考虑。不同设备有比较，采用什么样的网络设备实现连接。广域网和局域网要求的设备也是不一样的。

(4) 进行技术决策。

3. 网络设备的选型

设计的最后一步就是设备的选择，网络设备选择的依据，是需求分析获得的各种网络性能方面的数据，包括带宽和拓扑结构等类型，然后再看接口类型和数量，针对它的有关特殊应用以及各层设备，它所要具备的一些性能综合在一起，可以完成设备的选择。

(1) 网络设备层次选择的原则：LAN 和 WAN 要分开；局域网、广域网分层的设计。

(2) 设备选择的原则：设备档次主要由设备的网络位置来决定；可靠性要求；性能要求；接口数量要求；接口类型。

特别需要注意的是接口数量和接口类型，如果要求接口数量多，要求高速接口连接，那一般这个设备档次就会要求更高。

网络设计完成后，必须要有一些相关的输出资料，以满足下一步如网络工程实施、备案。做参考方案建议书首先是设备选型的指导，其次是网络设计的记录。

一个全面的设计，除了上面的描述之外，还要包括安全设计思路、QOS 设计思路、可靠性方面的考虑、扩展性方面的考虑和设备的介绍等。

项目小结

本项目主要介绍了网络工程设计的相关概念，以及网络结构和协议。没有涉及“任务实施”的环节，希望读者在此基础上，能够根据网络工程的实际，进行正确的需求分析，并掌握网络工程设计的方法，在网络工程设计与实施中做到学以致用。

项目检测

一、选择题

(1) 网络设计涉及的核心标准是(　　)和 IEEE 两大系列。

A. RFC　　B. TCP/IP　　C. ITU-T　　D. Ethernet

(2) 计算机网络在传输和处理文字、图形、声音、视频等信号时，所有这些信息在计算机中都必须转换为(　　)的形式进行处理。

A. 二进制数　　B. 数据　　C. 模拟信号　　D. 电信号

(3) 大型系统集成项目的复杂性体现在技术、成员、环境、(　　)四个方面。

A. 时间　　B. 投资　　C. 制度　　D. 约束

(4) (　　)技术的核心思想是“整个因特网就是一台计算机”。

A. 网络　　B. 因特网　　C. 以太网　　D. 网格

(5) 对需求进行变更时，网络工程师应当对(　　)、影响有真实可信的评估。

A. 设计方案　　B. 需求分析　　C. 质量　　D. 成本

(6) 电信企业对网络设备要求支持多种业务，以及较强的(　　)能力。

A. 通信　　B. QOS　　C. 服务　　D. 网络

(7) 大型校园网外部一般采用双出口，一个出口接入到宽带 ChinaNet，另外一个出口接入到(　　)。

A. 城域网　　B. 接入网　　C. CERNet　　D. Internet

(8) 支持广播网络的拓扑结构有总线型、星型和(　　)。

A. SDH　　B. ATM　　C. 环网　　D. 蜂窝型

(9) 对于用户比较集中的环境，由于接入的用户比较多，因此交换机应当提供(　　)功能。

A. 堆叠　　B. 级联　　C. 路由　　D. 3 层交换

(10) (　　)是一种数据封装技术，它是一条点到点的链路，通过这条链路，可以连接多个交换机中的 VLAN 组成员。

A. STP　　B. VLAN　　C. Trunk　　D. DNS

(11) 数据包丢失一般是由网络(　　)引起的。

A. 死机　　B. 断线　　C. 拥塞　　D. 安全

(12) 完全不发生任何数据碰撞的以太网是不存在的，一般小于(　　)%的碰撞率是可以接受的。

A. 1　　B. 5　　C. 10　　D. 15

(13) 集中式服务设计模型是将所有服务子网设计在网络(　　)。

A. 接入层　　B. 汇聚层　　C. 核心层　　D. 骨干层

(14) IEEE 802.1w 标准的生成树技术可以将收敛时间缩短为(　　)秒之内。

A. 1　　B. 4　　C. 10　　D. 40

(15) (　　)指可用信道与接入用户线的比例。

A. 集线比　　B. 接入比　　C. 汇聚比　　D. 信噪比

(16) 计算机网络是计算机技术和(　　)技术相结合的产物。

A. 通信　　B. 网络　　C. Internet　　D. Ethernet

(17) 城域网往往由多个园区网以及(　　)、传输网等组成。

A. 校园网　　B. 以太网　　C. 电信网　　D. 接入网

(18) (　　)标准化组织主要由计算机和电子工程学等专业人士组成。

A. ITU　　B. IEEE　　C. ISO　　D. RFC

(19) 网络分层设计中，(　　)层的主要功能是实现数据包高速交换。

A. 边缘层　　B. 接入层　　C. 汇聚层　　D. 核心

(20) 协议隔离指两个网络之间存在直接的物理连接，但通过(　　)来连接两个网络。

A. 专用协议　　B. 专用软件　　C. 通用协议　　D. 通用软件

二、填空题

(1) 城域网信号传输距离比局域网长，信号更加容易受到环境的(　　)。

(2) 可以将“信息系统”分解为(　　)系统、硬件系统和软件系统三大部分。

(3) 系统集成涉及用户、系统集成商、第三方人员、社会评价部门，它们之间既有共同的(　　)，也有不同的期望。

(4) 在网络工程设计阶段，风险存在于不必要的带入过多的(　　)。

(5) 按照网络信号传输方式，可以将网络分为(　　)网络和点对多点网络两种类型。

(6) 网络冗余设计的目的有两个，一是为了提供网络备用；二是为了(　　)。

(7) (　　)是基于增加带宽的需要，可以将几条链路捆绑在一起，以增加链路带宽。

(8) 符合(G.652)标准的光纤在我国占 90%以上的市场。

(9) 网络的功能分层与各层通信协议的集合称为(　　)。

(10) 网络设计包括逻辑设计、物理设计、软件规划和(　　)等工作。

三、判断题

(1) 城域 IP 网可采用与局域网大体相同的技术，也可采用与局域网完全不同的技术。(　　)

(2) 在标准制订的过程中，用户的作用非常明显。(　　)

(3) 以太网的误码率一般在 10E-20 以下。(　　)

(4) OSI/RM 给出了计算机网络的一些原则性说明，是一个具体的网络协议。(　　)

(5) 网络层数越多，建设成本和运行维护成本也会越高。(　　)

(6) 当两台主机企图同时将信号发往同一个目的端口时，就会产生信号冲突。(　　)

(7) 广播式网络主要用于局域网、城域网、广域网中。(　　)

(8) 网络物理隔离卡与操作系统无关，兼容所有操作系统，可以应用于所有 IDE 标准硬盘。(　　)

四、简答题

(1) 网络逻辑设计主要包括哪些工作？

(2) 对用户网络设备状态进行需求分析时需要了解哪些情况？

(3) 网络扩展时应当满足哪些要求？

(4) 对用户网络服务进行需求分析时需要了解哪些情况？

(5) 汇聚层的主要功能有哪些？

项目 2

高速局域网规划设计与施工

项目描述

以某公司网络建设项目为依托，重点介绍高速以太网、以太网设备配置及网络互连等知识。

(1) 项目背景

某公司有一幢四层办公楼，分别设立研发一部和研发二部，每部门 30 人左右，预计未来 5 年将增加到每部门 80 人，另外，公司还设有人事部、营销部、企划部、财务部、秘书处和经理办公室等，总体员工人数在 300 人左右。该公司在其他大城市派驻有 7 个办事处，负责产品销售、技术支持和产品调研等，需要给公司获取和反馈最新信息。

为了适应办公信息化的需要，节约办公经费，公司决定实施网络自动化办公，选择 Intranet 网络平台，并在原有软硬件基础上开发网络自动化办公系统，实现自动化办公(OA)，并在将来有选择地实施 EC、CRM(客户关系管理)等。

公司原有一套 C/S 的财务管理系统，并且在部分部门连接有简单的 100Mbps 对等网，为了保护已有的投资，希望尽可能地保留可用的设备和软件。

(2) 用户需求

① 带宽性能需求

总部可考虑使用光纤到楼(Fiber to The Building，FTTB)接入方案，带宽约 50Mbps，各远程连接节点都提供 64k→2M→100M 的带宽接入 Internet。采用 MPLS(多协议标签交换)技术在宽带 IP 网络上构建企业 IP 专网，即 MPLS-VPN。可实现跨地域、安全、高速、可靠的数据、语音、图像多业务通信，并结合差别服务、流量工程等相关技术，将公众网可靠的性能、良好的扩展性、丰富的功能与专用网的安全、灵活、高效，结合在一起，为用户提供高质量的服务。

② 业务需求分析

公司目前的局域网应用包括文件共享服务、打印共享服务和财务管理等，未来将实施 Intranet 应用，主要面向 OA，需要新增 Web 服务、E-mail 服务等，还需要采购专门的 OA 办公软件，添置防火墙等安全设施。

公司广域网包括将本地网络接入 Internet，以及对外地办事处提供远程接入。

公司年内业务增长规模主要在研发部门，需要引进更多的技术人才，但估计不会超过两倍的增长。公司分为总部和办事处两大块，7 个办事处分布在全国若干个大城市中。总部只有一幢办公楼，共四层，楼层净高 3.5m，其他环境状况依据大楼建筑结构图确定。

③ 网络节点需求与分析

综合考虑公司各项业务需求，规划出网络节点数，分布如表 2-1 所示。

表 2-1 网络节点分布

部门(楼层)	业务类型	节 点 数
经理办公室(二楼)	办公自动化	5
秘书处(二楼)	办公自动化	10
	文件传输	

续表

部门(楼层)	业务类型	节 点 数
人事部(一楼)	办公自动化	8
财务部(二楼)	财务管理	15
	办公自动化	
营销部(一楼)	办公自动化	25
企划部(一楼)	办公自动化	
	文件传输	
开发一部(三楼)	文件传输	30
	Internet	
开发二部(四楼)	文件传输	30
	Internet	
远程办事处	办公自动化	10
	Internet	

本项目主要完成带宽的性能需求，其他方面的需求在后续的项目中完成。

本项目具体任务如下：

- 了解高速以太网技术。
- 以太网设备的配置。
- 网络多层交换与互连。
- 无线局域网设计与实施。

任务 1　了解高速以太网技术概况

任务展示

要应用 Ethernet(以太网)技术进行网络工程设计与施工，首先，我们要了解以太网技术的核心和发展现状，以及在具体的网络设计中是怎么应用的。

任务知识

1.1　以太网技术标准

以太网采用 CSMA/CD(载波监听多路存取和冲突检测)介质访问控制方式的局域网技术，以太网技术经过多年的不断发展，现在已经成为应用最广泛的局域网技术，产生了多种技术标准。

10Base5：是原始的以太网标准，使用直径 10mm 的 50Ω的粗同轴电缆，总线拓扑结构，站点网卡的接口为 DB-15 连接器，通过 AUI 电缆，用 MAU 装置栓接到同轴电缆上，末端用 50Ω/1W 的电阻端接(一端接在电气系统的地线上)；每个网段允许有 100 个站点，每个网段最大允许距离为500m，网络直径为2500m，可由5个500m长的网段和4个中继器组成。利用基带的10Mbps传输速率，采用曼彻斯特编码传输数据。

10Base2：是为降低10Base5的安装成本和复杂性而设计的。使用廉价的R9-58型50欧姆细同轴电缆，总线拓扑结构，网卡通过T形接头连接到细同轴电缆上，末端连接50欧姆端接器；每个网段允许30个站点，每个网段最大允许距离为185m，仍保持10Base5的4个中继器、5个网段的设计能力，允许的最大网络直径为5×185=925m。利用基带的10Mbps传输速率，采用曼彻斯特编码传输数据。与10Base5相比，10Base2以太网更容易安装，更容易增加新站点，能大幅度降低费用。

10Base-T：是1990年通过的以太网物理层标准。10Base-T使用两对非屏蔽双绞线，一对线发送数据，另一对线接收数据，用RJ45模块作为端接器，星形拓扑结构，信号频率为20MHz，必须使用三类或更好的UTP电缆；布线按照EIA568标准，站点-中继器和中继器-中继器的最大距离为100m。保持了10Base5的4个中继器、5个网段的设计能力，使10Base-T局域网的最大直径为500m。10Base-T的集线器和网卡每16秒就发出滴答(Heart-beat)脉冲，集线器和网卡都要监听此脉冲，收到“滴答”信号表示物理连接已建立，10Base-T设备通过LED向网络管理员指示链路是否正常。双绞线以太网是以太网技术的主要进步之一，10Base-T因为价格便宜、配置灵活和易于管理而流行起来，现在占整个以太网销售量的90%以上。

10Base-F：是使用光缆的以太网，使用双工光缆，一条光缆用于发送数据，另一条用于接收；使用ST连接器，星形拓扑结构；网络直径为2500m，定义了3种不同的规范。

- **10Base-FL**：是10Base-F中使用最多的部分，只有10Base-FL连接时，光缆链路段的长度可达到2000m，与FOIRL设备混用时，混合段的长度可达1000m。
- **10Base-FB**：是用来说明一个同步信令骨干网段，用于在一个跨越远距离的转发主干网系统中将专用的10Base-FB同步信令中继器连接在一起。单个10Base-FB网段最长可达2000m。
- **10Base-FP**：是用来说明点对点的连接方式，一个网段的长度可达500m。一个光缆无源星形耦合器最多可连接33台计算机。

100Base-T：是以太网标准的100M版，1995年5月正式通过了快速以太网/100Base-T规范，即IEEE 802.3u标准，是对IEEE 802.3的补充。与10Base-T一样，采用星形拓扑结构，但100Base-T包含4个不同的物理层规范，并且包含了网络拓扑方面的许多新规则。

100Base-TX：使用两对5类非屏蔽双绞线或1类屏蔽双绞线，一对用于发送数据，另一对用于接收数据，最大网段长度为100m，布线符合EIA568标准；采用4B/5B编码法，使其可以125MHz的串行数据流来传送数据；使用MLT-3(多电平传输-3)波形法来降低信号频率到125/3=41.6MHz。100Base-TX是100Base-T中使用最广的物理层规范。

100Base-FX：使用多模(62.5μm或125μm)或单模光缆，连接器可以是MIC/FDDI连接器、ST连接器或廉价的SC连接器；最大网段长度根据连接方式不同而变化。例如，对于多模光纤的交换机-交换机连接或交换机-网卡连接，最大允许长度为412m，如果是全双工链路，则可达到2000m。100Base-FX主要用于高速主干网，或远距离连接，或有强电气干扰的环境，或要求较高安全保密链接的环境。

100Base-T4：是为了利用大量的3类音频级布线而设计的。它使用4对双绞线，3对用于同时传送数据，第 4 对线用于冲突检测时的接收信道，信号频率为 25MHz，因而可以使用数据级 3、4 或 5 类非屏蔽双绞线，也可使用音频级 3 类线缆。最大网段长度为 100m，采用 EIA568 布线标准；由于没有专用的发送或接收线路，所以 100Base-T4 不能进行全双工操作；100Base-T4 采用比曼彻斯特编码法高级得多的 6B/6T 编码法。

100Base-T2：随着数字信号处理技术和集成电路技术的发展，只用两对 3 类 UTP 线就可以传送 100Mbps 的数据，因而针对 100Base-T4 不能实现全双工的缺点，IEEE 开始制定 100Base-T2 标准。100Base-T2 采用两对音频或数据级 3、4 或 5 类 UTP 电缆，一对用于发送数据，另一对用于接收数据，可实现全双工操作；采用 RJ45 连接器，最长网段为 100m，符合 EIA568 布线标准。采用名为 PAM5x5 的 5 电平编码方案。

自动协商模式：在 100Base-T 问世以后，在以太网 RJ45 连接器上可能出现的信号可能是 5 种以上不同的以太网信号(10Base-T、10Base-T 全双工、100Base-TX、100Base-TX 全双工或 100Base-T4)中的任一种。为了简化管理，IEEE 推出了 Nway(IEEE 自动协商模式)，它能使集线器和网卡知道线路另一端能有的速度，把速度自动调节到线路两端能达到的最高速度(优先的顺序为：100Base-T2 全双工，100Base-T2，100Base-TX 全双工，100Base-T4，100Base-TX，100Base-T 全双工，10Base-T)。这是增强型的 10Base-T 链路一体化信号方法，并与链路一体化反向兼容。这种技术避免了由于信号不兼容可能造成的网络损坏。具有这种特性的装置仍允许人工选择可能的模式。

1.2　万兆以太网

对带宽要求的提高以及器件能力的增强，导致出现了高速以太网：五类线传输的 100Base-TX、三类线传输的 100Base-T4 和光纤传输的 100Base-FX。随着带宽的进一步提高，千兆以太网接口也已经大范围应用：包括短波长光传输的 1000Base-SX、长波长光传输的 1000Base-LX 以及五类线传输的 1000Base-T。2002 年 7 月 18 日，IEEE 通过了 802.3aeb 标准：10Gbps 以太网，又称万兆以太网。

在以太网技术中，100BaseT 是一个里程碑，确立了以太网技术在桌面的统治地位。千兆以太网以及随后出现的万兆以太网标准是两个比较重要的标准，以太网技术通过这两个标准，从桌面的局域网技术延伸到校园网以及城域网的汇聚和骨干。

万兆以太网在设计之初，就考虑了城域骨干网的需求。首先，10G 的带宽可充分满足现阶段以及未来一段时间内城域骨干网带宽的需求。其次，万兆以太网最长传输距离可达 40 千米，且可以配合 10G 传输通道使用，足够满足大多数城市城域网覆盖。采用万兆以太网作为城域网骨干，可以省略骨干网设备的 POS 或者 ATM 链路。

10G 以太网可以应用于校园网、城域网、企业网等。但是，由于当前宽带业务并未广泛开展，人们对单端口 10G 骨干网的带宽没有迫切需求，所以 10G 以太网技术相对其他替代的链路层技术(例如 2.5G POS、捆绑的千兆以太网)并没有明显优势。思科和 Juniper 公司已推出 10G 以太网接口(依据 802.3ae 草案实现)，但在国内几乎没有应用。目前，城域网的问题不是缺少带宽，而是如何将城域网建设成为可管理、可运营并且可盈利的网络。所以 10G 以太网技术的应用将取决于宽带业务的开展。只有广泛开展宽带业务，例如视频组播、高清晰度电视和实时游戏等，才能促使 10G 以太网技术广泛应用，推动网络健康有序发展。

在国内网络厂商中，华为公司率先推出了支持万兆的高端路由器和交换机 Quidway S8500(8505/8512)，定位于电信级运营核心网络汇聚层、园区网络和企业网络的核心。

Quidway S8500 万兆多层核心交换机具有容量大、业务接口特性丰富、协议支持完备等特点，背板容量为 1.2Tbps，交换容量为 480Gbps，以太网接口最大提供 12 个万兆，并具有强大的 VPN 支持能力和完善的 QoS 能力。同期推出的 Quidway NetEngine 5000 系列万兆核心路由器是面向电信级运营核心网络的高端网络产品，采用三维交换网分布式体系结构，每个接口模块自带分布式交换网，可方便地进行堆叠和扩展，最大提供 560 个接口模块，整机提供 11.2Tbps 的交换能力，最大端口容量为 5.6Tbps，支持 10G POS、10GE LAN、10GE WAN 接口的 IP/MPLS 线速转发，并支持向更高速接口平滑扩展。Quidway NetEngine 5000 万兆核心路由器采用三维体系结构，在扩展性、负载平衡能力、多路径备份和无阻塞等方面具有优势，并具有可递增的扩充性，可根据需要增加交换容量，而不必一次性地配置集中交换网，以满足未来核心网络发展的特点和需要。

此外，华为第五代高端核心路由器 Quidway NetEngine 80/40 也具有平滑升级至万兆的能力。Quidway 系列万兆路由器和交换机的推出，标志着我国大容量核心路由器和以太网交换机的设计技术已经迈入国际一流水平，这不仅是我国核心网通信技术发展的一次重大突破，也是我国数据通信产业迈向国际化的重大突破，并将为我国信息化的进一步深入开展提供更加强劲的发展动力。

1.3 光以太网(Optical Ethernet)

光以太网是指把以太网技术扩展到局域网之外进入城域网(MAN)和广域网(WAN)的技术。由于光以太网技术的进展，使得最普通和最标准的 LAN(局域网)技术可望迅速成为最普通和最标准的 WAN 技术。

1. 光以太网技术简介

根据 IDC 的定义，光以太网是指利用在光纤上运行以太网 LAN 数据包接入服务的网络。它的底层连接可以以任何标准的以太网速度运行，包括 10Mbps、100Mbps、1Gbps 或 10Gbps，但在此情况下，这些连接必须以全双工速度运行。

光以太网业务能够应用交换机的速率限制功能，以非标准的以太网速度运行。光以太网中使用的光纤电路可以是光纤全带宽、一个 SONET(同步光纤网络)连接或者是 DWDM (密集波分复用)。

目前，光以太网的基本接入端口速度为 10Mbps 和 100Mbps，而最终用户以 1Mbps 或 10Mbps 为单位来使用网络。光以太网业务与其他宽带接入(如 DS3)相比更为经济高效，但现在，它的使用只限于办公大楼或楼群内已敷设光纤的地方。使用这种新方法的战略价值不仅仅限于廉价的接入，它既可用于接入网，也可用于服务供应商网络中的本地骨干网；可以只用在第二层，也可以作为实现第三层业务的有效途径；可以支持 IP、IPX(互联网分组交换)以及其他传统协议。此外，由于在本质上它仍属于 LAN，因此，可用来帮助服务供应商管理企业 LAN 以及企业 LAN 与其他网之间的互联。

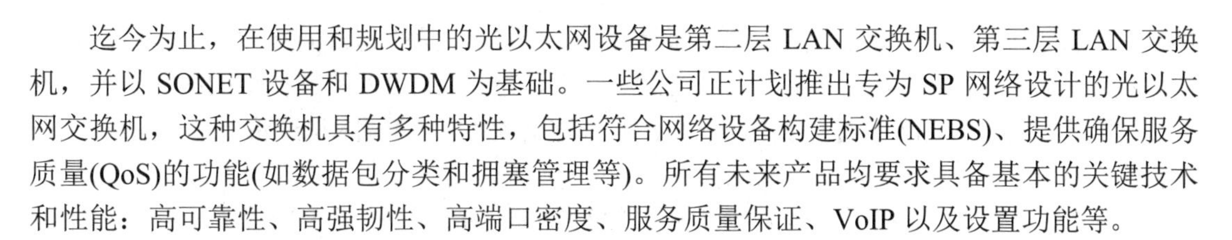

迄今为止，在使用和规划中的光以太网设备是第二层 LAN 交换机、第三层 LAN 交换机，并以 SONET 设备和 DWDM 为基础。一些公司正计划推出专为 SP 网络设计的光以太网交换机，这种交换机具有多种特性，包括符合网络设备构建标准(NEBS)、提供确保服务质量(QoS)的功能(如数据包分类和拥塞管理等)。所有未来产品均要求具备基本的关键技术和性能：高可靠性、高强韧性、高端口密度、服务质量保证、VoIP 以及设置功能等。

2. 用光以太网变革现有的城域网

目前，以太网可能是应用最广泛的网络标准，在全世界大约至少有 3 亿多个以太网端口。作为一种端到端的网络解决方案，以太网的成本是 SONET 的五分之一，是 ATM 网络的十分之一，它可以支持最广泛的网络设备接口，这极大地减少了所需设备的数量。此外，由于运营商能利用企业网环境中使用的系统，因此维护的成本也能降低。

由于 SONET 在每一个网络协议转换点都需要安装昂贵的设备，从 IP/以太网转换到骨干网的 IP/ATM，或者是 IP/ATM/SONET，并在对端网络又转回到 IP/以太网的做法，不仅会增加设备的成本，并且还会明显地增加维护管理的成本。以太网本身就具有很好的扩充能力，它能使用像铜线、同轴电缆和光纤这样的多种物理媒介，无论是对于大型或小型的网络，以太网都具有很好的可扩充性。

将以太网作为骨干网和城域边缘技术会面临 QoS 和安全问题的挑战。目前，解决这一问题主要有两种方法：IP VPN 和虚拟局域网(VLAN)。VLAN 能使服务提供商以相对较低的成本向最终用户提供可靠的服务。像 802.1P、802.1q、802.1R、802.1S 这样新出现的标准，使得在 VLAN 网络中的 QoS 和业务量管理成为可能。VLAN 的管理相对较为容易，网络拓扑的改变将不会影响最终用户，同时，也不会改变物理基础设施。

目前，由于 VLAN 受到 4096 个地址的限制，因此，在大型网络中，VLAN 的应用将会遇到一些问题。由于网络之间的转换需要交换 VLAN ID，因此，这些转换点相当复杂。这也是运营商无法对 VLAN 进行大规模部署的原因。IEEE 也对 802.1q-1998 标准进行了修改，他们的目标是实现扩展的 VLAN 编址，以解决 VLAN ID 不足的问题。

以 IP VPN 来传送业务是一种较为昂贵的解决方案，它需要有足够强大的硬件来为到最终用户的网络连接提供全线速的加密。它的优势在于依赖用户设备来终结连接，因此，它相对于现有的 VLAN 方案具有更好的扩充性和灵活性。IP VPN 没有编址的限制，并能兼容任何基于 IP 的网络业务和应用。高速加密芯片的出现迅速降低了这种方案的成本，而且有多种加密标准可供选择。

数据加密标准(Data Encryption Standard，DES)或 3DES 是一种直接基于算法的标准。IPSec(IPSecurity)同时包括了数据加密和通过公用密钥加密的用户认证。

城域光纤环利用了高性能二/三层路由器来创建 10Gbps 的光以太网骨干。IEEE 802.1 快速生成树或新提出的弹性分组环标准都支持这种环型结构。备份二/三层路由器，可以提高环内设备的可靠性，这些环内设备支持用于服务器和防火墙负载均衡的双四至七层交换机组，并支持备份防火墙，来提供最佳性能和安全性。

光纤环的容量能够支持包括 Web 主机托管、内容分发、存储和 Web 缓存在内的网络应用服务器，此外，它还能支持一个具有全线速加密的 VPN IP 业务传送平台。

随着光以太网的出现，公认的企业 LAN 技术也作为可靠、经济高效和高速的本地

Internet 的动力来源浮出水面。网络供货商提供了一系列全面的运营商级技术，这些技术将以太网带入了服务商市场，实现了光纤 LAN 互联、Internet 接入和其他新的接入业务。这些技术可以将光纤联网的覆盖范围和可靠性，与以太网的简单性和经济高效性结合在一起，提供了新的业务模式和收入来源。

广域网以太网传输在长距离网络中还未取得突破，但是，随着万兆以太网接口技术的成熟，这种局面会发生改变。其中，有一些预计可在 SONETOC-192 的速度下实现长距离运行。因为大多数的长距离网络都使用密集波分多路复用系统把多条电路组合到一条光纤上，在自己的波长上传输，而这些系统本身就提供长距离能力，所以，距离限制并不是严重的问题。预计广域以太网还是会出现的，因为它具有速度快、价格低和简单等优势。

任务 2　以太网设备的配置

任务展示

计算机与计算机或工作站与服务器进行连接时，除了使用连接介质外，还需要一些中介设备。这些中介设备主要有哪些？起什么作用？如何配置？这是在网络设计和实施中人们所关心的一些问题。

任务知识

2.1　网络传输介质互联设备

网络线路与用户节点具体衔接时，可能用到以下几种设备。

(1) T 型连接器。

(2) 收发器。

(3) 屏蔽或非屏蔽双绞线连接器 RJ45。

(4) RS-232 接口(DB25)。

(5) DB15 接口。

(6) VB35 同步接口。

(7) 终端匹配器。

(8) 调制解调器。

T 型连接器与 BNC 接插件同是细同轴电缆的连接器，它对网络的可靠性有着至关重要的影响。同轴电缆与 T 型连接器是依赖于 BNC 接插件进行连接的，BNC 接插件有手工安装和工具型安装之分，用户可根据实际情况和线路的可靠性进行选择。

RJ45 非屏蔽双绞线连接器有 8 根连针，在 10Base-T 标准中，仅使用 4 根，即第 1 对双绞线使用第 1 针和第 2 针，第 2 对双绞线使用第 3 针和第 6 针(第 3 对和第 4 对作备用)。

DB25(RS-232)接口是目前微机与线路接口的常用方式。

DB15 接口用于连接网络接口卡的 AUI 接口，可将信息通过收发器电缆送到收发器，

然后进入主干介质。

VB35 同步接口用于连接远程的高速同步接口。

终端匹配器(也称终端适配器)安装在同轴电缆(粗缆或细缆)的两个端点上，它的作用是防止电缆无匹配电阻或阻抗不正确。无匹配电阻或阻抗不正确，则会引起信号波形反射，造成信号传输错误。

调制解调器(Modem)的功能是将计算机的数字信号转换成模拟信号或反之，以便在电话线路或微波线路上传输。调制是把数字信号转换成模拟信号；解调是把模拟信号转换成数字信号，它一般通过 RS-232 接口与计算机相连。

2.2　网络物理层互联设备

1. 中继器

由于信号在网络传输介质中有衰减和噪声，使有用的数据信号变得越来越弱，因此，为了保证有用数据的完整性，并在一定范围内传送，要用中继器把所接收到的弱信号分离，并再生放大，以保持与原数据相同。

2. 集线器

集线器(Hub)可以说是一种特殊的中继器，作为网络传输介质间的中央节点，它克服了介质单一通道的缺陷。以集线器为中心的优点是：当网络系统中某条线路或某节点出现故障时，不会影响网上其他节点的正常工作。但随着网络技术的发展，在实际应用中，集线器已经被交换机所取代。

2.3　数据链路层互联设备

1. 网桥

网桥(Bridge)是一个局域网与另一个局域网之间建立连接的桥梁。网桥是属于网络层的一种设备，它的作用是扩展网络和通信手段，在各种传输介质中转发数据信号，扩展网络的距离，同时，又有选择地将有地址的信号从一个传输介质发送到另一个传输介质，并能有效地限制两个介质系统中无关紧要的通信。网桥可分为本地网桥和远程网桥。本地网桥是指在传输介质允许的长度范围内互联网络的网桥；远程网桥是指连接的距离超过网络的常规范围时使用的远程桥，通过远程桥互联的局域网将成为城域网或广域网。如果使用远程网桥，则远程桥必须成对出现。

在网络的本地连接中，网桥可以使用内桥和外桥。

内桥是文件服务的一部分，通过文件服务器中的不同网卡连接起来的局域网，由文件服务器上运行的网络操作系统来管理。

外桥安装在工作站上，实现两个相似或不同的网络之间的连接。外桥不运行在网络文件服务器上，而是运行在一台独立的工作站上，外桥可以是专用的，也可以是非专用的。

作为专用网桥的工作站不能当普通工作站使用，只能建立两个网络之间的桥接。而非专用网桥的工作站既可以作为网桥，也可以作为工作站。

2. 交换机

网络交换技术是近年来发展起来的一种结构化的网络解决方案。它是计算机网络发展到高速传输阶段而出现的一种新的网络应用形式。它不是一项新的网络技术，而是以现有网络技术通过交换设备提高性能。由于交换机市场发展迅速，产品繁多，而且功能上越来越强，所以可分类为企业级、部门级、工作组级等的交换机。

2.4 网络层互联设备

路由器(Router)用于连接多个逻辑上分开的网络。逻辑网络是指一个单独的网络或一个子网。当数据从一个子网传输到另一个子网时，可通过路由器来完成。因此，路由器具有判断网络地址和选择路径的功能，它能在多网络互联环境中建立灵活的连接，可用完全不同的数据分组和介质访问方法连接各种子网。路由器是属于网络应用层的一种互联设备，只接收源站或其他路由器的信息，它不关心各子网使用的硬件设备，但要求运行与网络层协议相一致的软件。路由器可分为本地路由器和远程路由器：本地路由器是用来连接网络传输介质的，如光纤、同轴电缆和双绞线；远程路由器用来与远程传输介质连接，并要求相应的设备，如电话线要配调制解调器，无线要通过无线接收机和发射机。

2.5 应用层互联设备

在一个计算机网络中，当连接不同类型而协议差别又较大的网络时，则要选用网关设备。网关的功能体现在 OSI 模型的最高层，它将协议进行转换，将数据重新分组，以便在两个不同类型的网络系统之间进行通信。由于协议转换是一件复杂的事情，一般来说，网关只进行一对一转换，或是少数几种特定应用协议的转换，网关很难实现通用的协议转换。用于网关转换的应用协议有电子邮件、文件传输和远程工作站登录等。

网关和多协议路由器(或特殊用途的通信服务器)组合在一起，可以连接多种不同的系统。与网桥一样，网关可以是本地的，也可以是远程的。

目前，网关已成为网络上每个用户都能访问大型主机的通用工具。

任务实施

1. 网络结构设计

网络设计包括逻辑网络设计与物理网络设计。逻辑网络设计主要包括网络拓扑结构的设计、IP 地址规划与 VLAN 的划分、网络管理与网络安全设计等；物理网络设计是逻辑网络设计的物理实现，主要包括综合布线系统的设计、网络设备的选型等。本项目主要介绍逻辑网络设计中的网络技术选型、拓扑结构的设计、IP 地址规划与 VLAN 的划分等内容。

网络拓扑结构设计主要是确定网络中所有的节点以什么方式相互连接。设计过程中，主要考虑网段和互联点、网络的规模、网络的体系结构、所采用的网络协议，以及组建网络所需的硬件设备(如交换机、路由器和服务器等)类型和数量等各方面的因素。

优良的拓扑结构是网络稳定可靠运行的基础，对于同样数量、同样位置分布、同样用户类型的主机，采用不同的网络拓扑结构会得到不同的网络性能，因此，要进行科学的拓扑结构设计。

2. 网络技术选型

根据需求，采用千兆以太网技术进行组网，它的主要特点表现在以下几个方面。

(1) 经济、实用且具有较高的性价比。

(2) 千兆以太网获得广泛支持，特别是华为的千兆以太网解决方案及产品，使得千兆以太网的互连和设计都极其灵活和方便。

(3) 千兆以太网的兼容性好。千兆以太网采用与传统以太网及快速以太网相同的载波监听多路访问/冲突检测(CSMA/CD)机制，从现有的快速以太网可以平滑地过渡到千兆以太网。

(4) 性能升级。千兆以太网与另一高性能技术——ATM 技术相比，可以实现快速以太网的平滑升级及无缝连接，并不需要掌握新的配置、管理与故障排除技术。

3. 网络拓扑的设计

网络拓扑结构采用树形结构和分层设计思想，优点是能够准确定位网络需求，更易于管理和扩展，解决问题的速度也更快。本网络采用三层结构设计，即核心层、汇聚层、接入层。核心设备及主干网络技术采用 1000Base-T 技术，汇聚层设备及线路采用 100Base-T 技术，接入层设备采用共享式以太网技术。这样的带宽足以满足公司当前的各种应用，以及公司未来增加的其他应用需求，如多媒体应用等，并且有效节约了公司的投资。各层次网络都能提供足够的带宽，保证网络流量畅通无阻，将丢包率降到最低，且同属于以太网技术，可保持良好的兼容性和升级性。网络拓扑结构如图 2-1 所示。

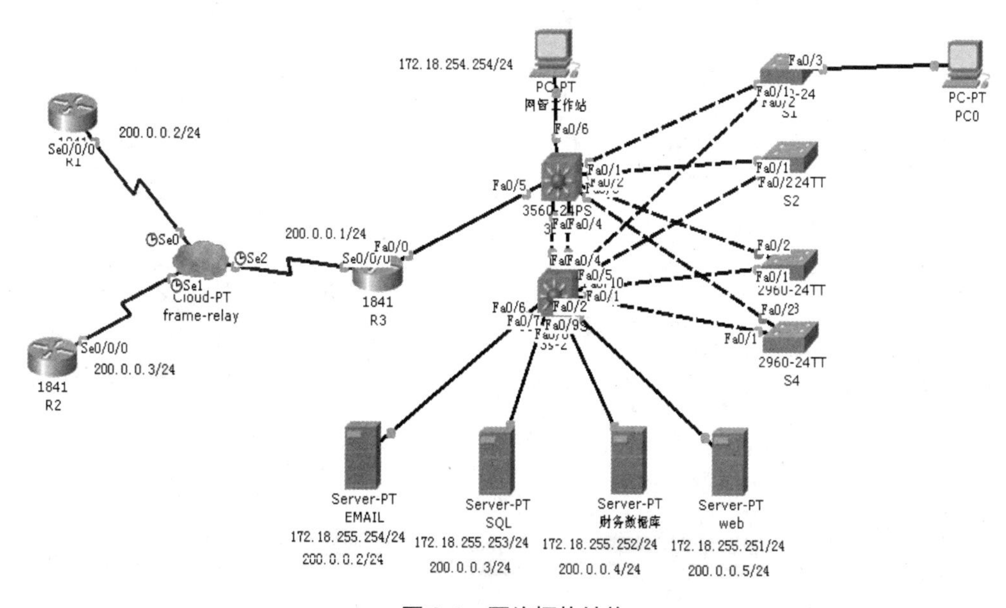

图 2-1　网络拓扑结构

主要网络设备如下。

(1) 核心层两台三层交换机(ESW540)。

(2) 汇聚层6台三层交换机(WS-C3750V2-48PS-S)。

(3) 接入层10台交换机。

另外，内网通过一台路由器连接到外网ISP路由器。且ISP连接到外网Web服务器。企业网内部有6台服务器。

4. 网络设备的配置

实现的功能有：划分VLAN和IP地址，以及三层交换的端口聚合协议的配置。

配置过程的部分代码如下：

```
*************************************************************************
S1：//汇聚层交换机，主要功能是设置中继接口和接入型接口，划分到对应的VLAN
interface FastEthernet0/1
 switchport mode trunk
!
interface FastEthernet0/2
 switchport mode trunk
!
interface FastEthernet0/3
 switchport access vlan 10
 switchport mode access
!
interface FastEthernet0/4
 switchport access vlan 10
 switchport mode access
!
interface FastEthernet0/5
 switchport access vlan 10
!
interface FastEthernet0/6
 switchport access vlan 10
!
interface FastEthernet0/7
 switchport access vlan 10
*************************************************************************
3s-1：(3s-2如同3s-1) //三层核心交换机配置
port-channel load-balance dst-ip  //链路聚合：基于目的地IP的负载均衡
spanning-tree vlan 10,20,30,40,50,60,70,80,90,255 priority 24576
  //在此交换机上设置为所有VLAN的根桥
interface FastEthernet0/1
 switchport trunk encapsulation dot1q  //三层交换机的端口设置中继封装802.1q
!
interface FastEthernet0/2
 switchport trunk encapsulation dot1q
!
interface FastEthernet0/3
channel-group 1 mode on
 switchport trunk encapsulation dot1q
 switchport mode trunk
!
interface FastEthernet0/4
channel-group 1 mode on
```

```
 switchport trunk encapsulation dot1q
 switchport mode trunk
//端口 f0/3、f0/4 设置为捆绑组内端口，封装 802.1q，设置中继
!
interface FastEthernet0/5
 no switchport
 ip address 172.18.100.2 255.255.255.0
//接口设置为路由接口，设置 IP 地址
!
interface FastEthernet0/6
 switchport access vlan 254
 switchport mode access

interface Port-channel 1
 switchport trunk encapsulation dot1q
 switchport mode trunk  //设置链路聚合
interface Vlan10
 ip address 172.18.10.1 255.255.255.0
!
interface Vlan20
 ip address 172.18.20.1 255.255.255.0
!
interface Vlan30
 ip address 172.18.30.1 255.255.255.0
!
interface Vlan40
 ip address 172.18.40.1 255.255.255.0
!
interface Vlan50
 ip address 172.18.50.1 255.255.255.0
!
interface Vlan60
 ip address 172.18.60.1 255.255.255.0
!
interface Vlan70
 ip address 172.18.70.1 255.255.255.0
!
interface Vlan80
 ip address 172.18.80.1 255.255.255.0
!
interface Vlan90
 ip address 172.18.90.1 255.255.255.0
interface Vlan255
 ip address 172.18.255.1 255.255.255.0
!
//所有 VLAN 的网关
router ospf 1 //设置 OSPF 路由协议
 log-adjacency-changes
 network 172.18.10.0 0.0.0.255 area 0
 network 172.18.20.0 0.0.0.255 area 0
 network 172.18.30.0 0.0.0.255 area 0
 network 172.18.40.0 0.0.0.255 area 0
 network 172.18.50.0 0.0.0.255 area 0
```

```
network 172.18.60.0 0.0.0.255 area 0
network 172.18.70.0 0.0.0.255 area 0
network 172.18.80.0 0.0.0.255 area 0
network 172.18.90.0 0.0.0.255 area 0
network 172.18.100.0 0.0.0.255 area 0
network 172.18.255.0 0.0.0.255 area 0
network 172.18.254.0 0.0.0.255 area 0
```

任务 3　网络多层交换与互连

任务展示

在公司总部划分虚拟局域网(Virtual Local Area Network，VLAN)，实现逻辑隔离。

为了便于配置和管理，采用按部门划分 VLAN 的方法，并给每一个虚拟网络指定一个子网号。

本网的 IP 地址是一个 C 类地址，只能满足 254 台主机接入 Internet 的需求，对全公司 300 个节点而言，略显不足。为了解决地址缺乏的问题，同时也是为了安全需要，采用 NAT 技术实现内外地址结合使用。内部地址使用 B 类私有地址，例如 172.18.0.0，使用掩码 255.255.0.0，分别给每一部门分配一个 254 台主机的地址区间，其中由于研发一部和研发二部主机数目较多，相邻的一个 254 地址区间也留做备用。公开 IP 地址除给防火墙、公共 Web 服务器和代理服务器外，其余全部作为 NAT 地址池使用。

VLAN 地址分配如表 2-2 所示。

表 2-2　地址分配

部　门	工作组名	VLAN 号	IP 地址	掩　码
经理办公室	Jlb	Vlan10	172.18.10.0	255.255.255.0
秘书处	Msc	Vlan20	172.18.20.0	255.255.255.0
人事部	Rsb	Vlan30	172.18.30.0	255.255.255.0
财务部	Cwb	Vlan40	172.18.40.0	255.255.255.0
营销部	Yxb	Vlan50	172.18.50.0	255.255.255.0
企划部	Qhb	Vlan60	172.18.60.0	255.255.255.0
研发一部	Yfb1	Vlan70	172.18.70.0	255.255.255.0
研发二部	Yfb2	Vlan80	172.18.80.0	255.255.255.0
网管处	Wgc	Vlan90	172.18.90.0	255.255.255.0

任务知识

3.1　VLAN 的设计

VLAN 允许处于不同地理位置的网络用户加入一个逻辑子网中，共享一个广播域。通过 VLAN 的创建，可以控制广播风暴的产生，从而提高交换式网络的整体性能和安全性。

VLAN 对于网络用户来说是完全透明的，用户感觉不到使用中与交换式网络有任何差别，但对于网络管理人员来说则有很大的不同，因为这主要取决于 VLAN 的几点优势：

- 对网络中的广播风暴的控制。
- 提高网络的整体安全性，通过路由访问列表、MAC 地址分配等 VLAN 划分原则，可以控制用户的访问权限和逻辑网段的大小。
- 网络管理的简单、直观性。

对于交换式以太网，如果对某些用户重新进行网段分配，需要网管员对网络系统的物理结构重新进行调整，甚至需要追加网络设备，致使网络管理的工作量增大。

而对于采用 VLAN 技术的网络来说，只需网管人员在网管中心对该用户进行 VLAN 网段的重新分配即可。

Trunk 是独立于 VLAN 的、将多条物理链路模拟为一条逻辑链路的 VLAN 与 VLAN 之间的连接方式。采用 Trunk 方式，不仅能够连接不同的 VLAN 或跨越多个交换机的相同 VLAN，而且还能增加交换机间的物理连接带宽，增加网络设备间的冗余。由于在基于交换机的 VLAN 划分中，交换机的各端口分别属于各 VLAN 段，如果将某一 VLAN 端口用于网络设备间的级联，则该网络设备的其他 VLAN 中的网络终端就无法与隶属于其他网络设备的 VLAN 网络终端进行通信。有鉴于此，网络设备间的级联必须采用 Trunk 方式，使得该端口不隶属于任何 VLAN，也就是说，该端口所建成的网络设备间的级联链路是所有 VLAN 进行通信的公用通道。

而对于 VLAN 的划分，则有以下 4 种策略。

(1) 基于端口的 VLAN：基于端口的 VLAN 的划分是最简单、最有效的 VLAN 划分方法。该方法只需网络管理员针对网络设备的交换端口进行重新分配，组合在不同的逻辑网段中即可，而不用考虑该端口所连接的设备是什么。

(2) 基于 MAC 地址的 VLAN：MAC 地址其实就是指网卡的标识符，每一块网卡的 MAC 地址都是唯一的。基于 MAC 地址的 VLAN 划分其实就是基于工作站、服务器的 VLAN 的组合。在网络规模较小时，该方案亦不失为一个好的方法，但随着网络规模的扩大，网络设备、用户的增加，则会在很大程度上加大管理的难度。

(3) 基于路由的 VLAN：路由协议工作在 OSI 七层模型的第三层：网络层，即基于 IP 和 IPX 协议的转发。这类设备包括路由器和路由交换机。该方式允许一个 VLAN 跨越多个交换机，或一个端口位于多个 VLAN 中。

(4) 基于策略的 VLAN：基于策略的 VLAN 的划分是一种比较有效而直接的方式。这主要取决于在 VLAN 的划分中所采用的策略。

就目前来说，对于 VLAN 的划分主要采用(1)、(3)两种模式，(2)则为辅助性的方案。

以前对 VLAN 的划分主要是通过路由器来实现的，但随着网络规模的扩大、信息量的增加，路由器无论是从端口数还是系统性能上来说都已经不堪负荷，逐渐形成了网络瓶颈。而现在，因为有了基于交换机上的三层路由的能力，上述两点已经得到合理的解决。

3.2　多层交换技术

多层交换技术(也称为第三层交换技术，或是 IP 交换技术)是相对于传统交换概念而提出的。传统的交换技术是在 OSI 网络标准模型中的第二层——数据链路层进行操作的，而多层交换技术是在网络模型中的第三层实现了数据包的高速转发。简单地说，多层交换技术就是：第二层交换技术 + 第三层转发技术。

多层交换技术的出现，解决了局域网中网段划分之后，网段中子网必须依赖路由器进行管理的局面，解决了传统路由器低速、复杂所造成的网络瓶颈问题。当然，多层交换技术并不是网络交换机与路由器的简单堆叠，而是二者的有机结合，形成一个集成的、完整的解决方案。

1. 交换技术如何转发数据

局域网交换技术是作为对共享式局域网提供有效的网段划分的解决方案而出现的，可以使每个用户尽可能地分享到最大带宽。由于交换技术是在 OSI 七层网络模型中的第二层(即数据链路层)进行操作的，因此交换机对数据包的转发是建立在 MAC(Media Access Control)地址——物理地址基础之上的，对于 IP 网络协议来说，它是透明的，即交换机在转发数据包时，忽略信源机和信宿机的 IP 地址，只需要其物理地址，即 MAC 地址。交换机在操作过程中，会不断地收集资料，去建立它本身的一个地址表，这个表相当简单，它说明了某个 MAC 地址是在哪个端口上被发现的，所以，当交换机收到一个 TCP/IP 封包时，便会看一下该数据包的标签部分的目的 MAC 地址，核对一下自己的地址表以确认该从哪个端口把数据包发出去，由于这个过程比较简单，加上目前这功能由专用集成电路(Application Specific Integrated Circuit，ASIC)进行，因此速度相当高，一般只需几十微秒，交换机便可决定一个 IP 封包该往哪里送。

需要说明的是：万一交换机收到一个不认识的封包，就是说，如果目的地 MAC 地址不能在地址表中找到时，交换机会把 IP 封包“扩散”出去，即把它从每一个端口中送出去，就好像交换机在收到一个广播封包时一样处理。二层交换机的弱点正是它处理广播封包的功能弱，例如，当一个交换机收到一个从 TCP/IP 工作站上发出来的广播封包时，他便会把该封包传到所有其他端口去，包括连接 IPX 或 DECnet 工作站的端口，因此，非 TCP/IP 接点的带宽便会受到负面的影响，整个网络的效率也会大打折扣。

2. 路由器与交换机转发数据的区别

相比之下，路由器是在 OSI 七层网络模型中的第三层——即网络层工作的，它在网络中收到任何一个数据包(包括广播包在内)时，都要将该数据包第二层(数据链路层)的信息去掉(称为拆包)，查看第三层信息(IP 地址)。然后，根据路由表确定数据包的路由，再检查安全访问表；若被通过，则再进行第二层信息的封装(称为“打包”)，最后将该数据包转发。如果在路由表中查不到对应 MAC 地址的网络地址，则路由器将向源地址的站点返回一个信息，并把这个数据包丢掉。

与交换机相比，路由器显然能够提供构成企业网安全控制策略的一系列存取控制机制。由于路由器对任何数据包都要有一个“拆打”过程，即使是同一源地址向同一目的地址发出的所有数据包，也要重复相同的过程，这导致路由器不可能具有很高的吞吐量。

3. 第三层交换技术

第三层交换技术也称为IP 交换技术、高速路由技术等。这是一种利用第三层协议中的信息来加强第二层交换功能的机制。当今绝大部分企业网都已变成实施 TCP/IP 协议的 Web 技术的内联网，用户的数据往往越过本地的网络在网际间传送，因而，路由器常常不堪重负，从而成为网络的瓶颈。

第三层交换的目标，是在源地址和目的地址之间建立一条更为直接的第二层通路，不再经过路由器转发数据包。

第三层交换使用第三层路由协议确定传送路径，此路径可以只用一次，也可以存储起来，供以后使用。之后，数据包通过一条虚电路绕过路由器快速发送。

在实际应用的网络环境中，对于跨网段通信的需求不断提高，过去的网络在一般情况下按“80/20 分配”规则，即只有 20%的流量是通过骨干路由器与中央服务器或企业网的其他部分通信的，而 80%的网络流量主要仍集中在不同的部门子网内。而今天，这个比例已经提高到了 50%，甚至 80%，这是因为，今天的网络正在经历着诸多应用的集合影响。网络应用早已超越了组件和电子信函，新型应用以难以估计的速度深刻地冲击着网络。比如，任何人通过任何一个浏览器便可访问设定的网页，支持诸如销售、服务和财务之类商业功能的数据仓库，而这种变化对传统路由器则产生了直接的冲击，因为传统的路由器更注重对多种介质类型和多种传输速度的支持，但目前，数据缓冲和转换能力比线速吞吐能力和低时延更为重要。处于网络核心位置的路由器的高费用、低性能，使其成为网络的瓶颈，但由于网络间互连的需求，它又是不可缺少的。虽然也开发了高速路由器，但是，由于其成本太高，所以仅用于 Internet 主干部分。三层交换机将二层交换机和三层路由器两者的优势有机而智能化地结合在一起，在各个层次上提高线速性能，从而解决了传统路由器低速、复杂所造成的网络瓶颈问题。

三层交换从概念的提出到今天的普及应用，虽然只历经了若干年的时间，但其在网络建设中的应用越来越广泛，从最初骨干层、中间的汇聚层一直渗透到边缘的接入层。三层交换机以其速度快、性能好、价格低等众多的优势，已经把路由器排挤到网络的“边缘”。凡是没有广域网连接需求，同时又需要路由器的地方，都可以用三层交换机代替。

随着 ASIC 硬件芯片技术的发展和实际应用的推广，三层交换的技术与产品会得到进一步发展。

4. 第四层交换技术

(1)　第四层交换技术简介

端到端性能和服务质量要求对所有联网设备的负载进行细致的均衡，以保证客户机与服务器之间数据平滑地流动。第二层与第三层交换产品在解决局域网和互联网络的带宽及容量问题上发挥了很好的作用，但是，这可能还不够，还需要更多的性能，而这正是第四层交换的用武之地。

第四层交换技术利用第三层和第四层包头中的信息来识别应用数据流会话，这些信息包括 TCP/UDP 端口号、标记应用会话开始与结束的 SYN/FIN 位以及 IP 源/目的地址。利用这些信息，第四层交换机可以做出向何处转发会话传输流的智能决定。对于使用多种不同系统来支持一种应用的大型企业数据中心、Internet 服务提供商或内容提供商来说，第四层交换的作用是尤其重要的。同样，当在很多服务器上运行复制功能时，第四层交换也会起到不小的作用。

路由器和第三层交换机在转发不同数据包时，并不了解哪个包在前哪个包在后。第四层交换技术从头至尾跟踪和维持各个会话。因此，第四层交换机是真正的会话交换机。

路由器根据链路或网络节点的可用性和性能做出转发决定，而第四层交换机则根据会话和应用层信息做出转发决定。由于做到了这点，因而，用户的请求可以根据不同的规则被转发到"最佳"的服务器上。因此，第四层交换技术是用于传输数据和实现多台服务器间负载均衡的理想机制。

具有第四层功能的交换机能够起到与服务器相连接的虚拟 IP(VIP)前端的作用。每台服务器和支持单一或通用应用的服务器组都配置一个 VIP 地址。这个 VIP 地址被发送出去，并在域名系统上注册。

在发出一个服务请求时，第四层交换机通过判定 TCP 开始，来识别一次会话的开始。然后，它利用复杂的算法，来确定处理这个请求的最佳服务器。一旦做出这种决定，交换机就将会话与一个具体的 IP 地址联系在一起，并用该服务器真正的 IP 地址来代替服务器上的 VIP 地址。

每台第四层交换机都保存一个与被选择的服务器相配的源 IP 地址以及源 TCP 端口相关联的连接表。然后第四层交换机向这台服务器转发连接请求。所有后续包在客户机与服务器之间重新映射和转发，直到交换机发现会话为止。

在使用第四层交换的情况下，接入可以与真正的服务器连接在一起，来满足用户指定的规则，诸如使每台服务器上有相等数量的接入或根据不同服务器的容量来分配传输流。

目前，一般的单功能负载均衡产品可以每秒连接 400~800 个接入。而同时，具有第二层和第四层功能的新一代产品(使用定制的专用集成电路的基于硬件的负载均衡功能)的连接速度则超过了每秒 10 万次接入。

在所有这一切中，关键问题是如何确定传输流转发给哪台最可用的服务器，目前，在做出负载均衡决定时采用了多种方法。根据所需负载均衡的颗粒度，第四层交换机可以利用多种方法将应用会话分配到服务器上。这些方法包括求权数最小接入的简单加权循环、测量往返时延和服务器自身的闭合环路反馈等。

闭合环路反馈是最先进的方法，它利用可用内存、I/O 中断和 CPU 利用率等特定的系统信息，这些信息可以为适配器驱动器和第四层交换机自动获取。目前的闭合环路反馈机制要求在每台服务器上安装软件代理。

第四层交换机在形式和功能上与专用负载均衡器完全不同。传统基于硬件的负载均衡器是速度为 45Mbps 的优化的两端口设备。而第四层交换机是设计用于高速 Intranet 应用的，它支持 100Mbps 或千兆位接口。

第四层交换除了负载均衡功能外，还支持其他功能，如基于应用类型和用户 ID 的传输流控制功能。采用多级排队技术，第四层交换机可以根据应用来标记传输流，以及为传输流分配优先级。此外，第四层交换机直接安放在服务器前端，它了解应用会话内容和用户权限，因而，使它成为防止非授权访问服务器的理想平台。

(2) 第四层交换产品

用户过去曾一拥而上采用第二层和第三层交换机，因为这类交换机提高了总体网络吞吐量，使它远远超过了老技术的吞吐量，不知道第四层交换机是否也会看到这种现象。

Berkeley Networks 公司的 exponeNT e4 和 Alteon Networks 公司的 ACEswith 180 两款

第四层交换产品具有突出的性能和灵活性，能够比第二层和第三层交换机做出更智能的转发决定。由于把包头查询的代码嵌入到交换机中的专用集成电路(ASIC)中去实现上述功能，几乎不会造成任何延时。这两家厂商的交换机都能实现 10M、100M 和千兆以太网功能，但是，Berkeley 的交换机是设计用于企业应用的，而 Alteon 交换机则是用于拥有大量 Web 或 FTP 服务器的机构的。

Alteon 的第四层交换技术能通过对服务器的性能和运行状况的实时监测，根据不同服务器的健康状况，将来访的数据流量以经济高效的方式分配到合适的服务器上。同时，Alteon 的第四层交换技术具有 Web 高速缓存重定向功能，能把指定发往远程 Internet 主机的 HTTP 通信拦截，并将这些通信重新定向到本地的高速缓存服务器上，从而大大加快了访问 Internet 的速度，并节省了大量宝贵的广域网带宽。而且，这对于用户和信息提供者来说，是完全透明的，不需要用户和信息提供者做任何设置。

Cabletron 公司的 SmartSwitch Router 和 Torrent Networking Technologies 公司推出的 IP9000 Gigabit Router 也是具有第四层交换功能的产品。其中，SmartSwitch Router 可以实现骨干网从常规第三层交换向全面的第三、第四层交换功能的升级转换，其独特的广域网集成能力以及基于第四层交换的访问控制能力对于网络数据传输安全、有序地进行，发挥了关键的作用。此外，Cabletron SmartSwitch Router 基于第四层交换的 QoS 功能，为特定业务应用数据交换提供了不同级别的优先处理能力。

(3) 第四层交换方案

在本方案中，通过采用 Alteon 的第四层交换机来实现 Web 服务器的负载均衡。

HTTP 是 Internet 中最重要的一种应用，目前，Internet 上广泛使用的 Web 服务器，采用的是多进程技术，占用系统资源多，效率较低，一般一台 Web 服务器只能承受几百个并发用户。采用第四层交换机，可以很好地解决 Web 服务器的扩展性问题，提高 Web 服务器系统的可靠性，并在 Web 服务器之间合理分配负载。

Alteon 的第四层交换机监测 Web 服务器的可用性，包括物理连接、Web Server 主机、HTTP 服务器本身的健康状况，当发现某台 Web 服务器不能提供 Web 服务时，交换机自动把 Web 请求分配到两台好的 Web 服务器。Alteon 第四层交换机还可以通过设置每台 Web 服务器能承受的最大会话数、设置溢出 Web 服务器、备份 Web 服务器等方法，来进一步保证 Web 系统的可靠性。

Web 服务器在同一局域网内实现负载均衡时，采用多种负载均衡算法，包括 Least Connection、Round Robin、MinMiss 和 Hash 算法，以及对算法的加权等。当 Web 服务器不在同一局域网内时，利用 Alteon 交换机的 Global Load Balance 技术来实现负载分担的合理性问题。

5. 第七层交换技术

(1) 第七层交换技术分析

目前，特别是在高可用性和负载均衡方面，许多先进的工具可以利用应用过程反馈给最终用户的第七层信息。这类工具使用户可以容易地确认站点内容的响应性和正确性，或从客户的角度来试测站点，看看是否存在正确的应用和内容。用户不仅能验证是否在发送正确的内容，而且还能打开网络上传送的数据包(不用考虑 IP 地址或端口)，并根据包中的信息做出负载均衡决定。

从本质上讲，这种智能性迁移超越了第四层的功能。以端口 80 为例，除了一般类型的 Web 传输流外，还有许多类型的传输流流过此端口。多数具有第四层功能的设备无法识别流过此端口的不同类型的传输流，因此它们对所有传输流同等对待。

可是，传输流并不都是相同的。对于负载均衡产品来说，能够知道流过此端口的数据是流媒体还是对商品目录中一件商品的简单请求非常有用，也许商家想赋予需要此目录项的客户更高的优先级。不少具有第四层功能的设备以同样的方式对待这两种类型的数据，因而，可能将流媒体数据发送到无法做出响应的服务器，导致错误的信息和延时。

而第七层的智能性能够进行进一步控制，即对所有传输流和内容的控制。由于可以自由地完全打开传输流的应用/表示层，仔细分析其中的内容，因此，可以根据应用的类型，而非仅仅根据 IP 和端口号做出更智能的负载均衡决定。

这就可以不仅仅基于 URL 做出全面的负载均衡决策，而且还能根据实际的应用类型做出决策，无论这些应用正使用什么端口号。这将使用户可以识别视频会议流，并根据这一信息做出相应的负载均衡决策，尽管该应用可能正在使用动态分配地址。

这类具有第七层认知的产品的部分功能是保证不同类型的传输流可以被赋予不同的优先级。具有第七层认知的设备不是依赖路由设备或应用来识别差别服务(Diff-Serv)、通用开放策略服务或其他服务质量协议的传输流，它可以对传输流进行过滤并分配优先级。这就使我们不必依赖应用或网络设备来实现这些目的。

目前，这类第七层功能的标准还没有。具有第七层认知的功能是具有很大的互补性的：它与提供像 Diff-Serv 这类服务的网络可以和谐地共存。它对传输流进行分析，然后判定。如对于 IP 语音这个传输流，就需要设置服务比特位，而其他类型的传输流只需要设置较低优先级类型的服务比特位。

过去，我们总需要在智能性与速度之间进行权衡。在采用第七层认知技术的情况下，可以以线速度做出更智能性的传输流决策。用户将自由地根据得到的信息就各类传输流和其目的地做出决策，从而优化 Web 访问，为最终用户提供更好的服务。

综上所述，第七层交换可以实现有效的数据流优化和智能负载均衡。

(2) 第七层交换产品

具有应用认知功能的交换机产品具有更多的智能性，可以分析输入包的内容，将请求发送到内容专用服务器或应用专用服务器。利用逻辑群集部署，最终用户可以建立用于内容和应用的服务器，网络管理人员利用这类产品来实施各种数据流优先级和带宽控制。只具有第四层交换功能将是不够的，从根本上讲，真正提供对数据包内容更深层次了解的能力非常关键。

ArrowPoint 公司曾在 1998 年 4 月宣布推出其具有 URL 认知的内容 Web 交换机 CS-100 和 CS-800。HydraWeb 公司也在 1999 年推出了独立负载平衡设备 Hydra2500 的计划，Hydra2500 同时具有 URL 和应用认知的智能性。

Cisco 公司通过将 LocalDirector 服务器连接管理软件的已有特性与新特性相集成，把同样类型的智能性加入到其交换软件中，这些特性将会体现在其 Catalyst 产品线中。

Cisco 推出的管理和故障处理工具 Content Verification System(内容验证系统)作为 LocalDirector 的附加件，主要对服务器和应用的可用性进行查询。对于最终用户来说，集成后的产品将是一台具有内容认知功能的交换设备，这意味着需要管理的软硬件更少，在响应对内容和应用的请求时，会做出更加自动化的决策。

3Com 公司提交的完全集成的产品与 Cisco 公司推出的产品类似。3Com 计划得到基于内容交换技术的授权，将这种技术添加到 F5 Networks 公司为其生产的 CoreBuilder 9000 交换机中，最终 3Com 公司与 F5 达成了一项定位于电子商务和 Web 主机客户的销售协议。

业界认为，对更智能交换机的最大需求，将来自开展电子商务和运行其他 Web 站点的公司。新型集成交换机的另一个好处，是它们可以免除对多个设备执行不同任务的需要。

任务实施

路由器配置：

```
************************************************************************
R3:
interface FastEthernet0/0
 ip address 172.18.100.1 255.255.255.0
 ip nat inside //设置为 NAT 的内接口
!
interface Serial0/0/0
 ip address 200.0.0.1 255.255.255.0
 encapsulation frame-relay
 frame-relay map ip 200.0.0.2 301 broadcast
 frame-relay map ip 200.0.0.3 302 broadcast //设置帧中继及对应关系
 ip nat outside //设置为 NAT 的外接口
!
router ospf 1
 network 172.18.10.0 0.0.0.255 area 0
 network 172.18.20.0 0.0.0.255 area 0
 network 172.18.30.0 0.0.0.255 area 0
 network 172.18.40.0 0.0.0.255 area 0
 network 172.18.50.0 0.0.0.255 area 0
 network 172.18.60.0 0.0.0.255 area 0
 network 172.18.70.0 0.0.0.255 area 0
 network 172.18.80.0 0.0.0.255 area 0
 network 172.18.90.0 0.0.0.255 area 0
 network 172.18.100.0 0.0.0.255 area 0
 network 172.18.255.0 0.0.0.255 area 0
 network 172.18.254.0 0.0.0.255 area 0
 default-information originate //重分布默认信息源
!
ip nat pool NAT-POOL 200.0.0.10 200.0.0.14 netmask 255.255.255.240
ip nat inside source list 1 pool NAT-POOL
ip nat inside source static 172.18.255.254 200.0.0.2
ip nat inside source static 172.18.255.253 200.0.0.3
ip nat inside source static 172.18.255.252 200.0.0.4
ip nat inside source static 172.18.255.251 200.0.0.5
ip classless
//设置 NAT 地址池，内网 172.18.0.0/24 的转化为 200.0.0.10-200.0.0.14/28 的全球地
```

```
//址，服务器全部做静态 NAT
ip route 0.0.0.0 0.0.0.0 Serial0/0/0
//默认路由
access-list 1 permit 172.18.0.0 0.0.255.255  //允许所有内网地址出去
**********************************************************************
R1:
interface Serial0/0/0
 ip address 200.0.0.2 255.255.255.0
 encapsulation frame-relay
 frame-relay map ip 200.0.0.1 103 broadcast
 frame-relay map ip 200.0.0.3 102 broadcast
//帧中继配置
!
**********************************************************************
```

配置帧中继网云，如图 2-2 所示。

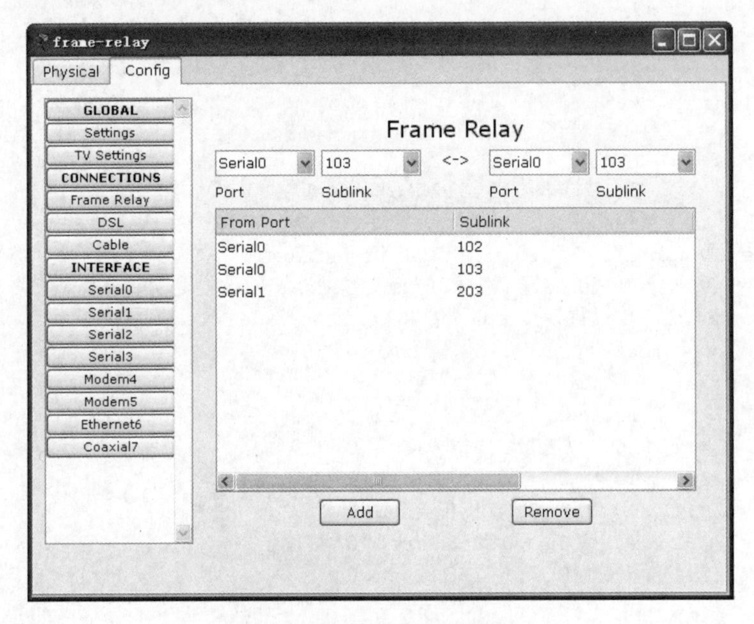

图 2-2　帧中继网云配置窗口

任务 4　无线局域网设计与实施

任务展示

在无线局域网络(Wireless Local Area Networks，WLAN)发明之前，如果有人想通过网络进行联络和通信，必须先用物理线缆(例如铜绞线)组建一个电子运行通路。为了提高效率和速度，后来又发明了光纤。当网络发展到一定规模后，人们很快发现，这种有线网络无论组建、拆装还是在原有基础上进行重新布局和改建，都非常困难，且成本和代价也非常高，于是，WLAN 的组网方式应运而生。目前，WLAN 应用已经非常广泛，技术也非常成熟。例如，某 WLAN 解决方案如图 2-3 所示。

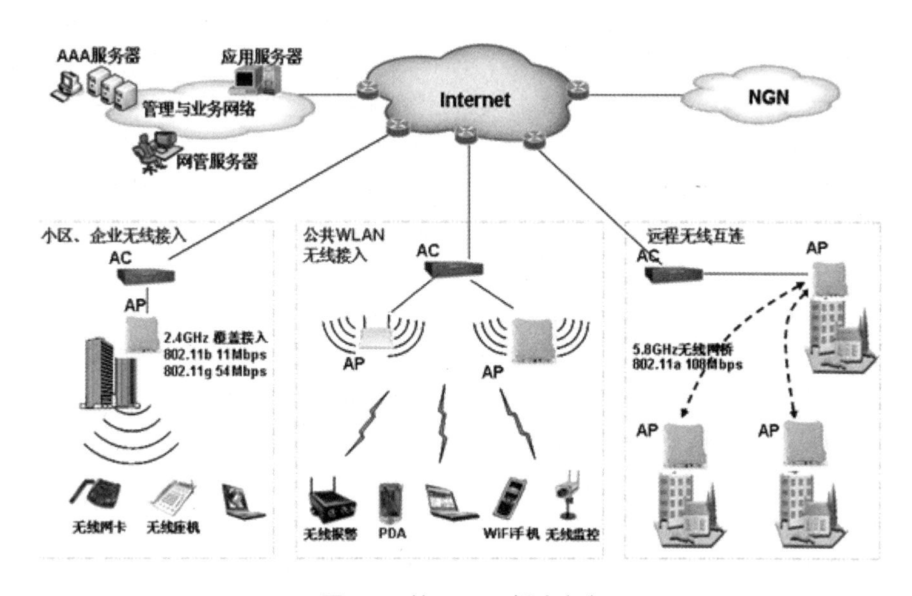

图 2-3　某 WLAN 解决方案

任务知识

无线局域网的构成

1. 主要应用

主流应用的无线网络分为 GPRS 手机无线网络上网和无线局域网两种方式。

2. 无线局域网的种类

(1)　无线局域网拓扑结构概述

基于 IEEE 802.11 标准的无线局域网允许在局域网络环境中使用可以不必授权的 ISM 频段中的 2.4GHz 或 5GHz 射频波段进行无线连接。它们被广泛应用，从家庭到企业，再到 Internet 接入热点。

(2)　简单的家庭无线 WLAN

在家庭组建无线局域网，最通用的方法，是使用一台无线路由器同时作为防火墙、路由器、交换机和无线接入点。例如，保护家庭网络远离外界的入侵。允许共享一个 ISP(Internet 服务提供商)的单一 IP 地址。可为 4 台计算机提供有线以太网服务，但是，也可以与另一个以太网交换机或集线器进行扩展，为多个无线计算机做一个无线接入点。通常，基本模块提供 2.4GHz 802.11b/g 操作的 Wi-Fi，而更高端模块将提供双波段 Wi-Fi 或高速 MIMO 性能。

双波段接入点提供 2.4GHz 802.11b/g/n 和 5.8GHz 802.11a 性能，而 MIMO 接入点在 2.4GHz 范围中可使用多个射频，以提高性能。双波段接入点本质上是两个接入点为一体，并可以同时提供两个非干扰频率，而更新的 MIMO 设备在 2.4GHz 范围或更高的范围提高了速度。2.4GHz 范围经常拥挤不堪，而且由于成本问题，厂商避开了双波段 MIMO 设备。双波段设备不具有最高性能或范围，但是，允许在相对不那么拥挤的 5.8GHz 范围工作，并且，如果两个设备在不同的波段，允许它们同时全速工作。该拓扑费用更高，但提供了更强的灵活性。路由器和无线设备可能不提供高级用户希望的所有特性。在这个配置中，此类接入点的费用可能会超过一个相当的路由器和 AP 一体机的价格，归因于市场中这种产品较少，因为多数人喜欢组合功能。一些人需要更高的终端路由器和交换机，因为这些设备具有诸如带宽控制、千兆以太网这样的特性，以及具有允许他们拥有需要的灵活性的标准设计。

(3) 无线桥接

当有线连接以太网或者需要为有线连接建立第二条冗余连接以作备份时，无线桥接允许在建筑物之间进行无线连接。802.11 标准的设备通常用来进行这项应用以及提供无线光纤桥。802.11 的基本解决方案一般更便宜，并且不需要在天线之间有直视性，但是，比光纤解决方案要慢很多。802.11 解决方案通常在 5~30Mbps 范围内起作用，而光纤解决方案在 100~1000Mbps 范围内起作用。这两种桥的工作距离可以超过 10 英里，基于 802.11 的解决方案可达到这个距离，而且它不需要线缆连接。但基于 802.11 的解决方案的缺点是，速度慢和存在干扰，而光纤解决方案不会。光纤解决方案的缺点是价格高，以及两个地点间不具有直视性。

(4) 中型 WLAN

中等规模的企业传统上使用一个简单的设计，他们简单地向所有需要无线覆盖的设施提供多个接入点。这个特殊的方法可能是最通用的，因为它入口成本低，尽管一旦接入点的数量超过一定限度就变得难以管理。大多数这类无线局域网允许我们在接入点之间漫游，因为它们配置在相同的以太子网和 SSID 中。从管理的角度看，每个接入点以及连接到它的接口都被分开管理。在更高级的支持多个虚拟 SSID 的操作中，VLAN 通道被用来连接访问点到多个子网，但需要以太网连接具有可管理的交换端口。这种情况中的交换机需要进行配置，以在单一端口上支持多个 VLAN。

尽管使用一个模板配置多个接入点是可能的，但是，当固件和配置需要进行升级时，管理大量的接入点仍会变得困难。从安全的角度来看，每个接入点必须被配置为能够处理其自己的接入控制和认证。RADIUS 服务器将这项任务变得更轻松，因为接入点可以将访问控制和认证委派给中心化的 RADIUS 服务器，这些服务器可以轮流与诸如 Windows 活动目录这样的中央用户数据库进行连接。但是即使如此，仍需要在每个接入点和每个 RADIUS 服务器之间建立一个 RADIUS 关联，如果接入点的数量很多，会变得很复杂。

(5) 大型 WLAN

交换无线局域网是无线联网最新的进展，简化的接入点通过几个中心化的无线控制器进行控制。数据通过 Cisco、ArubaNetworks、Symbol 和 TrapezeNetworks 这样的制造商的中心化无线控制器进行传输和管理。这种情况下的接入点具有更简单的设计，用来简化复杂的操作系统，而且更复杂的逻辑被嵌入在无线控制器中。接入点通常没有物理连接到无线控制器，但是它们逻辑上通过无线控制器交换和路由。要支持多个 VLAN，数据以某种形式被封装在隧道中，所以，即使设备处在不同的子网中，但从接入点到无线控制器有一个直接的逻辑连接。

从管理的角度来看，管理员只需要管理可以轮流控制数百接入点的无线局域网控制器。这些接入点可以使用某些自定义的 DHCP 属性，以判断无线控制器在哪里，并且自动连接到它，成为控制器的一个扩充。这极大地改善了交换无线局域网的可伸缩性，因为额外接入点本质上是即插即用的。要支持多个 VLAN，接入点不再在它连接的交换机上需要一个特殊的 VLAN 隧道端口，并且可以使用任何交换机，甚至易于管理的集线器上的任何老式接入端口。VLAN 数据被封装并发送到中央无线控制器，它处理到核心网络交换机的单一高速多 VLAN 连接。安全管理也被加固了，因为所有访问控制和认证在中心化控制器进行处理，而不是在每个接入点。只有中心化无线控制器需要连接到 RADIUS 服务器，这些服务器轮流连接到活动目录。

交换无线局域网的另一个好处，是低延迟漫游，这允许 VoIP 和 Citrix 这样的对延迟敏感的应用。切换时间会发生在通常不明显的大约 50 毫秒内。传统的每个接入点被独立配置的无线局域网有 1000 毫秒范围内的切换时间，这会破坏电话呼叫并丢弃无线设备上的应用会话。交换无线局域网的主要缺点，是由于无线控制器的附加费用而导致的额外成本。但是，在大型无线局域网配置中，这些附加成本很容易被易管理性所抵消。

3. 无线局域网的应用

WLAN 的实现协议有很多，其中，最为著名也是应用最为广泛的，当属无线保真技术 Wi-Fi，它实际上提供了一种能够将各种终端都使用无线进行互联的技术，为用户屏蔽了各种终端之间的差异性。

在实际应用中，WLAN 的接入方式很简单，以家庭 WLAN 为例，只需一个无线接入设备路由器，一个具备无线功能的计算机或终端(手机或 PAD)，没有无线功能的计算机只需外插一个无线网卡即可。有了以上设备后，具体操作如下：使用路由器将热点(其他已组建好且在接收范围的无线网络)或有线网络接入家庭，按照网络服务商提供的说明书进行路由配置，配置好后，在家中覆盖范围内(WLAN 稳定的覆盖范围大概在 20~50m 之间)放置接收终端，打开终端的无线功能，输入服务商给定的用户名和密码，即可接入 WLAN。

WLAN 的典型应用场景如下。

(1) 大楼之间：在大楼之间构建网络的连接，取代专线，简单又便宜。

(2) 餐饮及零售：餐饮服务业可使用无线局域网络产品，直接从餐桌即可输入，并传送客人点菜内容至厨房、柜台。零售商促销时，可以使用无线局域网络产品设置临时收银柜台。

(3) 医疗：使用附无线局域网络产品的手提式计算机取得实时信息。医护人员可藉此避免对伤患救治的迟延、不必要的纸上作业、单据循环的迟延及误诊等，从而提升对伤患照顾的品质。

(4) 企业：当企业内的员工使用无线局域网络产品时，不管他们在办公室的哪一个角落，只要有无线局域网络产品，就能随意地发电子邮件、分享文件及上网浏览。

(5) 仓储管理：一般仓储人员的盘点事宜，透过无线网络的应用，能立即将最新的资料输入计算机仓储系统。

(6) 货柜集散场：一般货柜集散场的桥式起重车，可在调动货柜时，将实时信息传回办公室，以利相关作业的进行。

(7) 监视系统：一般位于远方且需受监控现场的场所，由于布线困难，可藉由无线网络，将远方影像传回主控站。

(8) 展示会场：诸如一般的电子展、计算机展，由于网络需求极高，而且布线又会让会场显得凌乱，因此，若能使用无线网络，则是再好不过的选择。

4. 无线局域网的用户管理

无线局域网的用户管理的内容包括在移动通信中强调对移动电话用户的档案、变更记录等资料的管理和对交换机用户数据的管理；宽带 ADSL 网络中的用户管理强调的是用户的认证管理和计费管理，当然，也包括用户资料的管理；分布式的系统中，强调用户的建立、删除、权限设置、注册、连接、记账等。但是，所有的用户管理不外乎通常包括的系统 IP 地址分配、用户资料库管理、用户注册、用户级别管理、用户权限设置、用户日志和系统工作状态监控等主要内容。

在引入了新一代的 Internet 协议 IPv6 之后，无线局域网的用户管理主要处理以下几个方面。

(1) IP 地址分配

无线局域网从用户到无线接入点之间，走的是无线链路，因此，不存在 IP 地址的分配问题，但是，一旦进入了接入网络，接入网络的 AP 就会给用户分配一个暂时的 IP 地址，在用户与网络通信阶段都会使用这一 IP 地址，直到用户离网，IP 将自动释放。在 IPv6 网络中的 IP 地址分配和管理，主要有被动分配和主动获取两种方式，主动获得是通过 IPv6 协议簇的相关协议计算得出，主要通过网卡 MAC 地址，使用特定的算法得到，被动分配是通过向网络中的 DHCPv6 的服务器请求获得。

(2) 用户资料库

用户资料库是为保存用户的基本人事资料如姓名、性别等而设置的，其目的是强制用户进行实名注册，核查用户注册时输入的个人资料是否正确。当用户首次登录网站进行用户注册时，只有输入的个人资料与资料库保存的内容相一致时，才能完成整个注册过程，否则，就不能成功注册。这个部分属于应用层管理的内容，与 IPv6 结合之后，不需要太大的改动。

(3) 用户注册

用户注册是对终端用户进行分类分级管理，保证系统有序运行的基础。用户注册信息是系统判别来访用户是否为注册用户的依据。为防止别有用心的人冒名注册，可对客户机 IP 地址和用户名、用户密码及其他个人信息进行捆绑验证。与 IPv6 结合后，IPv6 协议本身提供了很好的安全性，我们可以充分利用 IPv6 的一些优点，使用户的注册更加完善。

(4) 登录

当终端接入网络时，网络可以自动获取来访客户机的 IP 地址，并将该 IP 地址与用户注册资料库中的记录进行比对，以判别来访者是否为注册用户。若在资料库中未找到该客户机 IP 地址相关的资料，表明是未进行过注册的终端，则引导其进行用户注册：若用户注册资料库中存在该 IP 地址注册资料，表明该客户机已进行过注册，将提示用户输入其个人资料姓名、密码等，然后再与用户注册资料库中的记录进行比对，验证用户密码，确认用户身份。经确认的用户将被系统自动赋予一个标识，且该用户在终端上不能获取和更改的存活期可由系统控制的身份信息。

(5) 级别设置

用户在单位和组织机构内，通常都有一个明确固定的工作岗位，属于某一部门和群组，位于某一行政级别。不同级别的用户由系统管理员根据人事资料和用户注册信息进行设置。这一部分与 IPv6 结合之后，基本上没有变动，也就是面向下一代全 IP 网络中的接入 WLAN 网络中，也不会有太大的变化。

(6) 权限设置

为防止用户进行越权访问和随意性的信息发布活动，必须对用户进行权限限制。当然，这与具体的网络协议没有太大关系，因此，在下一代 IPv6 网络中没有什么变化。

(7) 日志

用户日志是记录用户活动统计信息，如栏目点击率，是分析改进网络利用情况的第一手资料。用户日志保存到数据库中，便于日后的统计分析。利用用户日志信息，能对诸如用户登录时间、浏览的站点与栏目发布的信息等进行统计分析。这一部分属于应用层的操作，引入 IPv6 技术后，也不需要什么变动。

5. 我国无线通信技术的发展现状

我国无线通信技术的现代化发展，促使该应用领域规模无限扩大，使得无线通信技术走进了人们的日常生产和生活中，并对人们的生活方式等产生了极大的影响，其应用领域的不断扩大和产品的快速更新换代，也标志着我国进入了信息化和数字化时代，促进了我国经济社会的全面发展。主要体现在以下几个方面。

(1) 移动通信技术方面

近几年，我国的移动通信技术取得了长足的发展，主要体现在 3G 移动网络的发展方面，随着 3G 网络的发展，其应用的业务平台更加宽广，应用的方向更加众多，已经深入人们的日常生活。据有关统计表明，截至目前，3G 网络已占据了 80%的网络用户市场，并且还保持着持续上升的态势，尤其是其在商务市场的运用更加频繁化，这也预示着未来 3G 移动网络发展的无限潜力。

(2) 蓝牙技术的发展

蓝牙技术适用于短距离的无线通信，是以现代化无线通信技术为基础的通信技术，在其使用过程中，以语音和无线数据为载体，实现短距离的无线通信，它的主要服务对象为移动及固定的终端设备，能为用户提供信息和数据的传输服务，其传输频段为 2.4GHz ISM，速率为 1Mbps，最长的传输距离为 10m，适用于短距离通信。

(3) 无线宽带技术

当前的无线宽带接入方式主要有以下 4 种。

① 微波宽带接入技术。使用无线微波宽带技术的时候，频段应该在 28GHz 附近，通过“蜂窝式”的网络布局，降低了因为传输距离带来的损耗。与此同时，这种布局也减少了无线通信发射的功率，实现了近距离双向数据、图像以及语言的传输。

② 卫星接入技术。这种宽带接入技术主要运用于金融行业以及房地产、教育事行业领域，通过这种技术的运用，实现了互联网的高速接入、数据包的快速分发等服务，具有非常高的稳定性，深受相关行业领域的青睐。

③ 红外光通信接入。这种接入技术在运用过程中，传输速度非常高，大概在3~621MB/s 之间，能够实现数据的高速传播，并且由于红外线工作波段的缘故，其传输的距离可达上百米，并不会对其他的通信系统造成影响，在无线信号的发射和接收方面使用的则是光学仪器。

④ 多点微波接入技术。这种技术一般应用于多项低频波段，仅限于三种波段，分别是 5.8GHz、2.5GHz 以及 3.5GHz，这就决定了其应用的范围比较小。

(4) 超宽带技术

此技术以无线载波为基础，利用无线通信中单位比较小的纳秒级非正弦型波，在进行数据传输的时候运用脉冲的形式进行，其覆盖频谱非常宽，可实现低功耗下的数据传输，被众多领域广泛采用。

6. 无线通信技术的发展趋势

21 世纪的电信技术正进入一个关键的转折时期，未来十年将是技术发展最为活跃的时期。信息化社会的到来以及 IP 技术的兴起，正深刻地改变着电信网络的面貌以及未来技术发展的走向。未来，无线通信技术发展的主要趋势是宽带化、分组化、综合化、个人化，主要特点体现为以下几个方面。

(1) 宽带化是通信信息技术发展的重要方向之一。

随着光纤传输技术以及高通透量网络节点的进一步发展，有线网络的宽带化正在世界范围内全面展开，而无线通信技术也正在朝着无线接入宽带不断地向更高的速率化的方向演进，无线传输速率将从不断地向更高的速率发展。

(2) 核心网络综合化，接入网络多样化。未来信息网络的结构模式将向核心网/接入网转变，网络的分组化和宽带化，使在同一核心网络上综合传送多种业务信息成为可能，网络的综合化以及管制的逐步开放和市场竞争的需要，将进一步推动传统的电信网络与新兴的计算机网络的融合。接入网是通信信息网络中最具开发潜力的部分，未来网络可通过固定接入、移动蜂窝接入、无线本地环路接入等不同的接入设备，接入核心网，实现用户所需的各种业务。在技术上实现固定和移动通信等不同业务的相互融合，尤其是无线应用协议(WAP)的问世，将推动无线数据业务的开展，进一步促进移动业务与 IP 业务的融合。

(3) 信息个人化是本世纪初信息业进一步发展的主要方向之一。而移动 IP 正是实现未来信息个人化的重要技术手段，在手机上实现各种 IP 应用以及移动 IP 技术正逐步成为人们关注的焦点之一。移动智能网技术与 IP 技术的组合将进一步推动全球个人通信的趋势。

(4) 移动通信网络结构正在经历一场深刻的变革，随着网络中数据业务量主导地位的形成，现有电路交换网络向 IP 网络过渡的趋势已不可阻挡，IP 技术将成为未来网络的核心关键技术，IP 协议将成为电信网的主导通信协议。随着移动通信通用分组无线业务(GPRS)的引入，用户将在端到端分组传输模式下发送和接收数据，打破传统的数据接入模式。以 IP 为基础组网，开始了移动骨干网 IP 应用的实践。

综上所述，随着无线通信技术的不断发展，未来的无线通信技术将朝着宽带化方向以及信息个人化方向发展，并将会不断实现核心网络的综合化和接入网络的多样化以及通信技术机构的变革化，可利用网络用户终端的分组传输方式，帮助用户实现数据及图像信息的快速传输。

7. 无线通信技术在数字社区中的应用

无线通信技术的发展为实现数字化社区提供了有力的保证。数字化社区的特点，是信息的交流非常广泛和方便，无论是实验室、办公室还是家庭，计算机及其外设的应用越来越普及，社区中的设备也都有电脑控制。如果它们之间的通信仍然采用有线方式的话，将给使用带来很大的不便。Bluetooth(蓝牙)技术为我们建立一个全无线的工作环境和生活环境，Bluetooth 标准已制订了与计算机以及 Internet、PSTN、ISDN(Integrated Services Digital Network)、LAN、WAN、XDSL(X Digital Subscriber Loop)等网络兼容的接口协议，其目标是用单一的 Bluetooth 标准来建立起与众多国际标准的连接。目前，1Mbps 的速率已完全可以胜任这些工作，将来，根据 IEEE 802.15 的发展计划，可以将速率提高到 20Mbps 以上。我们可以使用无线电波来连接办公室和家庭中的电子设备，甚至包括键盘、鼠标等也采用无线传输。我们拥有一个无线公务包，以便携计算机和掌上计算机为代表，采用无线方式与其他设备或网络相连，使我们拥有一个可流动的办公室。

Internet 和移动通信的迅速发展，使人们对计算机以外的各种数据源和网络服务的需求日益增长。数字照相机、数字摄像机等设备装上 Bluetooth 系统，既可免去使用电缆的不便，又可不受内存溢出的困扰，随时随地可将所摄图片或影像通过同样装上 Bluetooth 系统的手机或其他设备传回指定的计算机中。PDA(Personal Digital Assistant)装上 Bluetooth 系统后，可采用无线方式收、发 E-mail 甚至浏览网页。Bluetooth 系统的硬件电路可以做到微型化，在 Headset 上应用非常合适。装上 Bluetooth 系统的 Headset 可以使它和手机进行无线连接，也可以使人在小范围内自由走动地打电话、收听音乐，在较大的范围内召开电话会议。微型化、低功耗和低成本的特性为 Bluetooth 技术在人们日常生活中的应用开拓了近乎无限的空间。例如，运用 Bluetooth 技术构成的无线电子锁比其他非接触式电子锁或 IC 锁具有更高的安全性和适用性，各种无线电遥控器(特别是汽车防盗和遥控)比红外线遥控器的功能更强大，在餐馆酒楼用膳时菜单的双向无线传输或招呼服务员提供指定的服务(如添茶、加饮料等)将更为方便等。利用蓝牙的传感器，可以随时监视家庭中的冰箱存量的变化，从而随时反映出用户所需要的物品，如果再连接到 Internet 上的话，就可以实现网上购物了。

未来的信息家电将以 Internet 和家庭网络为基础，以无线连接实现双向传输，是具有一定智能的 3C(Computer、Communication 和 Consumer)融合的信息产品。

任务实施

无线局域网的组建

无线局域网(WLAN)产业是当前整个数据通信领域发展最快的产业之一。因其具有灵活性、可移动性及较低的投资成本等优势，无线局域网解决方案作为传统有线局域网络的补充和扩展，获得了家庭网络用户、中小型办公室用户、广大企业用户及电信运营商的青睐，得到了快速的应用。

然而，在整个无线局域网中，却有着种种问题困扰着广大个人用户和企业用户。首先是该如何去组建无线局域网，这也是无线局域网中最基本的问题之一。具体来分，组建无线局域网包括组建家庭无线局域网和组建企业无线局域网。

1. 家庭无线局域网的组建

尽管现在很多家庭用户都选择了有线的方式来组建局域网，但同时也会受到种种限制，例如，布线会影响房间的整体设计，而且也不雅观等。

通过家庭无线局域网，不仅可以解决线路布局问题，在实现有线网络所有功能的同时，还可以实现无线共享上网。凭借着种种优点和优势，越来越多的用户开始把注意力转移到了无线局域网上，越来越多的家庭用户开始组建无线局域网。但实际操作过程中却有着很多问题。下面以组建一个拥有两台电脑(台式机)的家庭无线局域网为例，具体介绍一下如何组建家庭局域网。

(1) 选择组网方式

家庭无线局域网的组网方式与有线局域网有一些区别。最简单、最便捷的方式就是选择对等网，即是以无线 AP 或无线路由器为中心(传统有线局域网使用 Hub 或交换机)，其他计算机通过无线网卡、无线 AP 或无线路由器进行通信。该组网方式具有安装方便、扩充性强、故障易排除等特点。另外，还有一种对等网方式，不通过无线 AP 或无线路由器，直接通过无线网卡来实现数据传输。不过，对计算机之间的距离、网络设置要求较高，相对麻烦一些。

(2) 硬件安装

下面，以 TP-LINK TL-WR245 1.0 无线宽带路由器、TP-LINK TL-WN250 2.2 无线网卡(PCI 接口)为例，来介绍操作步骤。

关闭电脑，打开主机箱，将无线网卡插入主板闲置的 PCI 插槽中，重新启动。在重新进入 Windows XP 系统后，系统提示“发现新硬件”并试图自动安装网卡驱动程序，并会打开“找到新的硬件向导”对话框，让用户进行手工安装。点击“自动安装软件”选项，将随网卡附带的驱动程序盘插入光驱，并单击“下一步”按钮，这样就可以进行驱动程序的安装。然后单击“完成”按钮即可。打开“设备管理器”对话框，我们可以看到“网络适配器”栏中已经有了安装的无线网卡。在成功安装无线网卡后，在 Windows XP 系统任务栏中，会出现一个连接图标(在“网络连接”窗口中还会增加“无线网络连接”图标)，右击该图标，从快捷菜单中选择“查看可用的无线连接”命令，在出现的对话框中会显示搜索到的可用无线网络，选中该网络，单击“连接”按钮，即可连接到该无线网络中。

接着，在室内选择一个合适位置摆放无线路由器，接通电源即可。为了保证以后能无线上网，需要摆放在离 Internet 网络入口比较近的地方。另外，需要注意无线路由器与安装了无线网卡的计算机之间的距离，因为无线信号会受到距离、穿墙等因素的影响，距离过长，会影响接收信号和数据传输速度，最好保证在 30 米以内。

(3) 设置网络环境

安装好硬件后，我们还需要分别对无线 AP 或无线路由器以及对应的无线客户端进行设置。

① 设置无线路由器

在配置无线路由器之前，首先要认真阅读随产品附送的《用户手册》，从中了解到默认的管理 IP 地址以及访问密码。例如，我们这款无线路由器默认的管理 IP 地址为 192.168.1.1，访问密码为 admin。连接到无线网络后，打开 IE 浏览器，在地址栏中输入

192.168.1.1，再输入登录用户名和密码(用户名默认为空)，单击“确定”按钮，打开路由器设置界面。然后在左侧窗口点击“基本设置”链接，在右侧的窗口中设置 IP 地址，默认为 192.168.1.1；在“无线设置”选项组中保证选中“允许”，在 SSID 选项中，可以设置无线局域网的名称，在“频道”选项中选择默认的数字即可；在 WEP 选项中可以选择是否启用密钥，默认选择禁用。

提 示： SSID 即 Service Set Identifier，也可以缩写为 ESSID，表示无线 AP 或无线路由的标识字符，其实就是无线局域网的名称。该标识主要用来区分不同的无线网络，最多可以由 32 个字符组成，例如 wireless。

使用的这款无线宽带路由器支持 DHCP 服务器功能，通过 DHCP 服务器，可以自动地给无线局域网中的所有计算机自动分配 IP 地址，这样就不需要手动设置 IP 地址了，也避免了出现 IP 地址冲突。

具体的设置方法如下。同样，打开路由器设置界面，在左侧窗口中点击“DHCP 设置”链接，然后在右侧窗口中的“动态 IP 地址”选项组中选择“允许”选项，表示为局域网启用 DHCP 服务器。默认情况下，“起始 IP 地址”为 192.168.1.100，这样，第一台连接到无线网络的计算机 IP 地址为 192.168.1.100、第二台是 192.168.1.101，……，可以手动更改起始 IP 地址最后的数字，还可以设定用户数(默认 50)。最后单击“应用”按钮。

提 示： 通过启用无线路由器的 DHCP 服务器功能，在无线局域网中任何一台计算机的 IP 地址就需要设置为自动获取 IP 地址，让 DHCP 服务器自动分配 IP 地址。

② 设置无线客户端

设置完无线路由器后，下面还需要对安装了无线网卡的客户端进行设置。

在客户端计算机中，右击系统任务栏中的无线连接图标，从弹出的快捷菜单中选择“查看可用的无线连接”命令，在弹出的对话框中单击“高级”按钮，在出现的对话框中单击“无线网络配置”选项卡，单击“高级”按钮，在出现的对话框中选择“仅访问点(结构)网络”或“任何可用的网络(首选访问点)”选项，单击“关闭”按钮即可。

另外，为了保证无线局域网中的计算机顺利实现共享、进行互访，应该统一局域网中的所有计算机的工作组名称。

右击“我的电脑”，在弹出的快捷菜单中选择“属性”命令，弹出“系统属性”对话框。单击“计算机名”选项卡，单击“更改”按钮，在出现的对话框中输入新的计算机名和工作组名称，输入完毕，单击“确定”按钮。

注意：网络环境中，必须保证工作组名称相同，例如“Workgroup”，而每台计算机名则可以不同。

重新启动计算机后，打开“网上邻居”，点击“网络任务”任务窗格中的“查看工作组计算机”链接，就可以看到无线局域网中的其他计算机名称了。

以后，还可以在每一台计算机中设置共享文件夹，实现无线局域网中的文件的共享；设置共享打印机和传真机，实现无线局域网中的共享打印和传真等操作。

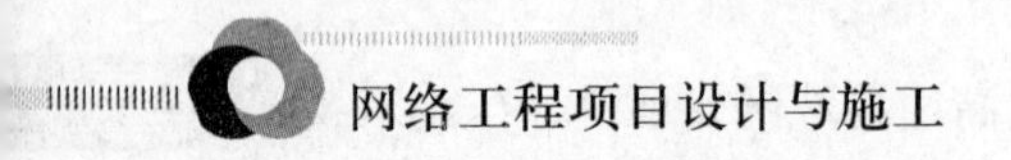

2. 办公无线局域网的组建

办公无线局域网的组建与家庭无线局域网的组建基本相同，但是，因为办公网络中通常拥有的计算机较多，所以，对所实现的功能以及网络规划等方面要求也比较高。下面，我们以拥有 8 台计算机的小型办公网络为例，其中包括 3 个办公室：经理办公室(2 台)、财务室(1 台)以及工作室(5 台)，Internet 接入采用以太网接入(10Mbps)。

(1) 组建前的准备

对于这种规模的小型办公网络，采用无线路由器的对等网连接是比较适合的。另外，考虑到经理办公室和财务室等重要部门网络的稳定性，准备采用交换机和无线路由器(TP-LINK TL-WR245 1.0)连接的方式。这样，除了配备无线路由器外，我们还需要准备一台交换机(TP-LINK TL-R410)、至少 4 根网线，用于连接交换机和无线路由器、服务器、经理用笔记本电脑以及财务室的计算机。

还需要为工作室的每台笔记本电脑配备一块无线网卡(如果已经内置，就不再需要了)，考虑到 USB 无线网卡即插即用、安装方便、高速传输、无须供电等特点，全部采用 USB 无线网卡(TP-LINK TL-WN220M 2.0)与笔记本电脑连接。

提 示： 出于成本以及兼容性考虑，在组建无线局域网时，最好选择同一品牌的无线网络产品。

(2) 安装网络设备

在工作室中，首先，需要给每台笔记本电脑安装 USB 无线网卡(这里假设全部安装了 Windows XP 操作系统)：将 USB 无线网卡与笔记本电脑的 USB 接口连接，Windows XP 会自动提示发现新硬件，并弹出“找到新的硬件向导”对话框。将随网卡附带的驱动程序盘插入光驱，选择“自动安装软件”选项，然后单击“下一步”按钮，即开始驱动程序的安装。这样，打开“网络连接”对话框，就可以看到自动创建的“自动无线网络连接”。而且，在系统“设备管理器”窗口的“网络适配器”项中，可以看到已经安装的 USB 无线网卡。

接着，将 TP-LINK TL-R410 交换机的 UpLink 端口与进入办公网络的 Internet 接入口用网线连接，另外选择一个端口(UpLink 旁边的端口除外)与 TP- LINK TL-WR245 1.0 无线宽带路由器的 WAN 端口连接，其他端口分别用网线与财务室、经理用计算机连接。因为该无线宽带路由器本身集成了 5 口交换机，除了提供一个 10/100Mbps 自适应 WAN 端口外，还提供了 4 个 10/100Mbps 自适应 LAN 端口，选择其中的一个端口与服务器连接，并通过服务器对该无线路由器进行管理。

最后，分别接通交换机、无线路由器电源，该无线网络就可以正常工作了。

(3) 设置网络环境

在安装完网络设备后，我们还需要对无线 AP 或无线路由器，以及安装了无线网卡的计算机进行相应的网络设置。步骤如下。

① 设置无线路由器

通过无线路由器组建的局域网中，除了进行常见的基本设置、DHCP 设置，还需要进行 WAN 连接类型以及访问控制等内容的设置。

首先，让我们来看看如何进行基本设置：当连接到无线网络后，在局域网中的任何一台计算机中打开 IE 浏览器，在地址栏中输入“192.168.1.1”，再输入登录用户名和密码(用户名默认为空，密码为 admin)，单击“确定”按钮，打开路由器设置页面。在左侧的窗口中点击“基本设置”链接，在右侧的窗口中，除了可以设置 IP 地址、是否允许无线设置、SSID 名称、频道、WEP 外，还可以为 WAN 口设置连接类型，包括自动获取 IP、静态 IP、PPPoE、RAS、PPTP 等。例如，使用以太网方式接入 Internet 的网络，可以选择静态 IP，然后输入 WAN 口 IP 地址、子网掩码、默认网关、DNS 服务器地址等内容。最后单击“应用”按钮完成设置。

在上述设置页面中，为了省去为办公网络中的每台计算机设置 IP 地址的操作，我们可以点击左侧窗口中的“DHCP 设置”链接，在右侧窗口中的“动态 IP 地址”选项组中选择“允许”选项，来启用 DHCP 服务器。为了限制当前网络用户数目，还可以设定用户数，例如更改为 6(默认是 50)。最后单击“应用”按钮。完成上面介绍的基本设置后，我们还需要为网络环境设置访问控制：办公网络中为了能有效地促进员工工作，提高工作效率，我们可以通过无线路由器提供的访问控制功能来限制员工对网络的访问。常见的操作包括 IP 访问控制、URL 访问控制等。

首先，在路由器管理页面左侧点击“访问控制”链接，接着，在右侧的窗口中可以分别对 IP 访问、URL 访问进行设置，在 IP 访问设置页面输入你希望禁止的局域网 IP 地址和端口号，例如，要禁止 IP 地址为 192.168.1.100 ~ 192.168.1.102 的计算机使用 QQ，则可以在“协议”列表中选择 UDP 选项，在“局域网 IP 范围”框中输入“192.168.1.100~192.168.1.102”，在“禁止端口范围”框中分别输入“4000”、“8000”。最后单击“应用”按钮。

提 示： 上面的设置是因为 QQ 聊天软件使用的是 UDP 协议，并使用 4000(客户端)和 8000(服务器端)端口。如果你不确定哪种协议的端口，可以在“协议”列表中选择“所有”选项，端口的范围在 0 ~ 65535 之间；要禁止某个端口，例如 FTP 端口，可以在范围中输入 21 ~ 21。

如果要设置 URL 访问控制功能，可以在访问控制页面中点击“URL 访问设置”链接，在打开的页面中点击“URL 访问限制”选项中的“允许”选项。接着，在“网站访问权限”选项中选择访问的权限，可以设置“允许访问”或“禁止访问”。

例如，要禁止访问 http://www.xxxx.com 这样的网站，就可以在“限制访问网站”框中输入“http://www.xxxx.com”，最后单击“应用”按钮即可。

提 示： 最多可以限制 20 个网站。

② 客户端设置

在办公无线局域网中，客户端设置的方法与家庭无线局域网中的客户端设置方法大致相同，要注意工作组中的所有计算机需要设定相同的访问方式，例如，同为“仅访问点(结构)网络”或同为“任何可用的网络(首选访问点)”。另外，还要将每台计算机的工作组设置为相同的名称。

项目拓展

大型企业网的设计与施工

1. 需求分析

随着近年来企业信息化建设的深入，企业的运作越来越融入计算机网络，企业的沟通、应用、财务、决策、会议等数据流都在企业网络上传输。构建一个“安全可靠、性能卓越、管理方便”的“高品质”大型企业网络，已经成为企业信息化建设的关键基石。企业网络不仅像校园网络那样有多栋建筑，而且还有许多分支机构和派出机构，因此，网络拓扑结构较为复杂，对网络的安全性要求也比较高。

为适应企业信息化的发展，满足日益增长的通信需求和保障网络的稳定运行，现在大型企业网络建设比传统企业网络建设有更高的要求，主要表现在如下几个方面。

(1) 带宽性能需求

现代大型企业网络应具有更高的带宽、更强大的性能，以满足用户日益增长的通信需求。随着计算机技术的高速发展，基于网络的各种应用日益增多，今天的企业网络已经发展成为一个多业务承载平台。不仅要继续承载企业的办公自动化、Web 浏览等简单的数据业务，还要承载涉及企业生产运营的各种业务应用系统数据，以及带宽和时延都要求很高的 IP 电话、视频会议等多媒体业务。因此，数据流量将大大增加，对核心网络的数据交换能力提出了前所未有的要求。另外，随着千兆位端口成本的持续下降，千兆位到桌面的应用会在不久的将来成为企业网的主流。从全球交换机市场分析可以看到，增长最迅速的就是 10Gbps 级别的箱式交换机。可见，万兆位的大规模应用已经开始。所以，今天的企业网络已经不能再用百兆位到桌面千兆位骨干来作为建网的标准，核心层及骨干层必须具有万兆位级带宽和处理性能，才能构筑一个畅通无阻的“高品质”大型企业网，从而适应网络规模扩大、业务量日益增长的需要。

(2) 稳定可靠需求

现代大型企业的网络应具有更全面的可靠性设计，以实现网络通信的实时畅通，保障企业生产运营的正常进行。随着企业各种业务应用逐渐转移到计算机网络上来，网络通信的无中断运行已经成为保证企业正常生产运营的关键。现代大型企业网络在可靠性设计方面，主要应从以下 3 个方面来考虑。

① 设备的可靠性设计：不仅要考察网络设备是否实现了关键部件的冗余备份，还要从网络设备整体设计架构、处理引擎种类等多方面去考察。

② 业务的可靠性设计：即网络设备在故障倒换的过程中，是否会对业务的正常运行有影响。

③ 链路的可靠性设计：以太网的链路安全来自于多路径选择，所以，在企业网络建设时，要考虑网络设备是否能够提供有效的链路自愈手段，以及快速重路由协议的支持。

(3) 服务质量需求

现代大型企业网络需要提供完善的端到端 QoS 保障，以满足企业网多业务承载的需求。大型企业网络承载的业务不断增多，单纯地提高带宽并不能够有效地保障数据交换的畅通无阻，所以，今天的大型企业网络建设必须考虑到网络应能够智能识别应用事件的紧急和重要程度，如视频、音频、数据流(MIS、ERP、OA、备份数据)；同时，能够调度网络中的资源，保证重要和紧急业务的带宽、时延、优先级和无阻塞的传送，实现对业务的合理调度才是一个大型企业网络提供高品质服务的保障。

(4) 网络安全需求

现代大型企业网络应提供更完善的网络安全解决方案，以阻止病毒和黑客的攻击，减少企业的经济损失。传统企业网络的安全措施主要是通过部署防火墙、IDS、杀毒软件，以及配合交换机或路由器的 ACL 来实现对病毒和黑客攻击的防御，但实践证明，这些被动的防御措施并不能有效地解决企业网络的安全问题。在企业网络已经成为公司生产运营的重要组成部分的今天，现代企业网络必须要有一整套从用户接入控制、病毒报文识别到主动抑制的一系列安全控制手段，这样，才能有效地保证企业网络的稳定运行。

(5) 应用服务需求

现代大型企业网络应具备更智能的网络管理解决方案，以适应网络规模日益扩大、维护工作更加复杂的需要。当前的网络已经发展成为“以应用为中心”的信息基础平台，网络管理能力的要求已经上升到了业务层次，传统的网络设备的智能已经不能有效支持网络管理需求的发展。比如，网络调试期间，最消耗人力与物力的线缆故障定位工作，网络运行期间对不同用户灵活的服务策略部署、访问权限控制，以及网络日志审计和病毒控制能力等方面的管理工作，由于受网络设备功能本身的限制，都还属于费时、费力的任务。所以现代的大型企业网络迫切需要网络设备具备支撑“以应用为中心”的智能网络运营维护的能力，并能够有一套智能化的管理软件，将网络管理人员从繁重的工作中解脱出来。

2. 整体设计

(1) 企业路由组网设计

本方案是针对地域跨度较广，分支机构较多，网络规模较大的企业集团。在本方案中，推荐网络的核心层采用万兆位核心路由器构建一个高性能、高带宽的万兆位数据传输平台，在各分厂/公司的核心(即网络的骨干层)采用多业务路由器构建一个路由交换一体化的平台，实现所有园区网汇聚层设备的千兆位汇聚交换路由，在接入层推荐用户采用安全智能以太网交换机完成企业用户的接入。

大型企业网络的路由器组网模式如图 2-4 所示。

① 核心层网络的设计

核心层网络主要完成企业集团内部不同地域企业之间的高速数据路由转发，以及维护全网路由的计算。鉴于大型集团企业的用户数量众多、业务复杂、QoS 要求较高的特点，建议采用 Cisco 7600 系列或锐捷 NPE50 系列路由器组建高性能的核心网络平台。为提高核心网络的健壮性，实现链路的稳定、安全保障，核心层环网中采用 ERRP(以太网冗余环网保护)技术，提供自愈保护倒换功能，实现核心网络的高可靠性。

② 骨干层网络的设计

骨干层网络主要完成园区内各汇聚层设备之间的数据交换，以及与核心层网络之间的路由转发。可以选择两种网络组建方案，即“骨干路由器＋核心交换机”方案和高性能多业务路由器方案。

“骨干路由器＋核心交换机”方案采用高性能三层交换机(如 Cisco Catalyst 6500 系列、锐捷 RG-S8600 系列)作为核心设备，实现汇聚层交换机、网络服务器、核心路由器之间的高速连接。同时，采用中高端路由器实现与分支机构路由器的连接。然而，该方案受限于核心交换机的功能，在提供 MPLS VPN 的业务能力方面较弱，因此，不适合有大量 VPN 访问(大量的外地分公司和营销人员)需求的企业网。

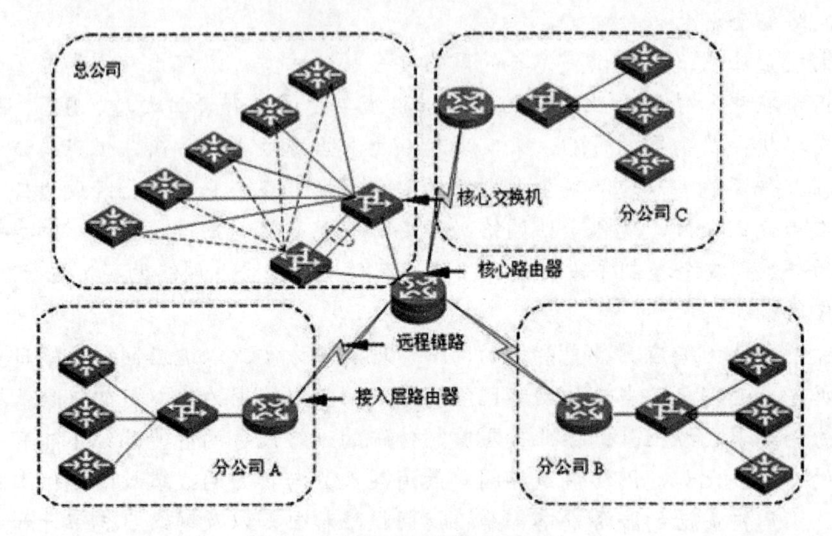

图 2-4　企业路由组网方案设计

“骨干路由器 + 核心交换机” 方案的拓扑结构如图 2-5 所示。

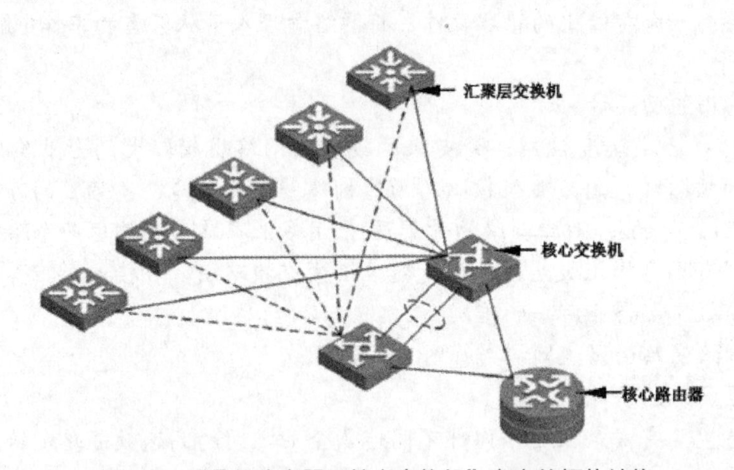

图 2-5　“骨干路由器＋核心交换机” 方案的拓扑结构

高性能多业务路由器方案采用多业务路由器(如 Cisco 7600 系列、锐捷 NPE50 系列)作为园区核心路由交换设备，实现业务、路由、交换一体化的设计架构，具有强大的业务和路由处理能力，提供诸如 MPLS VPN、QoS、策略路由、NAT、PPPoE/802.1x/L2TP 认证等丰富的业务能力；并可借助内置防火墙模块方式，实现各种强大的网络安全策略，以充分满足不同园区网络的高速数据交换和多业务功能支持的要求，提供完善的安全防御策略，保障企业园区网络的稳定运行。该方案非常适合提供大量的远程安全访问，但局域网的传输性能可能会受到一定的影响。

高性能多业务路由器方案的拓扑结构如图 2-6 所示。

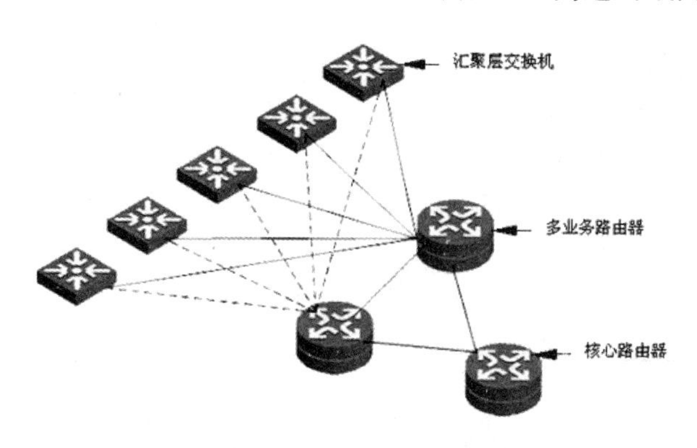

图 2-6　高性能多业务路由器方案的拓扑结构

③　汇聚层网络的设计

汇聚层网络主要完成园区内办公楼宇和相关单位接入层交换机的汇聚，以及数据交换和 VLAN 终结。建议采用千兆位多层交换机(如 Cisco Catalyst 4500 系列、锐捷 RG-S7600 系列)作为汇聚层交换机，在提供高密度千兆位端口接入的同时，满足汇聚层智能高速处理的需要。同时，还应具备较强的多业务提供能力，支持包括智能的 ACL、MPLS、组播在内的各种业务，为用户提供丰富、高性价比的组网选择。

汇聚层交换机与核心交换机之间应当采用冗余连接方式，并设置冗余路由链接，以获得较高的网络稳定性。汇聚层网络拓扑设计如图 2-7 所示。

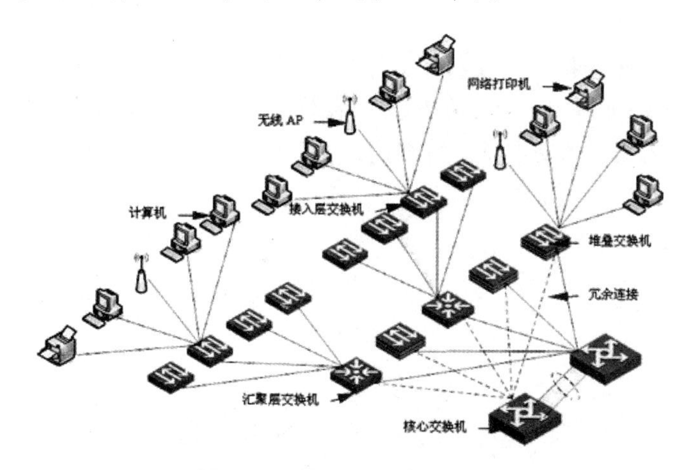

图 2-7　汇聚层网络拓扑设计

接入层交换机可选择 Cisco Catalyst 2960、Catalyst Express 500 系列或者锐捷 RG-S2600、RG-S2300 系列，并根据接入计算机数量进行级联或堆叠。

(2)　大型分公司网络的设计

大型分公司网络(计算机和网络终端数量少于 500 台)采用高性能三层交换机(如 Cisco Catalyst 4500 系列、锐捷 RG-S7600 系列)作为核心交换设备，实现汇聚层交换机、网络服务器、路由器之间的高速连接，并采用中高端路由器(如 Cisco 7200VXR 系列、锐捷 NPE20 系列)实现与集团公司核心路由器的远程连接。该方案兼顾分公司内部网络中的数据交换，以及与核心路由器之间的路由和 VPN 连接，具有较高的可用性。

大型分公司网络拓扑设计如图 2-8 所示，采用二层结构与三层结构相结合的方式。个别数量较少的建筑或楼宇，不必再设置汇聚层交换机，而是将接入层交换机直接或者相互堆叠(或级联)后连接至核心交换机。只有当楼宇内的交换机数量较多时(通常大于 4 台)，才考虑增加汇聚层交换机，从而降低设备购置费用，提高网络传输效率。

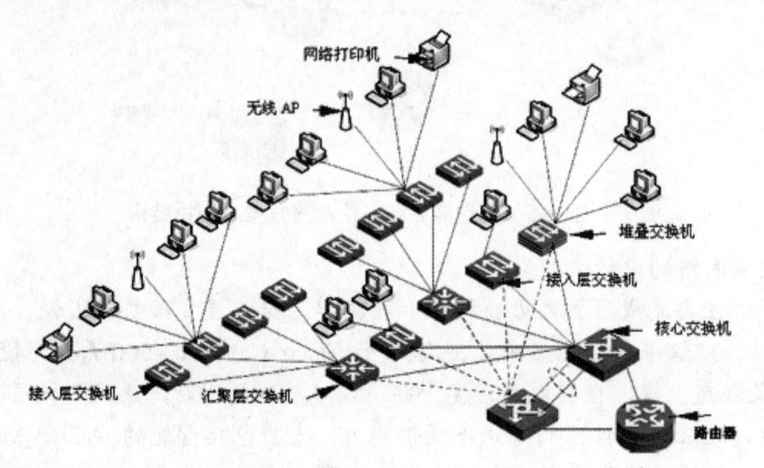

图 2-8　大型分公司网络拓扑设计

核心层采用两台核心交换机，实现链路冗余和路由冗余，保证提供稳定、可靠的网络互联平台。

核心交换机建议选择拥有交换引擎冗余、关键部件(如风扇、电源、管理引擎等)热插拔的模块化产品(如 Cisco Catalyst 4507R)，以提供最大限度的设备稳定性。

如果企业对网络稳定性要求不是特别高，也可以只采用 1 台核心交换机。其网络拓扑设计如图 2-9 所示。

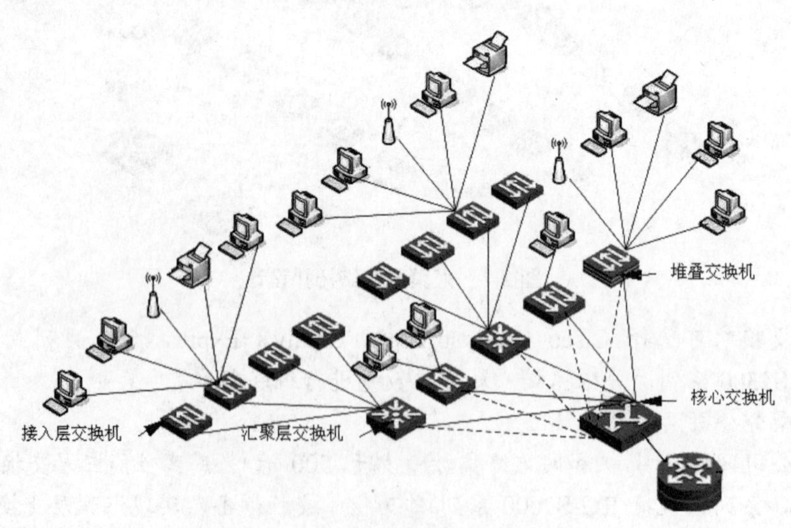

图 2-9　大型分公司单核心网络设计

汇聚层交换机采用全千兆位固定端口的三层交换机(如 Cisco Catalyst 3750 系列、锐捷 RG-S5750 系列)。向上实现与核心交换机的冗余连接，向下实现与接入层交换机的高速连接，并进行安全、QoS、多播等设置，提高网络安全性，避免网络病毒的蔓延和可能导致的网络传输瓶颈。

接入层交换机采用拥有千兆位端口的可网管交换机(如 Cisco Catalyst 2960、锐捷 RG-S2600)，为计算机和网络终端提供高速、安全的网络接入，实现身份认证和访问限制。对于一些需要提供大量无线接入点连接的位置(如办公楼、演示大厅等)，建议采用支持 PoE 供电技术的产品(如 Cisco Catalyst 3560、锐捷 RG-S3250)等，简化网络布线、保证无线设备稳定工作。

对于一些拥有大量计算机的办公场所(如销售大厅、办公大厅等)，建议采用堆叠交换机实现彼此之间的互联，从而简化网络管理，提高网络传输速率。

(3)　小型分公司网络的设计

小型分公司网络(计算机和网络终端数量少于 100 台)采用两层结构，以三层交换机(如 Cisco Catalyst 3750 系列、锐捷 RG-S5750 系列)作为核心交换设备，实现接入交换机、网络服务器、路由器之间的高速连接，并采用中低端路由器(如 Cisco 2800 系列、Cisco 1800 或者锐捷 RG-3740 系列、RG-R3600 系列)实现与集团公司核心路由器的远程连接。该方案兼顾分公司内部网络中的数据交换，以及与核心路由器之间的路由和 VPN 连接，具有较高的可用性。其拓扑结构如图 2-10 所示。

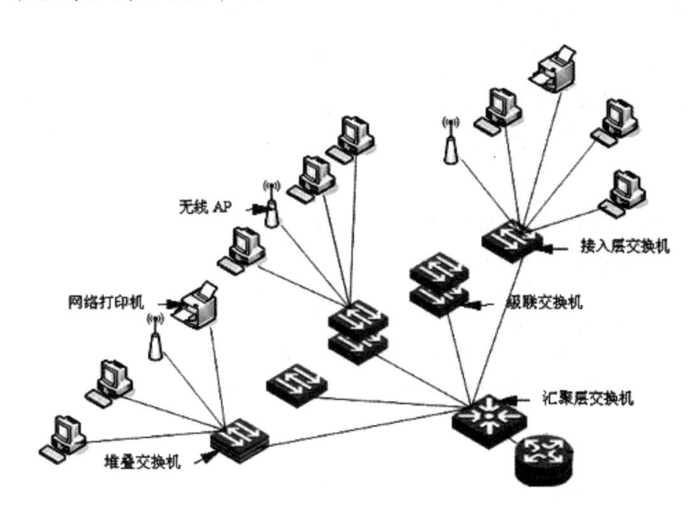

图 2-10　小型分公司网络拓扑设计

接入层交换机可选择 Cisco Catalyst 2960、Catalyst Express 500 系列或者锐捷 RG-S2600、RG-S2300 系列，并根据接入计算机的数量进行级联或堆叠。

(4)　企业交换组网设计

企业交换组网方案是针对地域跨度不大，用户较为集中的工厂企业集团用户的。网络核心采用高性能核心交换机，构建一个高性能、高带宽的万兆位级数据交换平台，并实现冗余和路由链接，以最大限度地保证网络核心的稳定性。

大型分公司采用 Cisco Catalyst 6500 系列或锐捷 RG-8600 系列，中型分公司采用 Cisco Catalyst 4500 系列、锐捷 RG-7600 系列。核心交换机应当支持引擎冗余和关键部件的热插拔。企业网络核心拓扑结构如图 2-11 所示。

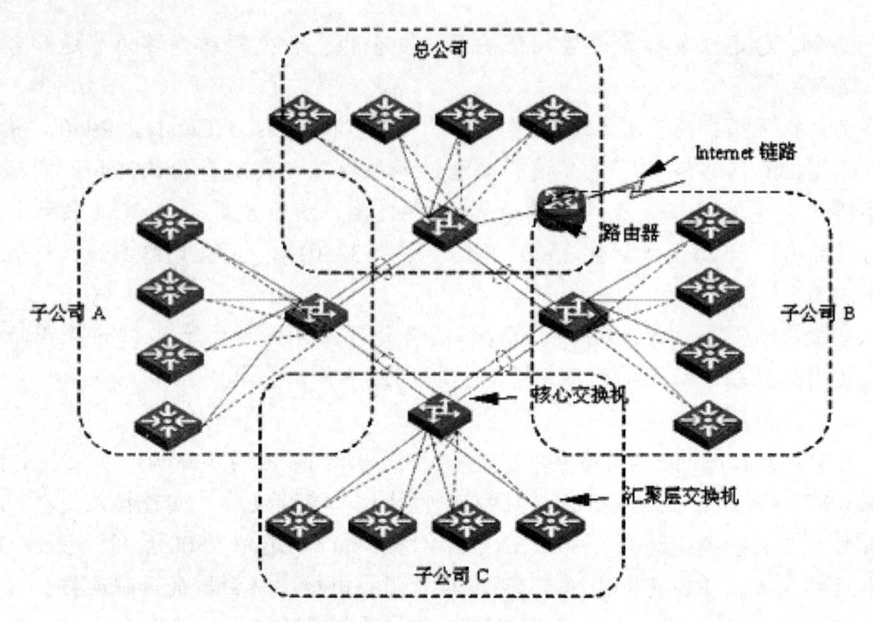

图 2-11　企业交换组网设计

各楼宇核心(即网络汇聚层)采用智能多层交换机。大型分公司采用 Cisco Catalyst 4500 系列、锐捷 RG-S7600 系列，中型分公司采用 Cisco Catalyst 3750 系列、锐捷 RG-S5750 系列。如果网络对安全性要求较高，汇聚层交换机与核心交换机间还应采用冗余连接方式。

各接入层采用安全智能以太网交换机，实现企业用户和网络终端设备的接入。大型分公司采用 Cisco Catalyst 3560 系列、锐捷 RG-S3250 系列，中型分公司采用 Catalyst 2960 系列、RG-S2300 系列。个别计算机数量较少的楼宇，也可以不设置汇聚层交换机，而是直接将接入层交换机连接至核心交换机。

对于企业总部与异地分支机构的互联，建议采用中低端路由器(如 Cisco 3800 系列、Cisco 2800 系列、Cisco 1800 系列或者锐捷 RG-R3740 系列、RG-R3600 系列)，利用 DDN 或 ADSL 等接入方式组建 DVPN(动态虚拟专用网络)网。

项目小结

本项目主要介绍了高速以太网的相关技术标准，以不同类型的企业网建设为例，从设计、规划到具体的实施，内容详尽，密切结合实际，读者在学习过程中应重点关注当前企业网在建设过程中的需求变化和技术的发展。

项目检测

(1) 什么是局域网组建需求分析？

(2) 如何进行网络需求调研？

(3) 局域网组建性能分析包括哪几个方面？

(4) 什么是网络传输的延迟和有效性？

(5) 水平布线一般采用何种介质？敷设距离有何要求？

(6) 建筑楼宇布线一般采用何种介质？敷设距离有何要求？
(7) 网络机房供电要考虑哪些问题？
(8) 规划以太网(802.3)物理拓扑结构应注意哪些问题？
(9) 局域网按规模可以分为哪些层？分层有何优点？
(10) 主干网络(核心层)设计、汇聚层和接入层设计，应考虑的主要因素有哪些？
(11) 为什么要使用无线局域网？无线局域网的拓扑结构有几种？
(12) 服务器按用户规模一般分为几种？每种具有哪些特征？
(13) 什么是 RAID，常用的 RAID 有几种，各有何技术特征？
(14) 什么是网络通信安全与信息资源安全？
(15) 网络安全性要求有哪些？
(16) 简述网络安全设计的问题与实施步骤。

项目 3

广域网设计与施工

项目描述

在项目 2 中，总部使用光纤到楼(Fiber to The Building，FTTB)接入 Internet，带宽约 50Mbps，各远程连接节点可提供从 64k→2M→100M 的带宽。采用 MPLS(多协议标签交换)技术在宽带 IP 网络上构建企业 IP 专网，即 MPLS-VPN，可实现跨地域、安全、高速、可靠的数据、语音、图像多业务通信，并结合差别服务、流量工程等相关技术，将公众网可靠的性能、良好的扩展性、丰富的功能与专用网的安全、灵活、高效结合在一起，为用户提供高质量的服务。

本项目的具体任务如下：

- 了解广域网的基本知识。
- 路由器的配置。
- 广域网的设计。

任务 1　了解广域网的基本知识

任务展示

首先要明确广域网的概念、技术特点和应用范围。广域网是一个地理覆盖范围超过局域网的数据通信网络。如果说局域网技术主要是为实现资源共享这个目标，那么广域网则主要是为了实现大范围内的远距离数据通信，因此，广域网在网络特性和技术实现上与局域网存在明显的差异。

其次要了解广域网的主要特性：

- 广域网运行在超出局域网地理范围的区域内。
- 使用各种类型的串行连接来接入广泛地理领域内的带宽。
- 连接分布在广泛地理领域内的设备。
- 使用电信运营商的服务。

任务知识

1.1　广域网设备

根据定义，广域网连接相隔较远的设备，这些设备包括以下几种。

(1)　路由器(Router)：提供诸如局域网互连、广域网接口等多种服务，包括 LAN 和 WAN 的设备连接端口。

(2)　WAN 交换机(Switch)：连接到广域网带宽上，进行语音、数据资料及视频通信。WAN 交换机是多端口的网络设备，通常进行帧中继、X.25 及交换百万位数据服务(SMDS)等流量的交换。WAN 交换机通常是在 OSI 参考模型的数据链路层之下运行的。

(3)　通信服务器(Communication Server)：汇集拨入和拨出的用户通信。

1.2　广域网标准

ISO/OSI 开放系统互连参考模型七层协议同样适用于广域网，但广域网只涉及低三层：物理层、数据链路层和网络层，它将地理上相隔很远的局域网互连起来。广域网能提供路由器、交换机以及它们所支持的局域网之间的数据分组/帧交换。

(1)　物理层协议

广域网的物理层协议描述了如何提供电气、机械、操作和功能的连接到通信服务提供商所提供的服务。广域网物理层描述了数据终端设备(DTE)和数据通信设备(TCE)之间的接口。连接到广域网的设备通常是一台路由器，它被认为是一台 DTE。而连接到另一端的设备为服务提供商提供接口，这就是一台 DCE。

WAN 的物理层描述了连接方式，WAN 的连接基本上属于专用或专线连接、电路交换连接、包交换连接等三种类型。它们之间的连接无论是包交换或专线还是电路交换，都使用同步或异步串行连接。

许多物理层标准定义了 DTE 和 DCE 之间接口的控制规则，如 EIA/TIA-232、EIA/TIA-449、EIA-530、EIA/TIA-612/613、V.35、X.21 等。

(2)　数据链路层协议

在每个 WAN 连接上，数据在通过 WAN 链路前都被封装到帧中。为了确保验证协议被使用，必须配置恰当的第二层封装类型。协议的选择主要取决于 WAN 的拓扑和通信设备。WAN 数据链路层定义了传输到远程站点的数据的封装形式，并描述了在单一数据路径上各系统间的帧传送方式。

(3)　网络层协议

著名的广域网网络层协议，有 CCITT 的 X.25 协议和 TCP/IP 协议中的 IP 协议等。

任务 2　路由器配置

任务展示

路由器(Router)，是连接因特网中各局域网、广域网的设备，它会根据信道的情况，自动选择和设定路由，以最佳路径，按前后顺序发送信号。路由器是互联网络的枢纽，是“交通警察”。目前，路由器已经广泛应用于各行各业，各种不同档次的产品已成为实现各种骨干网内部连接、骨干网间互联和骨干网与互联网互联互通业务的主力军。

路由器的配置对初学者来说，并不是件十分容易的事。本任务的目的，是掌握路由器的一般配置和简单调试方法。

任务知识

2.1　路由器概述

路由是指把数据从一个地方传送到另一个地方的行为和动作。一般来说，在路由过程中，信息至少会经过一个或多个中间节点。路由器是互联网的主要节点设备，它通过路由决定数据的转发。转发策略称为路由选择(Routing)，这也是路由器名称的由来(Router，转发者)。作为不同网络之间互相连接的枢纽，路由器系统构成了基于 TCP/IP 的国际互联网络 Internet 的主体脉络，也可以说，路由器构成了 Internet 的骨架。它的处理速度是网络通信的主要瓶颈之一，它的可靠性则直接影响着网络互连的质量。因此，在园区网、地区网，乃至整个 Internet 研究领域中，路由器技术始终处于核心地位，其发展历程和方向，成为整个 Internet 研究的一个缩影。在当前我国网络基础建设和信息建设方兴未艾之际，探讨路由器在互连网络中的作用、地位及其发展方向，对于国内的网络技术研究、网络建设及明确网络市场上对于路由器和网络互连的各种似是而非的概念，都有重要的意义。

2.2 路由器的工作原理

路由器内部可以划分为控制平面和数据通道。在控制平面上，路由协议可以有不同的类型。路由器通过路由协议交换网络的拓扑结构信息，依照拓扑结构动态生成路由表。在数据通道上，转发引擎从输入线路接收 IP 包后，分析和修改包头，使用转发表查找输出端口，把数据交换到输出线路上。转发表是根据路由表生成的，其表项与路由表项有直接对应关系，但转发表的格式与路由表的格式不同，它更适合实现快速查找。转发的主要流程包括线路输入、包头分析、数据存储、包头修改和线路输出。

路由协议根据网络拓扑结构动态生成路由表。IP 协议把整个网络划分为管理区域，这些管理区域称为自治域，自治域区号实行全网统一管理。这样，路由协议就有域内协议和域间协议之分。域内路由协议，如 OSPF、IS-IS，在路由器间交换管理域内代表网络拓扑结构的链路状态，根据链路状态推导出路由表。域间路由协议相邻节点交换数据时，不能使用多播方式，只能采用指定的点到点连接。

近年来出现了交换路由器产品，从本质上来说，它不是什么新技术，而是为了提高通信能力，把交换机的原理组合到路由器中，使数据传输能力更快、更好。

2.3 路由器的作用

路由器的一个作用，是连通不同的网络，另一个作用是选择信息传送的线路。选择通畅快捷的近路，能大大提高通信速度，减轻网络系统通信负荷，节约网络系统资源，提高网络系统的畅通率，从而让网络系统发挥出更大的效益。

从过滤网络流量的角度来看，路由器的作用与交换机和网桥非常相似，但是，与工作在网络物理层，从物理上划分网段的交换机不同，路由器使用专门的软件协议从逻辑上对整个网络进行划分。例如，一台支持 IP 协议的路由器可以把网络划分成多个子网段，只有指向特殊 IP 地址的网络流量才可以通过路由器。对于每一个接收到的数据包，路由器都会重新计算其校验值，并写入新的物理地址。因此，使用路由器转发和过滤数据的速度往往要比只查看数据包物理地址的交换机慢。但是，对于那些结构复杂的网络，使用路由器可以提高网络的整体效率。路由器的另外一个明显优势，就是可以自动过滤网络广播。从总体上说，在网络中添加路由器的整个安装过程要比即插即用的交换机复杂很多。

一般说来，异种网络互联与多个子网互联都应采用路由器来完成。

路由器的主要工作，就是为经过路由器的每个数据帧寻找一条最佳传输路径，并将该数据有效地传送到目的站点。由此可见，选择最佳路径的策略(即路由算法)是路由器的关键所在。为了完成这项工作，在路由器中保存着各种传输路径的相关数据——路径表(Routing Table)，供路由选择时使用。路径表中保存着子网的标志信息、网上路由器的个数和下一个路由器的名字等内容。路径表可以是由系统管理员固定设置好的，也可以由系统动态修改，可以由路由器自动调整，也可以由主机控制。

1. 静态路径表

由系统管理员事先设置好的固定的路径表，称为静态(Static)路径表，一般是在系统安装时就根据网络的配置情况预先设定的，它不会因网络结构的改变而改变。

2. 动态路径表

动态(Dynamic)路径表是路由器根据网络系统的运行情况而自动调整的路径表。路由器根据路由选择协议(Routing Protocol)提供的功能，自动学习和记忆网络运行情况，在需要时，自动计算数据传输的最佳路径。

2.4　路由器的类型

互联网各种级别的网络中随处都可见到路由器。接入网络使得家庭和小型企业可以连接到某个互联网服务提供商；企业网中的路由器连接一个校园或企业内成千上万的计算机；骨干网上的路由器终端系统通常是不能直接访问的，它们连接长距离骨干网上的 ISP 和企业网络。互联网的快速发展无论是对骨干网、企业网还是接入网都带来了不同的挑战。骨干网要求路由器能对少数链路进行高速路由转发。企业级路由器不但要求端口数目多、价格低廉，而且要求配置起来简单方便，并提供 QoS。

1. 接入路由器

接入路由器连接家庭或 ISP 内的小型企业客户。接入路由器已经开始不只是提供 SLIP 或 PPP 连接，还支持诸如 PPTP 和 IPSec 等虚拟私有网络协议。这些协议要能在每个端口上运行。诸如 ADSL 等技术将很快提高各家庭的可用带宽，这将进一步增加接入路由器的负担。由于这些趋势，接入路由器将来会支持许多异构和高速端口，并在各个端口能够运行多种协议，同时，还要避开电话交换网。

2. 企业级路由器

企业或校园级路由器连接许多终端系统，其主要目标是以尽量便宜的方法实现尽可能多的端点互连，并且进一步要求支持不同的服务质量。许多现有的企业网络都是由 Hub 或网桥连接起来的以太网段。尽管这些设备价格便宜、易于安装、无须配置，但是，它们不支持服务等级。相反，有路由器参与的网络能够将机器分成多个碰撞域，并因此能够控制一个网络的大小。此外，路由器还支持一定的服务等级，至少允许分成多个优先级别。但是，路由器的每端口造价要贵些，并且在能够使用之前，要进行大量的配置工作。因此，企业路由器的成败就在于是否提供大量端口且每端口的造价很低、是否容易配置、是否支持 QoS。另外，还要求企业级路由器有效地支持广播和组播。企业网络还要处理历史遗留的各种 LAN 技术，支持多种协议，包括 IP、IPX 和 Vine。它们还要支持防火墙、包过滤以及大量的管理和安全策略及 VLAN。

3. 骨干级路由器

骨干级路由器实现企业级网络的互联。对它的要求是速度和可靠性，而代价则处于次要地位。硬件可靠性可以采用电话交换网中使用的技术，如热备份、双电源、双数据通路等来获得。这些技术对所有骨干路由器而言差不多是标准的。骨干 IP 路由器的主要性能瓶颈，是在转发表中查找某个路由所耗的时间。当收到一个包时，输入端口在转发表中查找该包的目的地址以确定其目的端口，当包非常短或者当包要发往许多目的端口时，势必增加路由查找的代价。因此，将经常访问的目的端口放到缓存中能够提高路由查找的效率。不管是输入缓冲还是输出缓冲路由器，都存在路由查找的瓶颈问题。除了性能瓶颈问题，路由器的稳定性也是一个常被忽视的问题。

4. 太比特路由器

在未来核心互联网使用的三种主要技术中，光纤和密集型光波复用(Dense Wavelength Division Multiplexing，DWDM)都已经是很成熟的技术。如果没有与现有的光纤技术和 DWDM 技术提供的原始带宽对应的路由器，新的网络基础设施将无法从根本上得到性能的改善，因此，开发高性能的骨干交换/路由器(太比特路由器)已经成为一项迫切的要求。太比特路由器技术现在还主要处于开发实验阶段。

5. 多 WAN 路由器

早在本世纪初，北京的欣全向工程师在研究一种多链路(Multi-Homing)解决方案时发现，全部以太网协议的多 WAN 口设备在中国存在巨大的市场需求。伴随着欣全向产品研发成功，2002 年，全国第一台双 WAN 路由器诞生，这款双 WAN 宽带路由器被命名为 NuR8021。

双 WAN 路由器具有物理上的两个 WAN 口作为外网接入，这样，内网电脑就可以经过双 WAN 路由器的负载均衡功能同时使用两条外网接入线路，大幅提高了网络带宽。当前双 WAN 路由器主要有“带宽汇聚”和“一网双线”的应用优势，这是传统单 WAN 路由器做不到的。近年来，多 WAN 路由器已经普遍应用，这种以多线接入、增加带宽为主要应用的多 WAN 路由器已成为企业宽带组网的新选择。

路由器具有多个 WAN 口就可以接多条外部线路，合理使用多条宽带线路，可以优化很多应用、解决很多问题。目前，多 WAN 应用主要有以下优势。

(1) 带宽汇聚：多个 WAN 口可以同时接入多条宽带，通过负载均衡策略，可以同时使用接入线路带宽，获得带宽叠加的效果。比如 WAN1、WAN2 各接入 1M 的 ADSL 宽带，当内网 PC 使用迅雷、BT 等多线程下载工具下载文件时，一台 PC 可以同时使用两条线路。

(2) 一网多线：多个 WAN 口可以同时接入不同外网线路，比如 WAN1 接网通、WAN2 接电信。这样，通过路由器内置的智能策略库，使得内网访问网通的服务用网通线路，访问电信的服务用电信的线路，合理地解决了国内网通、电信等 ISP 存在互访瓶颈的问题，使网络畅通。

(3) 费用优化：由于带宽汇聚效果的存在，使得使用同样带宽，接入费用随之降低，比如1M ADSL的费用是150元/月，2M光纤的费用是1000元/月，接入两条1M ADSL的效果，接近于一条2M光纤，但费用会大幅降低。由于线路优化效果的存在，使得路由器能按费用选择线路，比如教育网线路能访问其他线路不能访问的资源，但费用高。这时，可以同时接入教育网线路和一条ADSL，路由器会把访问特定教育网资源的数据从教育网线路上收发，把访问其他因特网资源的数据从ADSL上收发，这样，既不影响使用效果，又可以大幅降低费用。

(4) 智能备援：多个WAN口的存在，使得其中某一个WAN口出现异常时，路由器能及时地把网络流量转移到其他正常的WAN口上，保证线路异常不影响网络使用，为网络稳定性提供强大的保证。

WAN宽带路由器可以把多条宽带线路汇聚起来，通过动态的负载平衡平均分配流量，起到扩大线路带宽的作用，并且支持多种线路混用。

2.5　路由器体系结构

从体系结构上看，路由器可以分为第一代单总线单CPU结构路由器、第二代单总线主从CPU结构路由器、第三代单总线对称式多CPU结构路由器；第四代多总线多CPU结构路由器、第五代共享内存式结构路由器、第六代交叉开关体系结构路由器和基于机群系统的路由器等多种。

路由器具有几个要素：输入端口、输出端口、交换开关、路由处理器和其他端口。

输入端口是物理链路和输入包的进口处。端口通常由线卡提供，一块线卡一般支持4、8或16个端口，一个输入端口具有许多功能。第一个功能，是进行数据链路层的封装和解封装。第二个功能是在转发表中查找输入包目的地址，从而决定目的端口(称为路由查找)，路由查找可以使用一般的硬件来实现，或者通过在每块线卡上嵌入一个微处理器来完成。第三，为了提供QoS，端口要对收到的包分成几个预定义的服务级别。第四，端口可能需要运行诸如SLIP(串行线网际协议)和PPP(点对点协议)这样的数据链路级协议或者诸如PPTP(点对点隧道协议)这样的网络级协议。一旦路由查找完成，必须用交换开关将包送到其输出端口。如果路由器是输入端加队列的，则有几个输入端共享同一个交换开关。这样，输入端口的最后一项功能是参加对公共资源(如交换开关)的仲裁协议。

交换开关可以使用多种不同的技术来实现。迄今为止，使用最多的交换开关技术是总线、交叉开关和共享存储器。最简单的开关使用一条总线来连接所有输入和输出端口，总线开关的缺点，是其交换容量受限于总线的容量以及为共享总线仲裁所带来的额外开销。交叉开关通过开关提供多条数据通路，具有N×N个交叉点的交叉开关可以被认为具有2N条总线。如果一个交叉是闭合的，则输入总线上的数据在输出总线上可用，否则不可用。交叉点的闭合与打开由调度器来控制，因此，调度器限制了交换开关的速度。在共享存储器路由器中，进来的包被存储在共享存储器中，所交换的仅是包的指针，这提高了交换容量，但是，开关的速度受限于存储器的存取速度。尽管存储器容量每18个月能够翻一番，但存储器的存取时间每年仅降低5%，这是共享存储器交换开关的一个固有限制。

输出端口在包被发送到输出链路之前对包存储，可以实现复杂的调度算法以支持优先级等要求。与输入端口一样，输出端口同样要能支持数据链路层的封装和解封装，以及许多较高级协议。

路由处理器计算转发表，实现路由协议，并运行对路由器进行配置和管理的软件。同时，它还处理那些目的地址不在转发表中的包。

其他端口一般指控制端口，由于路由器本身不带有输入和终端显示设备，但它需要进行必要的配置后才能正常使用，所以，一般的路由器都带有一个控制端口 Console，用来与计算机或终端设备进行连接，通过特定的软件来进行路由器的配置。所有路由器都安装了控制台端口，使用户或管理员能够利用终端与路由器进行通信，完成路由器配置。该端口提供了一个 EIA/TIA-232 异步串行接口，用于在本地对路由器进行配置(首次配置必须通过控制台端口进行)。

Console 端口使用配置专用连线直接连接至计算机的串口，利用终端仿真程序(例如 Windows 下的“超级终端”)进行路由器本地配置。

路由器的 Console 端口多为 RJ45 端口。

任务实施

路由器在计算机网络中占据举足轻重的地位，是计算机网络的桥梁。通过它，不仅可以连通不同的网络，还能选择数据传送的路径，并能阻隔非法的访问。

下面以 Cisco 3640 为例，介绍一下路由器的一般配置和简单调试。

Cisco 3640 有一个以太网口(AUI)、一个 Console 口(RJ45)、一个 AUX 口(RJ45)和两个同步串口，支持 DTE 和 DCE 设备，支持 EIA/TIA-232、EIA/TIA-449、V.35、X.25 和 EIA-530 接口。

1. 配置

(1) 用 Cisco 随机携带的 Console 线，一端连在 Cisco 路由器的 Console 口，一端连在计算机的 COM 口。

(2) 打开电脑，启动超级终端，为我们的连接取个名字，比如 CISCO_SETUP，下一步选定连接时用 COM1，秒位数为 9600，数据位为 8，奇偶校验为无，停止位为 1，数据流控制为无，最后单击“确定”按钮。

(3) 打开路由器电源，这时，超级终端将出现以下内容：

```
System Bootstrap, Version 11.1(20)AA2, EARLY DEPLOYMENT RELEASE SOFTWARE
(fc1) Copyright (c) 1999 by cisco Systems, Inc. C3600 processor with
32768 Kbytes of main memory Main memory is configured to 64 bit mode
with parity disabled program load complete, entry point: 0x80008000,
size: 0x4ed478 Self decompressing the image:
#################################################################
#################################################################
#################################################################
#################################################################
#################################################################
#################################################################
```

```
########################################################################
[OK]
Restricted Rights Legend Use, duplication, or disclosure by the
Government is subject to restrictions as set forth in subparagraph (c)
of the Commercial Computer Software - Restricted  Rights clause at FAR
sec. 52.227-19 and subparagraph (c) (1) (ii) of the Rights in Technical
Data and Computer Software clause at DFARS sec. 252.227-7013.
cisco Systems, Inc.
170 West Tasman Drive San Jose, California 95134-1706 Cisco Internetwork
Operating System Software IOS (tm) 3600 Software(C3640-I-M), Version
12.1(2)T, RELEASE SOFTWARE (fc1) Copyright (c) 1986-2000 by cisco
Systems, Inc.
Compiled Tue 16-May-00 12: 26 by ccai Image text-base: 0x600088F0, data-
base: 0x60924000 cisco 3640 (R4700) processor (revision 0x00) with
24576K/8192K bytes of memory.
Processor board ID 25125768 R4700 CPU at 100Mhz, Implementation 33, Rev
1.0 Bridging software.
X.25 software, Version 3.0.0.2 FastEthernet/IEEE 802.3 interface(s)1
Serial network interface(s)DRAM configuration is 64 bits wide with
parity disabled.
125K bytes of non-volatile configuration memory.
8192K bytes of processor board System flash (Read/Write)
--- System Configuration Dialog ---
```

(4)　配置以太网端口：

```
# conf t(从终端配置路由器)
# int e0(指定 E0 口)
# ip addr ABCD XXXX(ABCD 为以太网地址，XXXX 为子网掩码)
# ip addr ABCD XXXX secondary(E0 口同时支持两个地址类型。如果第一个为 A 类地址，
则第二个为 B 或 C 类地址)
# no shutdown(激活 E0 口)
# exit
```

完成以上配置后，用 ping 命令检查 E0 口是否正常。如果不正常，一般是因为没有激活该端口，用 no shutdown 命令激活 E0 口即可。

(5)　X.25 的配置：

```
# conf t
# int S0(指定 S0 口)
# ip addr ABCD XXXX(ABCD 为以太网 S0 的 IP 地址，XXXX 为子网掩码)
# encap X25-ABC(封装 X.25 协议。ABC 指定 X.25 为 DTE 或 DCE 操作，默认是 DTE)
# x25 addr ABCD(ABCD 为 S0 的 X.25 端口地址，由邮电局提供)
# x25 map ip ABCD XXXX br(映射的 X.25 地址。ABCD 为对方路由器(如 S0)的 IP 地址，
XXXX 为对方路由器(如 S0)的 X.25 端口地址)
# x25 htc X(配置最高双向通道数。X 的取值范围 1~4095，要根据邮电局实际提供的数值配置)
# x25 nvc X(配置虚电路数，X 不可超过邮电局实际提供的数值，否则将影响数据的正常传输)
# exit
```

S0 端口配置完成后，用 no shutdown 命令激活 E0 口。如果 ping S0 端口正常，ping 映射的 X.25 IP 地址(即对方路由器端口 IP 地址)不通，则可能是以下几种情况引起的：①本

机 X.25 地址配置错误，重新与邮局核对(X.25 地址长度为 13 位)；②本机映射 IP 地址或 X.25 地址配置错误，重新配置正确；③对方 IP 地址或 X.25 地址配置错误；④本机或对方路由配置错误。

有时能够与对方通信，但有丢包现象。出现这种情况，一般有以下几种可能：①线路情况不好，或网卡、RJ45 插头接触不良；②x25 htc 最高双向通道数 X 的取值范围和 x25nvc 虚电路数 X 超出邮电局实际提供的数值。最高双向通道数和虚电路数这两个值越大越好，但绝对不能超出邮电局实际提供的数值，否则就会出现丢包现象。

(6) 专线的配置：

```
# conf t
# int  S2(指定 S2 口)
# ip addr ABCD XXXX(ABCD 为 S2 的 IP 地址，XXXX 为子网掩码)
# exit
```

专线口配置完成后，用 no shutdown 命令激活 S2 口即可。

(7) 帧中继的配置：

```
# conf t
# int s0
# ip addr ABCD XXXX (ABCD 为 S0 的 IP 地址，XXXX 为子网掩码)
# encap frame_relay (封装 frame_relay 协议)
# no nrzi_encoding (NRZI=NO)
# frame_relay lmi_type q933a (LMI 使用 Q933A 标准。LMI(Local management
Interface)有 3 种：ANSI T1.617、CCITTY Q933A 和 Cisco 特有的标准)
# frame-relay intf-typ ABC(ABC 为帧中继设备类型，它们分别是 DTE 设备、DCE 交换机或
NNI(网络接点接口)支持)
# frame_relay interface_dlci 110 br(配置 DLCI(数据链路连接标识符))
# frame-relay map ip ABCD XXXX broadcast (建立帧中继映射。ABCD 为对方 IP 地址，
XXXX 为本地 DLCI 号，broadcast 为允许广播向前转发或更新路由)
# no shutdown (激活本端口)
# exit
```

帧中继 S0 端口配置完成后，用 ping 命令检查 S0 口。如果不正常，通常是因为没有激活该端口，用 no shutdown 命令激活 S0 口即可。如果 ping S0 端口正常，ping 映射的 IP 地址不正常，则可能是帧中继交换机或对方配置错误，需要综合排查。

(8) 配置同步/异步口(适用于 2522)：

```
# conf t
# int s2
# ph asyn (配置 S2 为异步口)
# ph sync (配置 S2 为同步口)
```

(9) 动态路由的配置：

```
# conf t
# router eigrp 20 (使用 EIGRP 路由协议。常用的路由协议有 RIP、IGRP、IS-IS 等)
# passive-interface serial0 (若 S0 与 X.25 相连，则输入本条指令)
# passive-interface serial1 (若 S1 与 X.25 相连，则输入本条指令)
# network ABCD (ABCD 为本机的以太网地址)
```

```
# network XXXX (XXXX 为 S0 的 IP 地址)
# no auto-summary
# exit
```

(10) 静态路由的配置：

```
# ip router ABCD XXXX YYYY 90 (ABCD 为对方路由器的以太网地址，XXXX 为子网掩码，
YYYY 为对方对应的广域网端口地址)
# dialer-list 1 protocol ip permit
```

2. 综合调试

当路由器全部配置完毕后，可进行一次综合调试。

(1) 首先将路由器的以太网口和所有要使用的串口都激活。方法是进入该口，执行 no shutdown。

(2) 为与路由器相连的主机加上默认路由(中心路由器的以太地址)。方法是在 Unix 系统的超级用户下执行 router add default XXXX 1(XXXX 为路由器的 E0 口地址)。每台主机都要加默认路由，否则，将不能正常通信。

(3) ping 本机的路由器以太网口，若不通，可能以太网口没有激活，或不在同一个网段上。ping 广域网口，若不通，则没有加默认路由。ping 对方广域网口，若不通，则路由器配置错误。ping 主机以太网口，若不通，则对方主机没有加默认路由。

(4) 在专线卡 X.25 主机上加网关(静态路由)。方法是在 Unix 系统的超级用户下执行 router add X.X.X.X Y.Y.Y.Y 1(X.X.X.X 为对方以太网地址，Y.Y.Y.Y 为对方广域网地址)。

(5) 使用 Tracert 对路由进行跟踪，以确定不通网段。

3. 路由器的选购

选择路由器时，应注意安全性、控制软件、网络扩展能力、网管系统、带电插拔能力等方面。

(1) 由于路由器是网络中比较关键的设备，针对网络存在的各种安全隐患，路由器必须具有如下的安全特性。

① 可靠性与线路安全。

可靠性要求是针对故障恢复和负载能力而提出来的。对于路由器来说，可靠性主要体现于接口故障和网络流量增大两种情况下，为此，备份是路由器不可或缺的手段之一。当主接口出现故障时，备份接口自动投入工作，保证网络的正常运行。当网络流量增大时，备份接口又可接受负载分担的任务。

② 身份认证。

路由器中的身份认证主要包括访问路由器时的身份认证、对端路由器的身份认证和路由信息的身份认证。

③ 访问控制。

对于路由器的访问控制，需要进行口令的分级保护。有基于 IP 地址的访问控制和基于用户的访问控制。

④ 信息隐藏。

与对端通信时，不一定需要用真实身份进行通信。通过地址转换，可以做到隐藏网内

地址，只以公共地址的方式访问外部网络。除了由内部网络首先发起的连接，网外用户不能通过地址转换直接访问网内资源。

⑤ 数据加密。

⑥ 攻击探测和防范。

⑦ 安全管理。

(2) 路由器的控制软件是路由器发挥功能的一个关键环节。从软件的安装、参数自动设置，到软件版本的升级，都是必不可少的。软件安装、参数设置及调试越方便，用户使用时就越容易掌握，就能更好地应用。

(3) 随着计算机网络应用的逐渐增加，现有的网络规模有可能不能满足实际需要，会产生扩大网络规模的要求，因此，扩展能力是一个网络在设计和建设过程中必须考虑的。扩展能力的大小主要看路由器支持的扩展槽数目或者扩展端口数目。

(4) 随着网络建设的发展，网络规模会越来越大，网络的维护和管理就越难进行，所以网络管理显得尤为重要。

(5) 在我们安装、调试、检修和维护或者扩展计算机网络的过程中，免不了要给网络中增减设备，也就是说，可能会要插拔网络部件。那么，路由器能否支持带电插拔，是路由器的一个重要的性能指标。

4. 影响路由器性能的因素

路由器的工作原理决定了它必须使用芯片来完成一些必要的判断和数据包的转发，而这个工作是交由一个处理器来完成的，各种有待处理或者处理好的数据包则存放在内存里面，因此，处理器的工作频率和内存容量在很大程度上决定着一款路由器的性能。

但是，路由器的性能也不能完全看处理器频率和内存容量，处理器性能差则路由器性能就会差，但反过来，处理器好，路由器性能却不一定好；处理器主频只是处理器的一个性能指标，其总线宽度(16 位还是 32 位)、Cache 容量和结构、内部总线结构、是单 CPU 还是多 CPU 分布式处理、运算模式等指标，都会影响处理器的性能。

5. 决定路由器档次的指标

虽然处理器和内存在很大程度上决定了路由器的性能，但是，真正决定一款路由器档次的指标却不是它们，而是吞吐量。吞吐量是指路由器每秒能处理的数据量，这个参数是指 LAN-to-WAN 的吞吐量，其测量结果应是在 NAT 开启而防火墙关闭的情况下，分别用 Smart bits 和 Chariot 两种测试方式分别进行。用 Smart bits 方式时，比较 64Byte 小包测试数据，便能得出结论；Chariot 测试最好是在多连接下进行，一般可以选择 100 对连接，基本上就可以看出产品间的区别。

6. 影响路由器价格的原因

主要原因如下。

(1) 性能不同。性能强劲的路由器内置强悍的处理器和大容量内存，成本比较高。

(2) 应用不同。性能强劲的路由器可用于更多负载的网络，而低端路由器则不可以。

(3) 功能不同。虽然基本功能一样，但一些路由器还内置了其他比较实用的功能，像专业防火墙功能、VPN 等，因此，技术要求较高，价格自然也会跟着提高。

任务 3 广域网设计

任务展示

相对于局域网的拓扑结构设计来说，广域网的拓扑结构设计要简单一些，因为广域网通常是网络边界的连接，而不考虑网络内部的结构，而且多数广域网连接是借助于 ISP 公用网络(如因特网)，当然，也有借助于 NSP 的专用网络连接的，如 VPN 局域网互联。

任务知识

3.1 小型企业广域网接入的网络拓扑结构设计

一般的企业网络，特别是小型企业网络，与广域网的连接都是基于因特网连接的，目前主要的因特网接入方式非常多，如 Modem 拨号、ISDN 拨号、ADSL、HDSL、VDSL、Cable Modem、FTTx、LDMS、MMDS 等，但在企业网络中所采用的因特网接入方式是 ADSL、Cable Modem、FTTx 这三种。

1. ADSL 接入

这是目前应用最广的一种因特网接入方式，无论是个人用户还是企业用户。ADSL 接入方式利用的还是 ISP 电信电话网(PSTN)的用户固话线路，但它又不同于以前的 Modem 拨号和 ISDN 拨号，因为它实现了与语音线路的分离(通过语音分离器实现)，所以它呼叫的不是对方的电话号码，而是一个具体的账户。目前企业用户一般使用的是下行 2Mbps 或更快的接入速率。

ADSL 接入的实现很简单，在用户端只需购买一个 ADSL Modem 即可。在网络的另一端是直接接入 ISP 的交换网络中，而 ISP 的交换机的另一端直接连接因特网出口。对于用户来说，ISP 端的网络根本不用操心，由 ISP 自己解决。各用户之间组成一个星型网络。

在 ADSL 接入方式中，又可分为虚拟拨号(PPPoE)接入和 PPPoA，或者 IPoA 专线接入，但无论是哪种方式，在企业网络中，应用的网络结构都是基本一样的，通常都是为多用户提供共享。

共享方法有多种，主要有代理服务器共享、网关服务器共享(这两种共享方式的网络拓扑结构均如图 3-1 所示)和宽带路由器共享(网络拓扑结构如图 3-2 所示)三种。

2. Cable Modem 接入

与上面介绍的 ADSL 不同，Cable Modem 彻底摆脱了以前因特网接入离不开 PSTN 网络束缚的情况，它采用的是有线电视所用的 HFC(同轴电缆/光纤混合网)网络。这种接入方式的网络结构与 ADSL 差不多，用户也只需一个 Cable Modem 终端即可。它同样需要一个分线器，用来分离电视信号和计算机网络的数据信号。但这种接入方式采用的是同轴电缆/光纤的总线型网络结构，所以，各用户是带宽共享方式，接入性能不如 ADSL，尽管它的下行速率最高可达 40Mbps(实际使用的目前基本上是 10Mbps)。

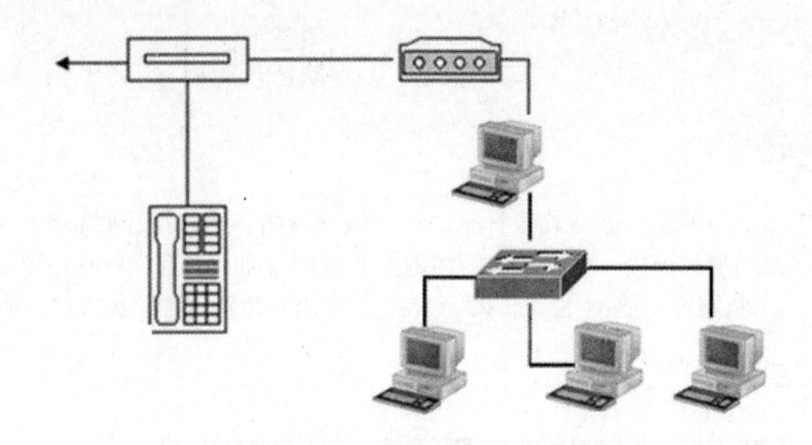

图 3-1　ADSL 的代理服务器/网关服务器共享方式的网络拓扑结构

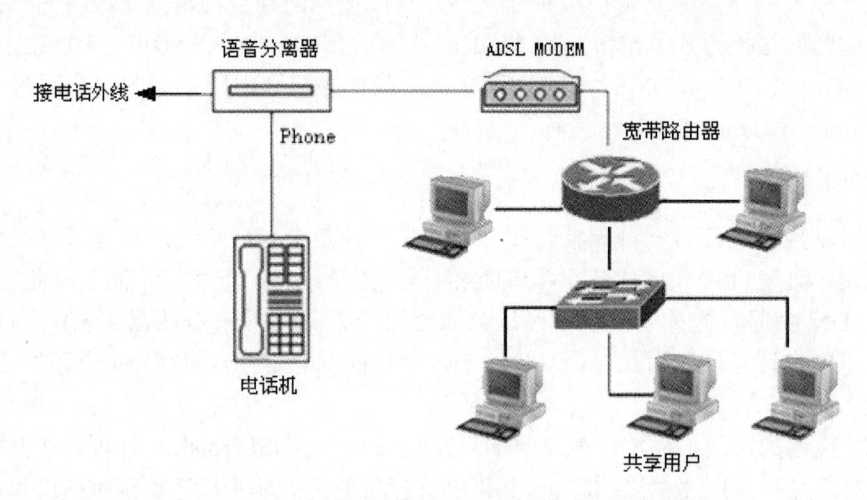

图 3-2　ADSL 的宽带路由器共享方式的网络拓扑结构

Cable Modem 的几种共享方式的基本网络仍可参见图 3-1 和 3-2，不同的只是图中的 ADSL Modem 要改为 Cable Modem，语音分离器改为有线电视分线器即可。当然，它再也不接电话机了。

3. FTTx 光纤以太网接入

FTTx 是一种光纤和双绞线混合(也可以是纯光纤接入方式)的星型以太网接入方式，也是目前应用最广的一种因特网接入方式。因为是以太网直接接入方式，所以，这种接入方式的最大的特点，就是用户端无须配置额外的任何网络设备(除网卡外)，用户可以直接通过一条双绞线与外线连接。这种接入方式较 ADSL 和 Cable Modem 接入方式都具有明显的优势，当然，不仅体现在用户设备成本上，更体现在它的接入性能上。目前使用的基本上都是 10Mbps，而它完全可以轻松地实现百兆位，甚至千兆位，而且，这个速率还不是多用户共享的。

光纤接入的代理服务器/网关服务器共享接入方式网络结构如图 3-3 所示，而宽带路由器共享接入方式的网络结构如图 3-4 所示。

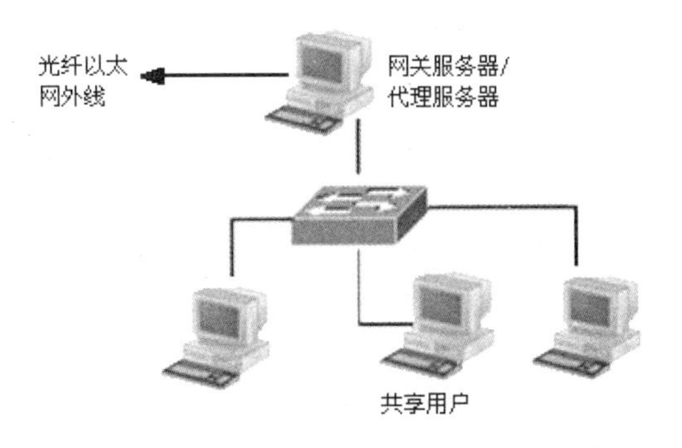

图 3-3　FTTx 接入的代理服务器/网关服务器共享网络结构

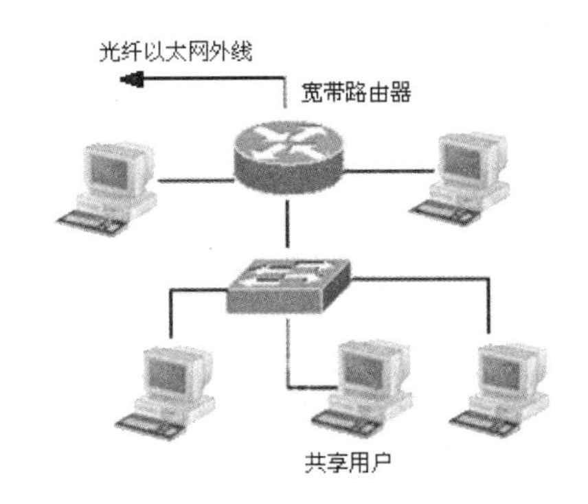

图 3-4　FTTx 接入的宽带路由器共享网络结构

3.2　ISDN 广域网接入的网络拓扑结构设计

对于小型企业网络的广域网连接，通常是因特网接入，可以采用前面介绍的代理服务器共享、网关服务器共享和宽带路由器共享三种方式，而对于大中型企业，他们的广域网连接就不仅是因特网接入了，还可能需要与其他专用网络连接，如各分支机构、供应商、合作伙伴等。这时，就不仅要用到前面介绍的各种因特网接入方式了，还需要用到一些端到端的网络连接方式，如 ISDN、FR、X.25、ATM、光纤接入、LDMS、MMDS 和 VPN 等。这些专用网络之间的连接相对因特网接入要复杂许多，所考虑的问题也多许多。

本节及下面各节，将分别介绍一些典型广域网接入方式的专用网络接入应用的拓扑结构设计方法。

1. 选择 ISDN 连接的考虑

ISDN 除了可应用于因特网连接外，它在专用网络连接方面的应用也比较广，如两个企业网络的连接。在这样一种应用中，我们需要考虑以下两个主要方面。

(1)　ISDN 的接入速率

ISDN 的接入速率分为两类，即基本速率(BR)和基群速率(PR)，对应所使用的接口，也就是基本速率接口(BRI)和基群速率接口(PRI)。基本速率最高为 128kbps，而基群速率最高则可达 2.048Mbps。在选择接入方式时，首先要确定所采用的接口类型，然后向 NSP(网

络服务提供商)申请账户。在目前相对来说，这种接入方式的速率还是比较低，所以 ISDN 互连方式仅适用于那些没有高带宽应用需求的用户。

(2) ISDN 所支持的业务类型

ISDN 所能承载的业务种类非常多，总的地来说分为三类，即电路交换、分组交换、帧交换。ISDN 的电路交换能力提供等于或大于 64kbps 速率的电路交换连接，用于用户信息传送。ISDN 的分组交换能力可以由 ISDN 本身提供，也可以通过 ISDN 与专门的分组交换网互连后实现。用户可以采用以下两种方式接入分组承载业务，那就是经 B 信道，或者经 D 信道接入。

帧方式的承载业务分为帧中继和帧交换两种业务。帧中继业务可以减少网络中间节点的系统存储和处理过程，简化协议的处理以减少时延，主要应用于数据通信。

除此之外，宽带 ISDN 还可以以 ATM 网络的传输能力为基础，提供高达 155Mbps 以上的业务传输能力，支持 ATM 业务。

在选择业务时，一定要充分考虑企业网络的实际需求、现有网络结构和业务成本。

2. ISDN 网络连接的拓扑结构

利用 ISDN，可以连接相距很远的企业专用网络，中间需要用到支持 ISDN 接入的专用路由器和 NSP 提供的 ISDN 网络。连接时，连接双方都需要用路由器与各处的 TA 和 NT 设备连接起来，网络结构如图 3-5 所示。

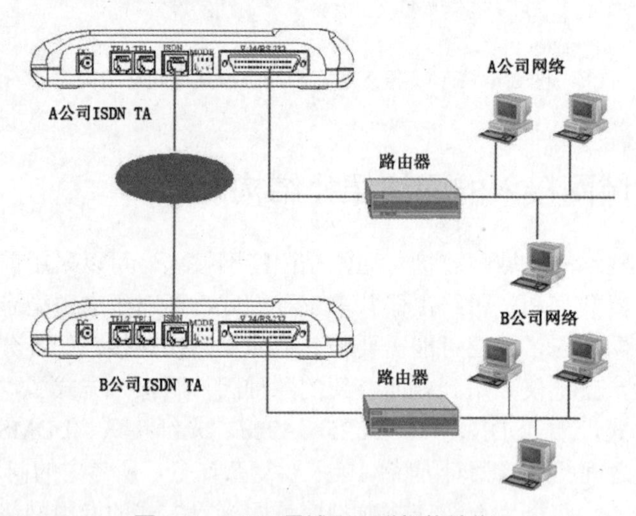

图 3-5　ISDN 局域网互联拓扑结构

图 3-5 中，两个互连的公司网络中，在每个分公司需要申请一条 64/128kbps 的 ISDN BRI 电话线，使用一台 ISDN 路由器。如果连接的是多个公司网络，如集团公司和各分支公司的网络互联，则在集团公司总部申请若干条 64/128kbps 的 ISDN BRI 电话线，或一条 ISDN PRI 线路，使用一台 ISDN 路由器，或接入集中器，也可以构成跨地区的多网络互联的企业内部网。各地的分公司可以以 64/128kbps 的速率访问总部的网络，也可以以 64/128kbps 的速率与其他分公司的局域网进行互联。而且，同一条 ISDN 电话线还可用于普通的话音/传真业务。同样地，在家工作也可以通过 ISDN 适配器，以 64/128kbps 的速度

访问总部的网络。家庭用户的连接参见前面介绍的单机互联连接方式。

除了网络与网络互联外，ISDN 与 Modem 拨号连接一样，也可以用于点对点的远程单机登录连接，这时，ISDN B 信道使用 V.120 协议以匹配双方的通信速率。使用这种远程点对点连接时，需要双方的 ISDN 设备都支持 V.120 协议。这种网络连接方式让双方把各自的 PC 机连接在 TA 适配器的 RS-232 接口上，然后再通过 S/T 接口连接在各自的 ISDN 网络上。通过呼叫对方电话号码的方式即可连接。网络连接如图 3-6 所示。

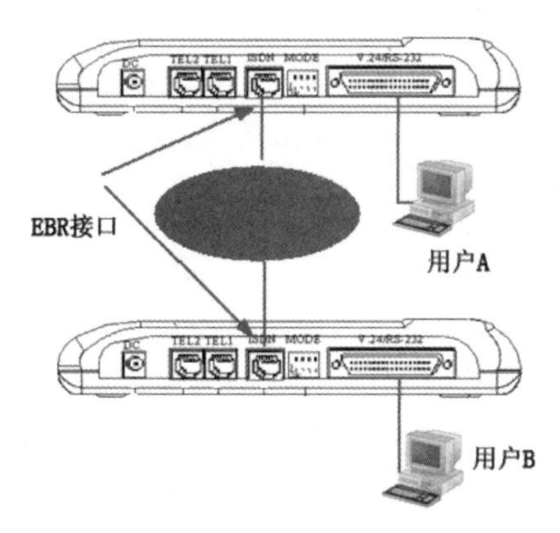

图 3-6　ISDN 使用 V.120 协议进行数据通信的拓扑结构

通过这种方式，对于中小型企业，将企业的局域网、电话机、传真机通过一台 ISDN 路由器连接到一条或多条 ISDN 线路，就能够以 64/128kbps，或更高速率接入 Internet，同时照样打电话和收发传真。

3.3　X.25 广域网接入的网络拓扑结构设计

X.25 分组交换网接入方式在广域网接入中也是应用比较多的，我国有专门的分组交换网骨干网 ChinaPAC。X.25 属于分组交换网中的一种，采用的是分组交换方式，数据传输是一个个分组进行的。

X.25 网是面向连接的、支持交换式虚电路和永久式虚电路的网络，而不支持数据报服务。X.25 可以通过虚电路(VC)传送多种上层协议(如 IP、IPX 等)数据，将网络连接到各种类型的网络系统中。X.25 通常用于分组交换网络上，如电话行业，是根据用户使用的网络进行收费的。同时，因为 X.25 是面向连接的业务，所以可以确保数据包的顺序传输。

1. 选择 X.25 连接的考虑

在选择 X.25 作为广域网的专用网络连接时，我们需要考虑以下几方面的问题。

(1)　接入速率

X.25 与 ISDN 的接入速率差不多，最高都是 2.048Mbps，所以，它也仅适用于简单的网络环境。对于像多媒体、动画播放、大容量数据存储之类的高带宽需求，应用不理想。

(2)　所需终端设备

采用 X.25 接入方式，则所需的用户终端设备包括 X.25 网卡、分组拆装设备 PAD、支持分组交换机的分组交换机，以及支持分组交换的路由器等。

(3) X.25 属于一种趋于淘汰的网络交换技术

因为 X.25 分组交换技术在速率上与 ISDN，以及后面将要介绍的 FR 和 ATM 等相比没有任何优势，在业务类型支持和成本上相对 FR 和 ATM 等接入方式来说也处于劣势，更重要的是，它的交换效率不如 FR、ATM 和光纤交换方式，所以，建议不要选择这种接入方式。

(4) 业务支持类型

分组交换网的业务类型主要包括以下几种。

基本业务功能：包括“交换虚电路”(SVC)和“永久虚电路”(PVC)两个子类。

任选业务功能：也包括“在预约合同期的任选业务”和“在每次呼叫基础上的任选业务”两个子类。

2. X.25 广域网连接拓扑结构

利用 X.25 组网，可通过 X.25 将 PC 接入局域网，其中有两种实现方式(网络的结构如图 3-7 所示)。

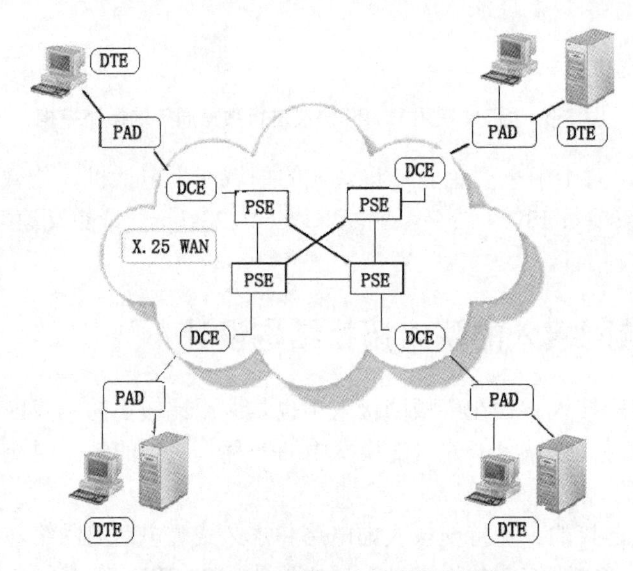

图 3-7　X.25 广域网连接的拓扑结构

(1) 如果是单一 PC 机，则可利用 X.25 网卡和同步 Modem 或 ISDN 实现。

(2) 如果是局域网，则可通过路由器与同步 Modem 或 ISDN 实现。

在图 3-7 中的 DCE(Data Circuit Equipment，数据电路设备)是数据通信设备或电路连接设备，包括 X.25 适配器、Modem、访问服务器或包交换机等网络设备，用来将 DTE(Data Terminal Equipment，数据终端设备)连接到 X.25 网络上。DTE 设备是将用户信息转换为传输信号，或将接收到的信号恢复为用户信息的一种终端设备，包括诸如计算机、路由器、网桥等。

PAD(Packet Assembler/Disassembler，包拆装器)是一种将分组打包为 X.25 格式，并添加 X.25 地址信息的设备。当包到达目标 LAN 时，可以删除 X.25 的格式信息。它位于 DTE 与 DCE 之间，实现 3 个功能：缓冲、打包、拆包。PAD 中的软件可以将数据格式化，并提供广泛的差错检验功能。每个 DTE 都是通过 PAD 来连接在 DCE 上的。PAD 具有多个端口，可以给每一个连接于其上的计算机系统建立不同的虚拟电路。DTE 向 PAD 发送数据，PAD 按 X.25 格式将数据格式化并编址，然后通过 DCE 管理的包交换电路将其发送出去。DCE 连接在包交换机 PSE 上，PSE 是 X.25 WAN 网络中位于 NSP 网络内部的一种交换机。

前面给出过 PC 机(或服务器)之间通过 X.25 网络的互联，其实，通过 X.25 还可实现局域网间的远程互连，此时，双方均需路由器和同步 Modem 或 ISDN，只需把 PC 机(或服务器)换成路由器，一端连接局域网交换机，再把 X.25 网络中的 DCE 设备换成同步 Modem 或 ISDN，与路由器的另一端连接即可，如图 3-8 所示(A、B 两网络的互联)。

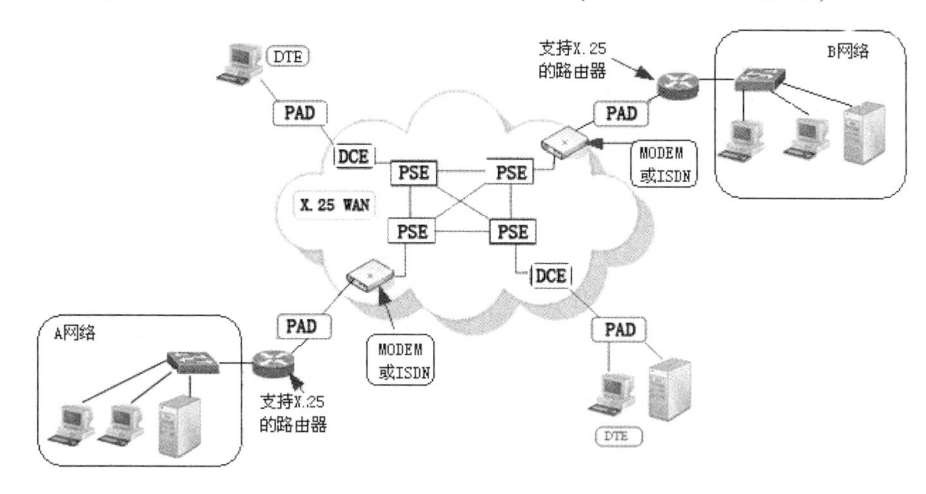

图 3-8　通过 X.25 网络的两个局域网的互联结构

在 X.25 分组交换网中，它的通信传输线路分为分组交换机(PSE)间的“中继传输线路”和“用户传输线路”两类。中继传输线路通常使用 n×64kbps 的数字数据信道，如 DDN 专线等。用户传输线路有模拟和数字两种形式，典型的模拟形式是使用电话线，包括普通 Modem 的模拟线路和 ISDN 的数字线路两种；数字形式仍是 DDN 数字专线。

3.4　FR 广域网连接拓扑结构设计

帧中继(Frame Relay，FR)是后于 X.25 分组交换技术开发成功的，在一定程度上来说就是用来取代 X.25 分组交换技术的。它属于一种快速分组交换网技术，所采用的数据包是数据帧(Frame)，而不是分组(Packet)。相对前面介绍的 X.25 来说，FR 去掉了 X.25 的第三层功能，同时，在数据链路层上也简化了部分功能，如不再具有差错控制、发送证实、流量控制等功能，使得线路中的帧中继交换机的处理大大简化，提高了对信息处理的效率，所以有人说 FR 是 X.25 的一种简化版本。但传输速率基本上仍是局限于 2.048Mbps，所以它仍主要适用于比较简单的网络连接应用环境。我国的帧中继骨干网为 China FRN。

1. 选择 FR 连接的考虑

FR 作为 X.25 的一种改进版本分组交换技术，目前在国内外的应用远比 X.25 技术要广，特别是在智能化终端非常普及的今天(后面将介绍实现 FR 接入的基本条件)。但在选择 FR 作为广域网专用网络的连接时，仍建议考虑到以下几个方面。

(1) 接入速率

FR 的最高接入速率也是 2.048Mbps，所以它也仅适用于应用不是很复杂的基本网络应用，对于像多媒体、动画播放、大容量数据存储之类的高带宽需求应用不理想。

(2) 用户终端设备

FR 接入所需的用户终端与 X.25 差不多，也需要 FR 终端、分组拆装设备 FRAD、支持 FR 的帧中继交换机，以及支持 FR 的帧中继路由器等。

(3) 实现 FR 接入是需要条件的

由于帧中继业务中不提供错帧通知、错帧恢复及出错帧的重传服务，因此，业务的开展必须具有两个基本条件。

必须采用智能化的用户终端，在其上运行高层通信协议，以完成纠错、流量控制等功能。中继线路必须具有较好的传输性能(如光纤线路或其他高带宽数字线路)，以避免因传输差错造成过多的帧丢失，影响网络服务质量。

(4) 支持的业务类型

帧中继网络提供的业务有两种：永久虚电路(PVC)和交换虚电路(SVC)。

永久虚电路是指在帧中继终端用户之间建立固定的虚电路连接，并在其上提供数据传送业务。

交换虚电路是指在两个帧中继终端用户之间通过虚呼叫建立虚电路连接，网络在建好的虚电路上提供数据信息的传送服务，终端用户可通过呼叫清除操作终止虚电路。

目前，国内主要运营商基本上都只提供永久虚电路的帧中继网络业务。

目前，国内外的帧中继业务基本上都是双向对称式 PVC，速率为 n×64kbps，n≤32。国际国内帧中继业务可提供的承诺速率有 4kbps、8kbps、16kbps、32kbps、56kbps、64kbps、96kbps、128kbps、192kbps、256kbps、320kbps、384kbps、448kbps、512kbps、576kbps、640kbps、704kbps、768kbps、832kbps、896kbps、960kbps、1Mbps、1.5Mbps、2Mbps 等。

2. FR 广域网专用网络连接拓扑结构

帧中继与 X.25 一样，都是一种简单的面向连接的分组电路，是基于开放系统互连模型的数据链路层，此项业务的开发，既可以满足局域网互联所需的大容量的传送，也可以满足用户对数据传输时延小的要求。

帧中继的几种典型用户接入形式如图 3-9 所示。

具有标准 UNI 接口的帧中继终端(FDTE)可直接通过帧中继交换机接入帧中继网；非帧中继终端(NFDTE)则需要借助于帧中继接入设备(Frame Relay Access Data，FRAD)转接于帧中继交换机，然后再接入帧中继网络；对于局域网的端对端连接，则同样需要用到路由器，当然，此时需要路由器支持 FR 协议。

其实，这一结构图同样适用于前面介绍的 X.25 网络，只须把相应的网络类型和接入设备所支持的协议类型换成 X.25 网络或协议即可。

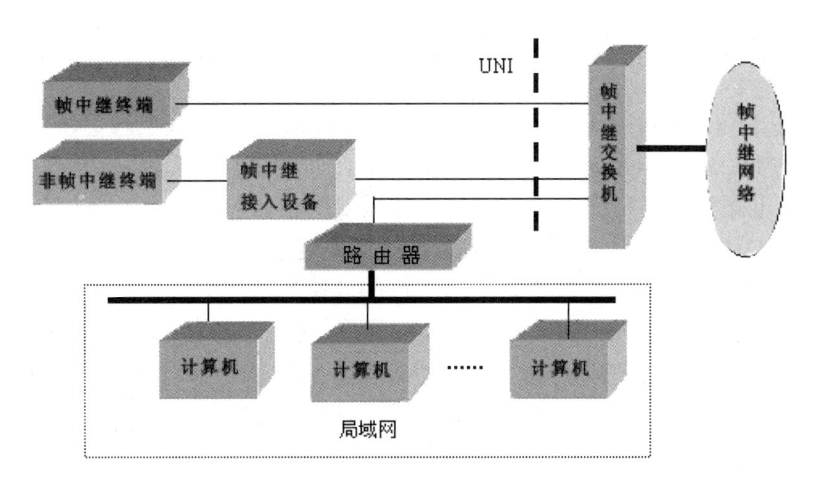

图 3-9　帧中继接入形式

与图 3-9 对应的网络结构如图 3-10 所示，图中作为帧中继网络核心设备的 FR 交换机(FRS)的作用与 X.25 网络中的包交换机(PSE)类似，都是在数据链路层完成对帧的传输，只不过 FR 交换机处理的是 FR 帧，而不是 X.25 网络中的分组，而且 FR 交换机相对 X.25 交换机来说，功能更加简单，因为它无须具备重传、应答、监视和流量控制等功能。

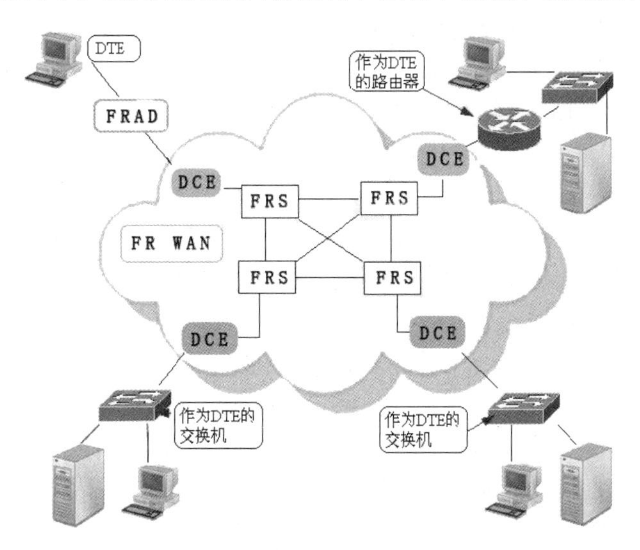

图 3-10　典型帧中继网络的拓扑结构

帧中继网络中的用户设备负责把数据帧送到帧中继网络，用户设备分为帧中继终端和非帧中继终端两种，其中，非帧中继终端必须通过帧中继装拆设备(FRAD)才能接入帧中继网络。

在这里要注意一个事实，就是 FR 协议去掉了 X.25 协议的第三层，所以支持 FR 的交换机都可以直接与 FR 网络的 DCE 设备连接(参见图 3-10 中的两个作为 DTE 设备的交换机)，而可以不用路由器，当然，使用支持 FR 协议路由器仍是通过 FR 进行局域网互联的首选。

3.5 ATM广域网连接拓扑结构设计

异步传输模式(Asynchronous Transfer Mode，ATM)与分组交换网、帧中继网一样，也是一种面向连接(Connection Oriented，CO)的技术，即网络必须提供从用户到用户的连接通路，但这不是电路交换那种实连接，而是与分组交换相似的虚连接。连接分为永久性虚电路(PVC)和动态交换虚电路(SVC)。对于动态的交换连接，其连接控制(包括连接的建立、保持和释放)是通过信令系统完成的，而永久性的连接是由网络管理系统设置的。

ATM与FR一样，也属于快速分组交换网类型，但它与FR和X.25有着本质的区别，采用的是固定大小的信元交换方式，交换效率远比X.25和FR要高，传输速率也从X.25和FR的2.048Mbps，提高到了155Mbps，最高可达到622Mbps。所以，ATM是目前应用最广的一种广域网数据交换技术(最开始主要应用于局域网中，但由于成本昂贵，加上新型的以太网技术无论在性能上，还是在成本上都比ATM更具优势，所以ATM在局域网中的应用最终逐渐退出)。

1. 选择ATM连接的考虑

选择ATM作为广域网专用网络连接方式时，建议考虑以下几个方面的问题。

(1) 接入速率

ATM的接入速率最高可达622Mbps，基本速率也在155Mbps，远比X.25和FR的2.048Mbps的接入速率要高，当然，也可以小于这个基本速率，所以它适用的领域非常广，从基本应用的局域网互联，到复杂应用(如远程教学、远程医疗、远程电视会议等)的网络互联都适用。

(2) 可同时应用于局域网和广域网

ATM最开始设计的目的，就是要全面应用于局域网和广域网，所以它可全面应用于局域网和广域网环境，而不是像X.25和FR那样仅适用于广域网的连接。

(3) 成本较高，配置较复杂

ATM技术虽然具有较高的接入性能，但它的成本非常高，像ATM网卡，就较普通网卡要贵上好几倍，甚至十几倍。其他的一些ATM设备价格也一样。正因如此，目前它在局域网中的应用基本上很少见到，除了一些特殊行业，如电信、金融、保险和证券等。不过，总地来说，它的性价比还是相当不错的，特别是在广域网应用中。

(4) 支持的业务类型

ATM网络可以提供的业务种类非常全面，覆盖到现在的绝大多数网络业务，具体如下：

- ATM永久虚连接业务(ATM PVC业务)。
- ATM交换虚连接业务(ATM SVC业务)。
- 帧中继承载业务(FBBS)。
- 电路仿真业务。

从以上业务类型可以看出，ATM不仅可以支持自身的业务类型，而且还可以支持FR上承载的业务，所以，在相当广的领域中得到了广泛的应用。当然，ATM自身的业务是最主要的，这是由它的接入和应用性能决定的。

2. ATM 网络应用的拓扑结构

之所以此处不像前面那样专门讲解广域网专用网络互联的拓扑结构，是因为 ATM 不仅应用于广域网中，还可应用于局域网中，这些 ATM 局域网目前主要是一些专用 ATM 网络。所以 ATM 网络可分为 3 大部分：公用 ATM 网、专用 ATM 网和 ATM 接入网。

公用 ATM 网是由电信管理部门经营和管理的 ATM 网，它通过公用用户网络接口连接各专用 ATM 网和 ATM 终端。作为骨干网，公用 ATM 网应能保证与现有各种网络的互通，应能支持包括普通电话在内的各种现有业务，另外，还必须有一整套维护、管理和计费等功能。

专用 ATM 网是指一个单位或部门范围内的 ATM 网，由于它的网络规模比公用网要小，而且不需要计费等管理规程，因此，专用 ATM 网是首先进入实用的 ATM 网络，新的 ATM 设备和技术也往往先在 ATM 专用网中使用。目前，专用网主要用于局域网互联或直接构成 ATM LAN，以在局域网上提供高质量的多媒体业务和高速数据传送能力。

接入 ATM 网主要是指在各种接入网中使用 ATM 技术，传送 ATM 信元，如基于 ATM 的无源光纤网络(APON)、混合光纤同轴(HFC)、非对称数字环路(ADSL)以及利用 ATM 的无线接入技术等。

在目前的应用中，ATM 广域网的连接主要体现在公用 ATM 网与专用 ATM 网的连接上，如银行 ATM 网络中，除了连接分布在各地的 ATM 柜员机和其他设备外，还要与银行内部的网络设备互联。

ATM 广域网应用的典型拓扑结构如图 3-11 所示，从图中可以看出，专用 ATM 网与公用 ATM 网之间的连接可直接通过 ATM 交换机进行，而 ATM 网络与其他网络的互联，则一定要通过支持 ATM 协议的路由器进行。

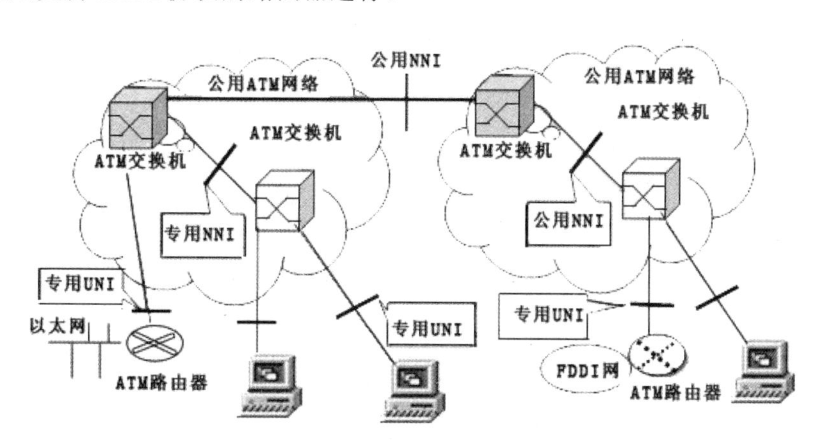

图 3-11　ATM 广域网的连接

而 ATM 在局域网(如银行内部网络)中的应用拓扑结构如图 3-12 所示。在这里，各种网络设备的连接首先是通过支持 ATM 协议的普通局域网交换机集中连接，然后再会聚连接到 ATM 交换机上，由 ATM 交换机与公用 ATM 网的 LAN 交换机连接，实现公用 ATM 与专用 ATM 网络的互联。

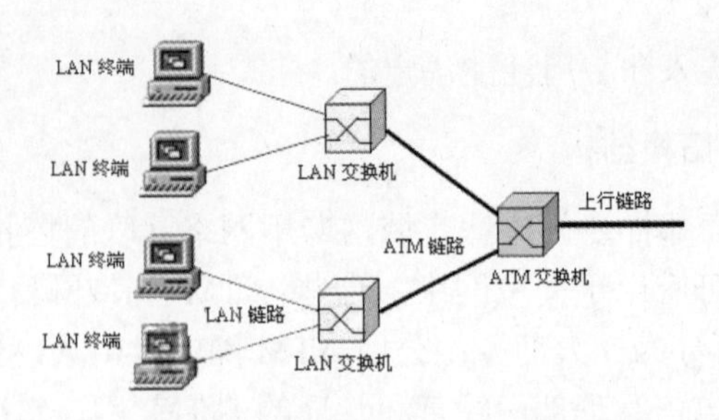

图 3-12　ATM 与 LAN 网络的混合连接

3.6　光纤接入网广域网连接拓扑结构设计

相对于前面介绍的几种广域网接入方式来说，此处所介绍的光纤接入网则有着明显的不同，它不再是一种接入方式，而属于独立的一类，完全与前面介绍的各种接入方式不一样，因为它在线路中传输的不再是电信号，而是光信号。正因如此，光纤接入网中有着完全不一样的各种设备，自成体系。在光纤接入网中，又有着许多不同的接入方式。本节将进行总体介绍。

光纤接入网的拓扑结构，是指传输线路和节点之间的结构，表示了网络中各节点的相互位置及相互连接的布局情况。在光纤接入网络中，主要采用总线型、环型和星型这 3 种基本的网络拓扑结构。当然，在大的网络中，同样可以派生出一些混合型的拓扑结构，如总线-星型结构、树型、双环型等多种组合应用形式，各有特点、相互补充。在此仅对以上 3 种基本的光纤接入网络拓扑结构进行简单介绍。要注意的是，本节所给出的网络结构为最基本的模块式结构，实际的光纤网络中，还涉及到许多器件和设备的连接。

1. 总线型结构

总线型结构是光纤接入网的一种应用非常普遍的拓扑结构，它是以光纤作为公共总线(母线)，一端直接连接服务提供商的中继网络，另一端则是连接各个用户，各用户终端通过某种耦合器，与光纤总线直接连接所构成的网络结构。用户计算机与总线的连接可以是同轴电缆，也可以是双绞线，当然，也可以仍是光纤。与我们在局域网中介绍的总线型拓扑结构是一样的，如图 3-13 所示。其中的中继网络可以是像 PSTN、X.25、FR、ATM 等任意一种。我们在前面介绍的 Cable Modem 接入方式就是采用这样一种接入方式。

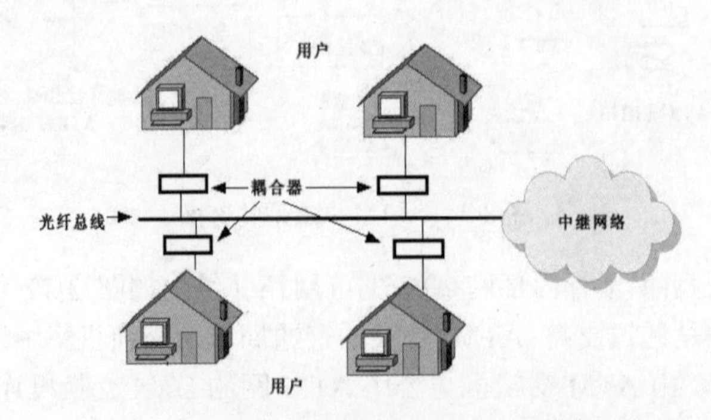

图 3-13　总线型光纤接入网的基本网络结构

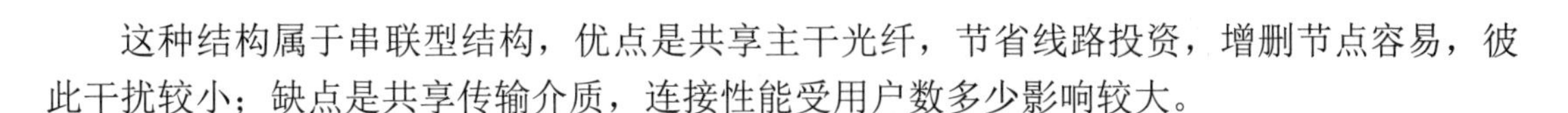

这种结构属于串联型结构，优点是共享主干光纤，节省线路投资，增删节点容易，彼此干扰较小；缺点是共享传输介质，连接性能受用户数多少影响较大。

2. 环型结构

环型结构与局域网中通常所说的环型拓扑结构是一样的，是指所有节点共用一条光纤环链路，光纤链路首尾相接，自成封闭回路的网络结构，当然，光纤的一端同样需要连接到服务提供商的中继网络，基本网络结构如图 3-14 所示。

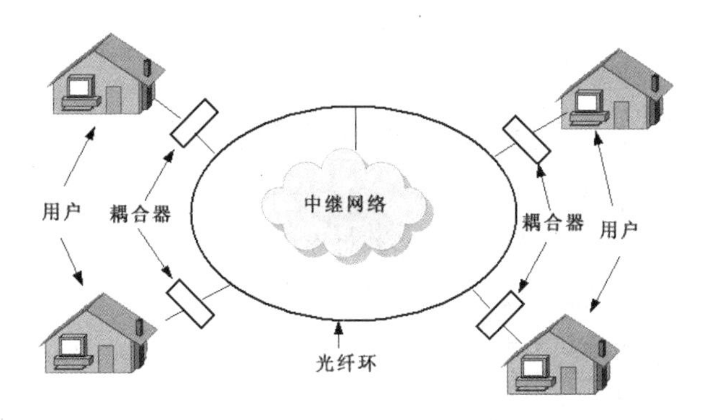

图 3-14　光纤环接入网的基本网络结构

用户与光纤环的连接也是通过各种耦合器进行的，所采用的介质可以是同轴电缆，也可以是双绞线，更可以是光纤。

这种结构的突出优点是可实现网络自愈，即无须外界干预，网络即可在较短的时间里从失效故障中恢复所传业务。缺点是连接性能差，因为也是共享传输介质的，所以通常适用于较少用户的接入中；而且故障率较高，故障影响面广，只要光纤环一断，整个网络就中断了。

3. 星型结构

这里所说的星型结构，与局域网中所说的“星型结构”也是一样的，不过此处要强调的是，传输介质为光纤，而并非通常所说的双绞线。在这种星型结构的光纤接入网中，各用户终端通过一个位于中央节点(设在端局内)具有控制和交换功能的星型耦合器进行信息交换。它属于并联结构，不存在损耗累积的问题，易于实现升级和扩容；各用户之间相对独立，业务适应性强。但缺点是，所需光纤数较多(每用户单独一条)，成本较高。另外，由于在这种结构中，所有节点都需要经过中央节点的数据交换才能与中继网络连接，所以中央节点的星型耦合器工作负荷比较重，对可靠性要求极高，一旦中央节点出现故障，则整个网络也将瘫痪。

星型结构又分为有源单星型结构、有源双星型结构及无源双星型结构 3 种。

(1)　有源单星型结构

该结构是用光纤将位于服务提供商交换局的 OLT 与用户直接相连，点对点连接，与现有双绞铜缆局域网的星型结构基本一样。

在这种结构中，每户都有单独的一对线，直接连到服务提供商的局端与中继网络相连的 OLT。网络接入的基本结构如图 3-15 所示。

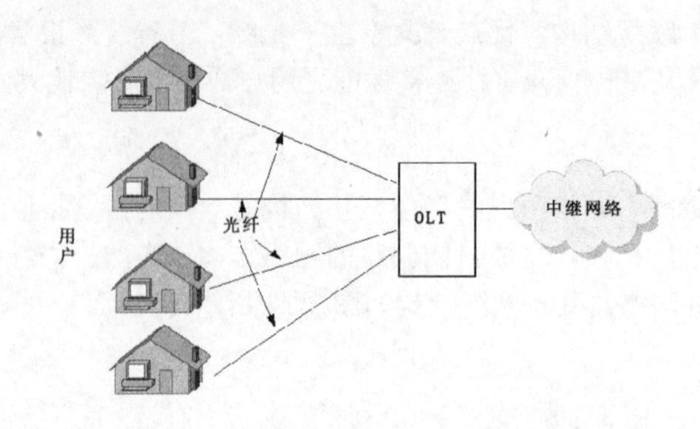

图 3-15 有源单星型光纤网的基本网络结构

这种结构接入方式的优点主要表现为用户之间互相独立，保密性好；升级和扩容容易，只要将两端的设备更换，就可以开通新业务，适应性强。缺点是成本太高，每户都需要单独的一对光纤或一根光纤(双向波分复用)，要通向千家万户，就需要上千芯的光缆，难于处理，而且每户都需要专用的光源检测器，相当复杂。

(2) 有源双星型结构

双星型结构实际上就是一个树型结构，分两级。它在服务提供商交换局 OLT 与用户之间增加了一个有源节点。交换局与有源节点共用光纤，利用时分复用(TDM)或频分复用(FDM)传送较大容量的信息，到有源节点，再换成较小容量的信息流，传到千家万户。基本网络结构如图 3-16 所示。

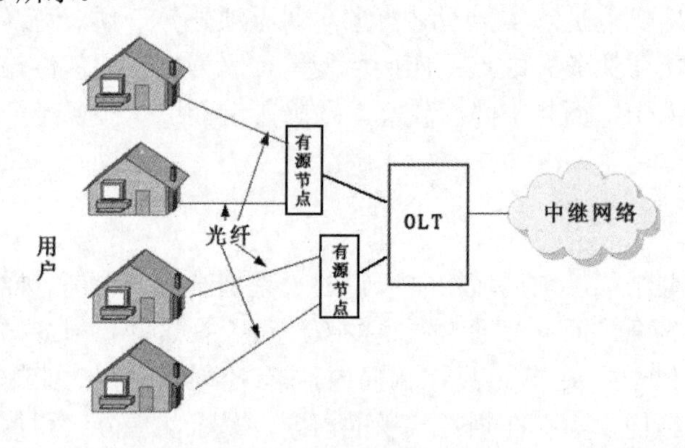

图 3-16 有源双星型基本网络结构

这种网络结构的优点是灵活性较强，中心局有源节点间共用光纤，光缆芯数较少，降低了费用。

缺点是有源节点部分复杂，成本高，维护不方便；另外，如要引入宽带新业务，将系统升级，则需将所有光电设备都更换，或采用波分复用叠加的方案，这比较困难。

(3) 无源双星型结构

这种结构保持了有源双星型结构光纤共享的优点，只是将有源节点换成了无源分路器，维护方便，可靠性高，成本较低。由于采取了一系列措施，保密性也很好，是一种较好的接入网结构。

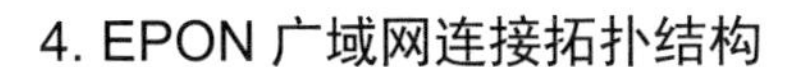

4. EPON 广域网连接拓扑结构

EPON 网络采用一点至多点的拓扑结构，取代点到点结构，大大节省了光纤的用量和管理成本。无源网络设备代替了传统的 ATM/SONET 宽带接入系统中的中继器、放大器和激光器，减少了中心局端所需的激光器数目，并且 OLT 由许多 ONU 用户分担。

而且 EPON 利用以太网技术，采用标准以太帧，无须任何转换，就可以承载目前的主流业务——IP 业务。因此，EPON 十分简单、高效、建设费用低、维护费用低，是最适合宽带接入网需求的。

EPON 与 APON 光路结构类似，都遵循 G983 协议，最终它将以更低的价格、更宽的带宽和更强的服务能力取代 APON。一个典型的 EPON 系统也是由 OLT、ONU、ODN 组成的，如图 3-17 所示。

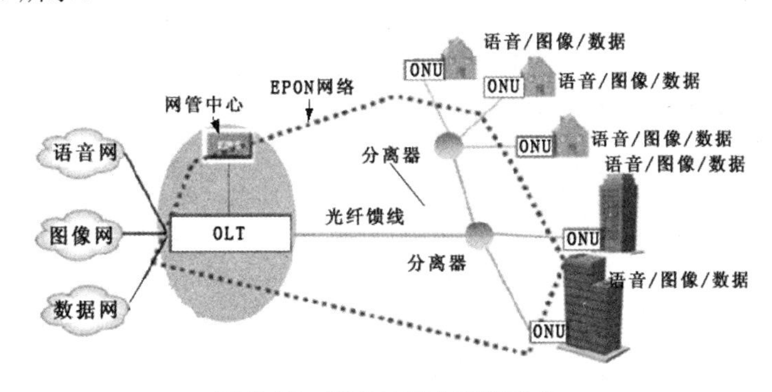

图 3-17　EPON 基本网络结构

OLT 放在中心机房，ONU 为用户端设备。ODN(Optical Distributed Network，光纤分配网)是光配线网，主要由一个或数个光分离器(Splitter)来连接 OLT 和 ONU，用于分发下行数据并集中上行数据。OLT 既是一个交换机或路由器，又是一个多业务提供平台，提供面向无源光纤网络的光纤接口。OLT 除了提供网络集中和接入的功能外，还可以针对用户的 QoS/SLA(服务水平协议)的不同要求进行带宽分配，进行网络安全和管理配置。Splitter 是一个简单设备，它不需要电源，可以置于全天候的环境中，一般一个 Splitter 的分线率为 2、4 或 8，并可以多级连接。在 EPON 中，OLT 到 ONU 间的距离最大可达 20km，如果使用光纤放大器(有源中继器)，距离还可以延长。

通常，光信号通过光分路器把光纤线路终端(OLT)一根光纤下行的信号分成多路给每一个光网络单元(ONU)，每个 ONU 上行的信号通过光耦合器合成在一根光纤里给 OLT。因而 EPON 中包括无源网络设备和有源网络设备。无源网络设备包括单模光缆、无源光分路器/耦合器、适配器、连接器和熔接头等。它一般放置于局外，也称为局外设备。无源网络设备十分简单、稳定可靠、寿命长、易于维护、价格极低。有源网络设备包括中心局机架设备、光网络单元和设备管理系统(EMS)。中心局机架上插装光纤线路终端、网络界面模块(NIM)以及交换模块(SCM)，因此，以上 3 种设备也统称为中心局机架设备。

中心局机架设备提供 EPON 系统与服务提供商核心的数据、视频和话音网络的接口。它也通过设备管理系统与服务提供商的核心运行网络相连接。

3.7 无线接入广域网连接拓扑结构设计

广域网的无线接入又是一个大类，其中包括了多种接入方式，典型的有 WLL(Wireless Local Loop，无线本地环路)、LMDS(Local Multipoint Distribution Service，本地多点分配业务)和 MMDS(Multichannel Multipoint Distribution Service，多路多点分配业务)这 3 种。

1. WLL 广域网接入拓扑结构

无线本地环路(WLL)是通过无线信号取代电缆线，连接用户和公共交换电话网络(PSTN)的一种技术。WLL 系统包括无线接入系统、专用固定无线接入以及固定蜂窝系统。在某些情况下，WLL 又称为环内无线(RITL)接入或固定无线接入(FRA)。对于不具备线路架构条件的地方，如某些偏远地区或发展中国家而言，WLL 提供了一种既实用又经济的“最后一公里”(Last Mile)解决方案。

WLL 系统基于全双工(Full-Duplex)的无线网络，为用户组提供一种类似电话的本地业务。WLL 单元由无线电收发器和 WLL 接口组成，由一个实体安装。出口处提供两根电缆和一个电话连接器，其中，一根电缆连接定向天线(Directional Antenna)和电话插座，另一根连接通用电话装置，如果是传真或计算机通信业务，就连接传真机或调制解调器。

典型的 WLL 系统结构为中心局的各用户电话线连到网络接口设备(如电话交换机)上，网络接口设备将用户线路信号转为数字传输的中继线路信号。这种数字传输线路可以是电缆、光纤、无线、微波，线路信号经无线基站转为无线空间接口标准信号发送出去。用户终端接收到基站来的无线信号后，再转为话机或手机上的信号，如图 3-18 所示。

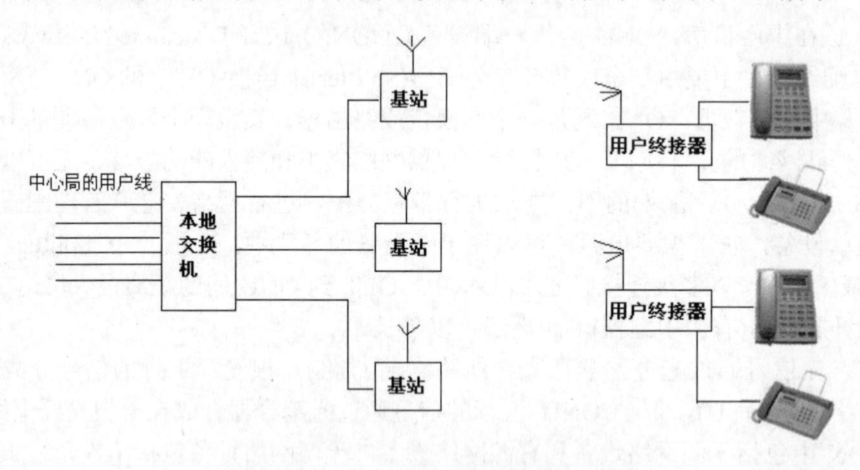

图 3-18 WLL 无线接入基本网络拓扑结构

2. LMDS 广域网接入拓扑结构

本地多点分配业务(LMDS)除了可以为用户提供双向话音、数据、视频图像业务外，还可以提供承载业务，如蜂窝系统或 PCS(个人通信系统)/PCN(个人通信网)基站之间的传输等。能够实现从 n×64kbps 到 2Mbps，甚至高达 155Mbps 的用户接入速率，具有很高的可靠性，被称为“无线光纤”技术，是解决“最后一公里”的一个不容忽视的理想方案。

LMDS 接入方式属于宽带无线接入方式，相对于其他窄带的接入技术来说，宽带无线接入技术具有初期投资少、网络建设周期短、提供业务迅速、资源可重复利用等独特优势和广泛的应用前景。LMDS 广泛应用于中小企业、宾馆酒店、高档写字楼以及 SOHO 的综合业务接入。另外，对移动通信运营商而言，LMDS 还可以用来实现移动基站与基站控制器的互连。LMDS 系统在网络中则一般通过 ATM 或者 E1 线路与骨干网相连，空中接口大多数采用基于 ATM 的信元结构进行无线传输；在用户端提供丰富的业务接口，用于各类电信终端用户的接入。

目前可提供的主要业务类型包括：高质量的话音服务，即 POTS(Plain Old Telephone Service，旧式电话服务)，可实现 PSTN 主干无线接入和数据业务。数据业务包括低、中、高速 3 档：低速数据业务速率为 1.2kbps ~ 9.6kbps，能处理开放协议的数据，网络允许从本地接入点接到增值业务网；中速数据业务速率为 9.6kbps ~ 2Mbps，通常是增值网络本地节点；高速数据业务速率为 2Mbps ~ 155Mbps，误码率(BER)低于 1×10^{-9}，提供这样的数据业务，必须要有以太网和光纤分布数据接口。另外，LMDS 还能提供模拟和数字视频业务，如远程医疗、远程教育、高速会议电视、电子商务、VOD 等。

一个完整的 LMDS 系统包括网络运行中心(NOC)、骨干网络、基站系统、远端站四大部分，如图 3-19 所示。

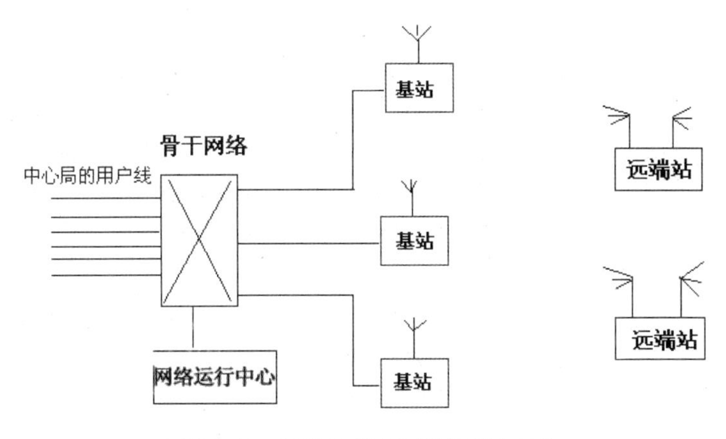

图 3-19　LMDS 接入系统的基本结构

通常，LMDS 设备厂商提供服务区的设备，包括基站系统、远端站以及网络运行中心的软件，而骨干网络作为基础设施，需由电信服务商建设。其中，基站系统和远端站系统均可分为室内单元(IDU)和室外单元(ODU)两部分。室内单元是与提供业务相关的部分，如业务的适配和会聚；室外单元提供基站和远端站之间的射频传输功能，一般安置在建筑物的屋顶上。

3. MMDS 广域网接入拓扑结构

MMDS 与 LMDS 一样，也是一种通过视距传输为基础的图像分配传输技术，只是它的传输距离比较短，不适宜用于远距离传输。MMDS 主要用于电视信号的无线传输，使用这一技术，不需要安装太多的屋顶设备，就能覆盖一大片区域，可以在发射天线周围 50 公里范围内，将 100 多路数字电视信号直接传送至用户。图 3-20 是模拟电视信号的直接无线传输基本网络拓扑结构，而图 3-21 则是模拟电视信号以数字形式进行无线传输的基本网

络拓扑结构。

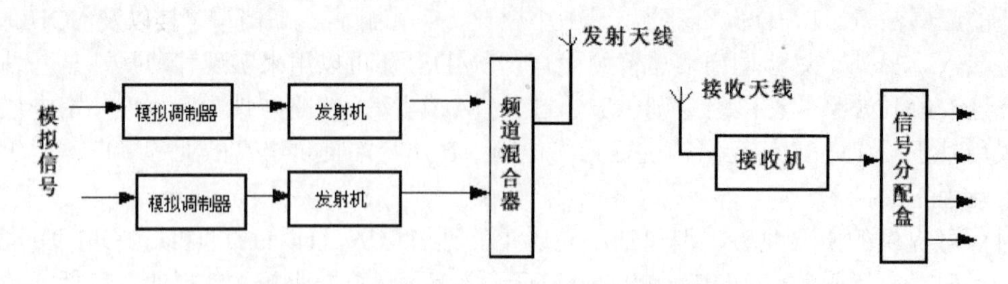

图 3-20　模拟电视信号无线传输的基本网络结构

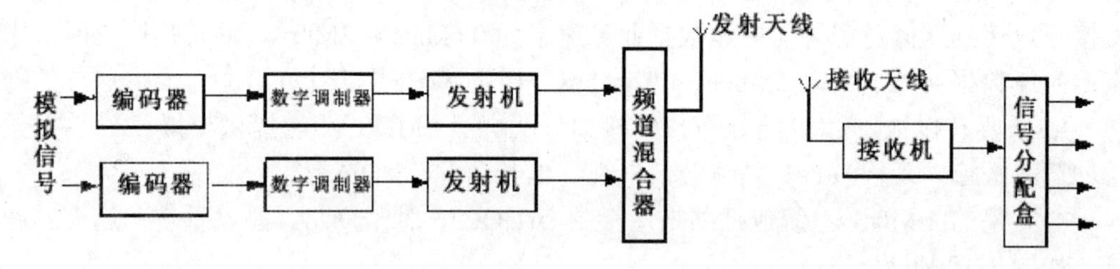

图 3-21　数字电视信号无线传输的基本网络结构

数字 MMDS 系统中，包括信号传输设备和 CA(条件接收)系统两大部分。数字 MMDS 传输前端设备包括数字编码器、数字调制器、节目复用器(可选)、信号参考源、混合器、馈线、天线等。在接收端有接收天线、下变频器、解码器(IRD)和数字机顶盒等。数字编码器是将模拟的信号或 SDI 的数字信号进行编码压缩的设备，输出 TS 码流信号(可以通过 CA 系统，在码流中添加干扰/加密信息)。TS 码流输入到数字调制器，调制出适合信道传送的中频信号，再送往发射机。

CA 系统是数字电视收费的技术保障系统，用于解压接收由 CATV 网或 MMDS 网传来的有线数字电视信号。条件接收系统对数字电视节目内容进行数字加扰(或称数字加密)以建立有效的收费体系，保障节目提供商和网络运营商的利益。

除了无线电视信号传输应用外，MMDS 同时还是一种新的宽带数据接入业务，在移动用户和数据网络之间提供一种连接，给移动用户提供高速无线宽带接入服务。

3.8　4G 网络

4G，即第四代移动电话行动通信标准，或者称为第四代移动通信技术。该技术包括 TD-LTE 和 FDD-LTE 两种制式，从严格意义来说，LTE 只是 3.9G，尽管被宣传为 4G 无线标准，但它其实并未被 3GPP(包括欧洲的 ETSI、日本的 ARIB、日本的 TTC、韩国的 TTA、美国的 T1 和中国通信标准化协会这 6 个标准化组织)认可，并不是国际电信联盟所描述的下一代无线通信标准 IMT-Advanced，因此，在严格意义上，它还未达到 4G 的标准。只有升级版的 LTE Advanced 才满足国际电信联盟对 4G 的要求。4G 集 3G 与 WLAN 于一体，并能够快速传输数据，可以提供高质量的音频、视频和图像等。

4G 是多功能集成的宽带移动通信系统，在业务、功能、频带等方面都与第三代系统不同，会在不同的固定和无线平台及跨越不同频带的网络运行中提供无线服务，比起第三

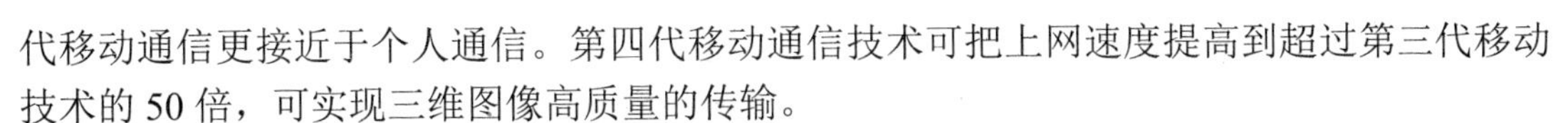

代移动通信更接近于个人通信。第四代移动通信技术可把上网速度提高到超过第三代移动技术的50倍，可实现三维图像高质量的传输。

4G能够以100Mbps以上的速度下载，比目前的家用宽带ADSL(4Mbps)快25倍，并能够满足几乎所有用户对于无线服务的要求。此外，4G可以在DSL和有线电视调制解调器没有覆盖的地方部署，然后再扩展到整个地区。很明显，4G有着不可比拟的优越性。

1. 发展历史

(1) 研发阶段

2001年12月～2003年12月，开展Beyond 3G/4G蜂窝通信空中接口技术研究，完成Beyond 3G/4G无线传输系统的核心硬件、软件的研制工作，开展相关的传输实验，向ITU提交有关建议。

2004年1月～2005年12月，Beyond 3G/4G空中接口技术研究达到相对成熟的水平，并进行了与之相关的系统总体技术研究，完成了联网试验和演示业务的开发，建成了具有Beyond 3G/4G技术特征的演示系统，向ITU提交初步的新一代无线通信体制标准。

2006年1月～2010年12月，设立有关重大专项，完成通用无线环境的体制标准研究及其系统实用化研究，开展了较大规模的现场试验。

(2) 运行阶段

2010年，海外主流运营商开始大规模建设4G。

2012年，国家工业和信息化部部长苗圩表示：4G牌照会在一年左右时间内下发。

2013年，“谷歌光纤概念”开始在全球传播，在美国国内成功推行的同时，谷歌光纤开始向非洲、东南亚等地推广，给全球4G网络建设添加了助推剂。同年8月，国务院总理李克强主持召开国务院常务会议，要求提升3G网络覆盖和服务质量，推动年内发放4G牌照。该年12月4日正式向三大运营商发布了4G牌照，中国移动、中国电信和中国联通均获得TD-LTE牌照。

2013年12月18日，中国移动在广州宣布，将建成全球最大的4G网络。

2014年1月，京津城际高铁作为全国首条实现移动4G网络全覆盖的铁路，实现了300公里时速高铁场景下的数据业务高速下载，一部2GB大小的电影只需要几分钟。原有的3G信号也得到了增强。

2014年1月20日，中国联通在珠江三角洲及深圳等十余个城市和地区开通42M，实现了全网升级，升级后的3G网络均可达到42M标准，同时，在年内完成了全国360多个城市和大部分地区3G网络的42M升级。

2014年7月21日，中国移动在召开的新闻发布会上又提出了包括持续加强4G网络建设、实施清晰透明的订购收费、大力治理垃圾信息等六项服务承诺。

2. 核心技术

(1) 接入方式和多址方案

OFDM(Orthogonal Frequency Division Multiplexing，正交频分复用技术)是一种无线环境下的高速传输技术，其主要思想，就是在频域内将给定信道分成许多正交子信道，在每个子信道上使用一个子载波进行调制，各子载波并行传输，每个子信道是相对平坦的，在每个子信道上进行窄带传输，信号带宽小于信道的相应带宽。OFDM 技术的优点，是可以消除或减小信号波形间的干扰，对多径衰落和多普勒频移不敏感，提高了频谱利用率，可实现低成本的单波段接收机。OFDM 的主要缺点是功率效率不高。

(2) 调制与编码技术

移动通信系统采用新的调制技术，如多载波正交频分复用调制技术，以及单载波自适应均衡技术等调制方式，以保证频谱利用率和延长用户终端电池的寿命。4G 移动通信系统采用更高级的信道编码方案(如 Turbo 码、级联码和 LDPC 等)、自动重发请求(ARQ)技术和分集接收技术等，从而在低比特信噪比条件下保证系统足够的性能。

(3) 高性能的接收机

移动通信系统对接收机提出了很高的要求。3G 系统信道带宽为 5MHz，数据速率为 2Mbps，所需的信噪比为 1.2dB；而对于 4G 系统，要在 5MHz 的带宽上传输 20Mbps 的数据，则所需要的信噪比为 12dB。可见，对于 4G 系统，由于速率很高，对接收机的性能要求也要高得多。

(4) 智能天线技术

智能天线具有抑制信号干扰、自动跟踪以及数字波束调节等智能功能，被认为是未来移动通信的关键技术。智能天线应用数字信号处理技术，产生空间定向波束，使天线主波束对准用户信号到达方向，旁瓣或零陷对准干扰信号到达方向，从而达到充分利用移动用户信号并消除或抑制干扰信号的目的。所以，这种技术具有既能改善信号质量又能增加传输容量的功能。

(5) MIMO(多输入多输出)技术

多输入多输出技术是指利用多发射、多接收天线进行空间分集的技术，它采用的是分立式多天线，能够有效地将通信链路分解成为许多并行的子信道，从而大大提高容量。信息论已经证明，当不同的接收天线和不同的发射天线之间互不相关时，MIMO 系统能够很好地提高系统的抗衰落和噪声性能，从而获得巨大的容量。例如，当接收天线和发送天线数目都为 8 根，且平均信噪比为 20dB 时，链路容量可以高达 42bps/Hz，这是单天线系统所能达到容量的 40 多倍。因此，在功率带宽受限的无线信道中，MIMO 技术是实现高数据速率、提高系统容量、提高传输质量的空间分集技术。在无线频谱资源相对匮乏的今天，MIMO 系统已经体现出其优越性，也会在 4G 移动通信系统中继续应用。

(6) 软件无线电技术

软件无线电是将标准化、模块化的硬件功能单元经过一个通用硬件平台，利用软件加载方式来实现各种类型的无线电通信系统的一种具有开放式结构的新技术。软件无线电的核心思想，是在尽可能靠近天线的地方使用宽带 A/D 和 D/A 变换器，并尽可能多地用软件来定义无线功能，各种功能和信号处理都尽可能用软件来实现。其软件系统包括各类无线信令规则与处理软件、信号流变换软件、信源编码软件、信道纠错编码软件、调制解调算法软件等。软件无线电使得系统具有灵活性和适应性，能够适应不同的网络和空中接口。软件无线电技术能支持采用不同空中接口的多模式手机和基站，能实现各种应用的可变 QoS。

(7) 基于 IP 的核心网

移动通信系统的核心网是一个基于全 IP 的网络，同已有的移动网络相比，具有根本性的优点，可以实现不同网络间的无缝互联。核心网独立于各种具体的无线接入方案，能提供端到端的 IP 业务，能同已有的核心网和 PSTN 兼容。核心网具有开放的结构，能允许各种空中接口接入核心网；同时，核心网能把业务、控制和传输等分开。采用 IP 后，所采用的无线接入方式和协议与核心网络(CN)协议、链路层是分离独立的。IP 与多种无线接入协议相兼容，因此，在设计核心网络时，具有很大的灵活性，不需要考虑无线接入究竟采用何种方式和协议。

(8) 多用户检测技术

多用户检测是宽带通信系统中抗干扰的关键技术。在实际的 CDMA 通信系统中，各个用户信号之间存在一定的相关性，这就是多址干扰存在的根源。由个别用户产生的多址干扰固然很小，可是，随着用户数的增加或信号功率的增大，多址干扰就成为宽带 CDMA 通信系统的一个主要干扰。传统的检测技术完全按照经典直接序列扩频理论对每个用户的信号分别进行扩频码匹配处理，因而，抗多址干扰能力较差；多用户检测技术在传统检测技术的基础上，充分利用造成多址干扰的所有用户信号信息对单个用户的信号进行检测，从而具有优良的抗干扰性能，解决了远近效应问题，降低了系统对功率控制精度的要求，因此，可以更加有效地利用链路频谱资源，显著提高系统容量。随着多用户检测技术的不断发展，各种高性能又不是特别复杂的多用户检测器算法不断提出，在 4G 实际系统中采用多用户检测技术将是切实可行的。

3. 网络结构

移动系统的网络结构可分为三层：物理网络层、中间环境层、应用网络层。物理网络层提供接入和路由选择功能，它们由无线和核心网的结合格式完成。中间环境层的功能有 QoS 映射、地址变换和完全性管理等。

物理网络层与中间环境层及其应用环境之间的接口是开放的，它使发展和提供新的应用及服务变得更为容易，提供无缝、高数据率的无线服务，并运行于多个频带。

4. 4G 的优势

(1) 通信速度快

由于人们研究 4G 通信的最初目的就是提高蜂窝电话和其他移动装置无线访问 Internet 的速率，因此，4G 通信给人印象最深刻的特征莫过于它具有更快的无线通信速度。

以移动通信系统数据传输速率作比较，第一代模拟式仅提供语音服务；第二代数位式移动通信系统传输速率也只有 9.6kbps，最高可达 32kbps，如 PHS；第三代移动通信系统数据传输速率可达到 2Mbps；而第四代移动通信系统传输速率可达到 20Mbps，甚至最高可以达到 100Mbps，这种速度会相当于 2009 年最新手机传输速度的 1 万倍左右，第三代手机传输速度的 50 倍左右。

(2) 网络频谱宽

要想使 4G 通信达到 100Mbps 的传输速率，通信营运商必须在 3G 通信网络的基础上进行大幅度的改造和研究，以便使 4G 网络在通信带宽上比 3G 网络的蜂窝系统的带宽高出许多。据研究 4G 通信的 AT&T 的执行官们说，估计每个 4G 信道会占有 100MHz 的频谱，相当于 W-CDMA3G 网络的 20 倍。

(3) 通信灵活

从严格意义上说，4G 手机的功能，已不能简单划归“电话机”的范畴，因为语音数据的传输只是 4G 移动电话的功能之一，目前，4G 手机更应该是一台小型电脑，而且 4G 手机从外观和式样上，会有更惊人的突破，人们可以想象的是，眼镜、手表、化妆盒、旅游鞋，以方便和个性为前提，任何一件这样能看到的物品，都有可能成为 4G 终端，只是人们还不知应该怎么称呼它。

未来的 4G 通信使人们不仅可以随时随地通信，更可以双向下载，传递资料、图画、影像。当然，更可以与从未谋面的陌生人网上联线对打游戏。也许有被网上定位系统永远锁定、无处遁形的苦恼，但是，与它据此提供的地图带来的便利和安全相比，这简直可以忽略不计。

(4) 智能性能高

第四代移动通信的智能性更高，不仅表现于 4G 通信的终端设备的设计和操作具有智能化特点，例如对菜单和滚动操作的依赖程度会大大降低，更重要的是 4G 手机可以实现许多难以想象的功能。

例如，4G 手机能根据环境、时间以及其他设定的因素来适时地提醒手机的主人此时该做什么事，或者不该做什么事，4G 手机可以把电影院票房资料，直接下载到 PDA 上，这些资料能够把售票情况、座位情况显示得清清楚楚，人们可以根据这些信息来在线购买自己满意的电影票；4G 手机可以被看作是一台手提电视，用来看体育比赛之类的各种现场直播。

(5) 兼容性好

要使 4G 通信尽快地被人们接受，不但要考虑使它的功能强大，还应该考虑现有通信的基础，以便让更多的现有通信用户在投资最少的情况下就能很轻易地过渡到 4G 通信。

因此，从这个角度来看，未来的第四代移动通信系统应当具备全球漫游、接口开放、能跟多种网络互联、终端多样化，以及能从第二代平稳过渡等特点。

(6) 提供增值服务

4G 通信并不是从 3G 通信的基础上经过简单升级而演变过来的，它们的核心建设技术根本就是不同的，3G 移动通信系统主要是以 CDMA 为核心技术，而 4G 移动通信系统技术则以正交多任务分频技术(OFDM)最受瞩目，利用这种技术，人们可以实现例如无线区域环路(WLL)、数字音讯广播(DAB)等方面的无线通信增值服务；不过，考虑到与 3G 通信的过渡性，第四代移动通信系统不会在未来仅仅只采用 OFDM 一种技术，CDMA 技术会在第四代移动通信系统中与 OFDM 技术相互配合，以便发挥出更大的作用，甚至未来的第四代移动通信系统也会有新的整合技术，如 OFDM/CDMA 的产生。前面所提到的数字音讯广播，其实它运用的真正技术是 OFDM/FDMA 的整合技术。

因此，未来以 OFDM 为核心技术的第四代移动通信系统，也会结合两项技术的优点，一部分会是以 CDMA 为主的延伸技术。

(7) 高质量通信

尽管第三代移动通信系统也能实现各种多媒体通信，但效率是需要提高的。为此，未来的第四代移动通信系统也称为“多媒体移动通信”。

第四代移动通信不仅仅是为了因应用户数的增加，更重要的是，必须因应多媒体的传输需求，当然，还包括通信品质的要求。总地来说，首先必须可以容纳市场庞大的用户数，改善现有通信品质不良，以及达到高速数据传输的要求。

(8) 频率效率高

相比 3G，4G 在开发研制过程中使用和引入了许多功能强大的突破性技术，例如一些光纤通信产品公司为了进一步提高无线因特网的主干带宽宽度，引入了交换层级技术，这种技术能同时涵盖不同类型的通信接口，也就是说，第四代主要是运用路由技术(Routing)为主的网络架构。

由于利用了几项不同的技术，所以，无线频率的使用比第二代和第三代系统有效得多。按照最乐观的情况估计，这种有效性可以让更多的人使用与以前相同数量的无线频谱做更多的事情，而且做这些事情的时候速度相当快。研究人员说，下载速率有可能达到5Mbps ~ 10Mbps。

(9) 费用便宜

由于 4G 通信不仅解决了与 3G 通信的兼容性问题，让更多的现有通信用户能轻易地升级到 4G 通信，而且，4G 通信引入了许多尖端的通信技术，这些技术保证了 4G 通信能提供一种灵活性非常高的系统操作方式，因此，相对于其他技术来说，4G 通信部署起来就容易和迅速得多；同时，在建设 4G 通信网络系统时，通信营运商们会考虑直接在 3G 通信网络的基础设施上，采用逐步引入的方法，这样，就能够有效地降低运行者和用户的费用。研究人员宣称，4G 通信的无线即时连接等某些服务费用会比 3G 通信更加便宜。

对于人们来说，未来的 4G 通信的确显得很神秘，不少人都认为第四代无线通信网络系统是人类有史以来发明的最复杂的技术系统。

的确，第四代无线通信网络在具体实施的过程中出现了大量令人头痛的技术问题，这大概一点儿也不会使人们感到意外。第四代无线通信网络存在的技术问题多与互联网有关，并且需要花费好几年的时间才能解决。

任务实施

MPLS VPN 配置

1. 组网需求

PE1、PE2 是 PE 设备，组成一个 MPLS 网络。CE1、CE2、CE3 是 CE 设备，PC2 是多角色主机，既可以访问 VPN1，又可以访问 VPN2。CE1 和 CE3 属于 VPN1，CE2 属于VPN2。主机 PC2 通过 CE2 接入，其 IP 地址为 172.16.0.1。PC2 作为多角色主机，既可以访问 VPN2，也可以访问 VPN1。

2. 组网图

组网图如图 3-22 所示。

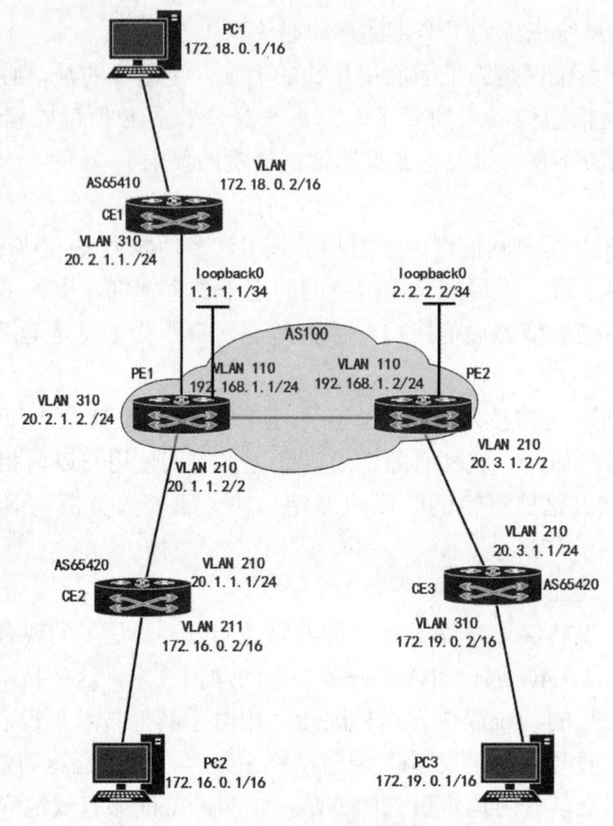

图 3-22　网络拓扑

3. 配置步骤

(1)　在 PE1 设备配置 LSR-ID，全局使能 MPLS、LDP：

```
[PE1]mpls lsr-id 1.1.1.9
[PE1]mpls
[PE1]mpls ldp
```

(2)　配置 PE 设备的公网 VLAN，给其配置 IP 地址，并且，在虚接口视图下，使能 MPLS、LDP：

```
[PE1] vlan 110
[PE1-vlan110] interface vlan-interface 110
[PE1-Vlan-interface110] ip address 192.168.1.1 24
[PE1-Vlan-interface110] mpls
[PE1-Vlan-interface110] mpls ldp enable
[PE1-Vlan-interface110] mpls ldp transport-ip interface
```

(3)　给 PE1 配置 loopback 接口，作为 Router-id 使用：

```
[PE1]interface LoopBack 0
[PE1-LoopBack0]ip address 1.1.1.9 32
```

(4)　启动 OSPF 协议，使 PE1 和 PE2 之间路由可达：

```
[PE1]ospf
[PE1-ospf-1]area 0
[PE1-ospf-1-area-0.0.0.0]network 192.168.1.0 0.0.0.255
[PE1-ospf-1-area-0.0.0.0]network 1.1.1.9 0.0.0.0
```

(5) 配置 VPN 实例，并在多角色主机的 VPN 引入其他 VPN 的 vpn-target(即 RT)：

```
[PE1] ip vpn-instance vpn1
[PE1-vpn-vpn1] route-distinguisher 100:1
[PE1-vpn-vpn1] vpn-target 100:1 both
[PE1] ip vpn-instance vpn2
[PE1-vpn-vpn2] route-distinguisher 100:2
[PE1-vpn-vpn2] vpn-target 100:2 both
```

作为关键步骤，多角色主机所在的 VPN 需要引入其他 VPN(多角色主机需要访问的 VPN)的 vpn-target(即 RT)，即引入其他 VPN 的路由，多角色主机访问其他 VPN 地址时，需要使用此路由：

```
[PE1-vpn-vpn2] vpn-target 100:1 import-extcommunity
```

(6) 配置私网侧 VLAN，并绑定 VPN：

```
[PE1] vlan 310
[PE1-vlan310] interface vlan-interface 310
[PE1-Vlan-interface310] ip binding vpn-instance vpn1
[PE1-Vlan-interface310] ip address 20.2.1.2 24
[PE1] vlan 210
[PE1-vlan210] interface vlan-interface 210
[PE1-Vlan-interface210] ip binding vpn-instance vpn2
[PE1-Vlan-interface210] ip address 20.1.1.2 24
```

(7) 配置公网侧 BGP 邻居，并使能 MBGP 邻居：

```
[PE1] bgp 100
[PE1-bgp] group 10
[PE1-bgp] peer 2.2.2.9 group 10
```

作为关键步骤，使用环回口建立 BGP 邻居需要指定源 IP 为环回口：

```
[PE1-bgp] peer 2.2.2.9 connect-interface loopback 0
[PE1-bgp] ipv4-family vpnv4
[PE1-bgp-af-vpn] peer 10 enable
[PE1-bgp-af-vpn] peer 2.2.2.9 group 10
```

(8) 在 BGP 添加 VPN 实例，并配置私网侧 BGP 邻居：

```
[PE1] bgp 100
[PE1-bgp] ipv4-family vpn-instance vpn1
[PE1-bgp-af-vpn-instance] import-route direct
[PE1-bgp-af-vpn-instance] group 20 external
[PE1-bgp-af-vpn-instance] peer 20.2.1.1 group 20 as-number 65410
[PE1-bgp] ipv4-family vpn-instance vpn2
[PE1-bgp-af-vpn-instance] import-route direct
```

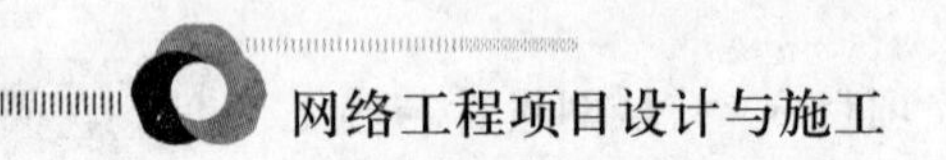

作为关键步骤，引入静态路由，即把配置的多角色主机静态路由发布到BGP对端：

```
[PE1-bgp-af-vpn-instance] import-route static
```

(9) 配置其他VPN访问多角色主机的静态路由(关键步骤，在非多角色主机所在VPN)访问多角色主机需要使用此条静态路由)：

```
[PE1] ip route-static vpn-instance vpn1 172.16.0.0 16 vpn-instance vpn2
20.1.1.1
```

项目小结

本项目主要介绍了广域网接入技术，并以MPLS VPN典型配置为例，重点介绍了华为路由器的相关配置方法。路由器的配置是本项目学习的重点，也是难点，在实际的工程实践中应用广泛，希望读者在学习过程中能够熟练掌握当前市场上主流品牌路由器和主流型号路由器的配置方法。

项目检测

(1) 试从多个方面比较虚电路和数据报这两种服务的优缺点。

(2) 设有一分组交换网。若使用虚电路，则每一分组必须有 3 字节的分组首部，而每个网络节点必须为虚电路保留 8 字节的存储空间来识别虚电路。但若使用数据报，则每个分组需有 15 字节的分组首部，节点就不需要保留转发表的存储空间。设每段链路每传1MB需 0.01 元。购买节点存储器的代价为每字节 0.01 元，而存储器的寿命为 2 年工作时间(每周工作 40 小时)。假定一条虚电路的每次平均时间为 1000s，而在此时间内发送 200 分组，每个分组平均要经过 4 段链路。试问采用哪种方案(虚电路或数据报)更为经济？相差多少？

(3) 假定分组交换网中所有节点的处理机和主机均正常工作，所有的软件也正常无误。试问一个分组是否可能被投送到错误的目的节点(不管这个概率有多小)？如果一个网络中所有链路的数据链路层协议都能正确工作，试问从源节点到目的节点之间的端到端通信是否一定也是可靠的？

(4) 广域网中的主机为什么采用层次结构方式进行编址？

(5) 作为中间系统。转发器、网桥、路由器和网关有何区别？

(6) 一个分组交换网其内部采用虚电路服务，沿虚电路共有 n 个节点交换机，在交换机中，每一个方向设有一个缓存，可存放一个分组。在交换机之间采用停止等待协议，并采用以下措施进行拥塞控制。节点交换机在收到分组后要发回确认，但条件是：①接收端已成功收到了该分组；②有空闲的缓存。设发送一个分组需 T 秒(数据或确认)，传输的差错可忽略不计，主机和节点交换机之间的数据传输时延也可忽略不计。试问：交付给目的主机的速率最快为多少？

(7) 试简单说明下列协议的作用：IP、ARP、RARP和ICMP。

(8) 回答下列问题。

① 子网掩码为255.255.255.0代表什么意思？

② 一网络的子网掩码为 255.255.255.248，问该网络能够连接多少台主机？

③ 一个 A 类网络和一个 B 类网络的子网号 subnet-id 分别为 16bit 和 8bit，问这两个网络的子网掩码有何不同？

④ 一个 B 类地址的子网掩码是 255.255.240.0。试问，在其中每一个子网上的主机数最多是多少？

⑤ 一个 A 类地址的子网掩码为 255.255.0.255。它是否为一个有效的子网掩码？

⑥ 某个 IP 地址的十六进制表示是 C22F1481，试将其转换为点分十进制的形式。这个地址是哪一类 IP 地址？

⑦ C 类网络使用子网掩码有无实际意义？为什么？

项目 4

网络存储和备份的设计与实施

项目描述

人们在使用计算机及网络系统处理日常业务，提高工作效率的同时，系统安全、数据安全的问题也越来越突出。一旦系统崩溃或者数据丢失，对企业而言都是一场灾难。客户资料、技术文件、企业账目有可能被严重破坏，甚至会导致系统和数据无法恢复。

如何防范这些风险，确保数据安全和业务连续性，已成为企业急需面对的课题。解决这些问题，一个比较有效的手段就是进行网络存储和备份，一旦发生系统崩溃或者数据丢失，就可以用备份的系统和数据进行恢复，把损失降到最小。

本项目要完成以下任务:

- 了解网络存储技术。
- 网络存储系统的设计与实施。
- 数据备份与恢复。
- 中小型网络数据备份与恢复。

任务 1　了解网络存储技术

任务展示

网络存储技术(Network Storage Technologies)是基于数据存储的一种通用网络术语。网络存储结构大致分为三种：直连式存储(Direct Attached Storage，DAS)、网络存储设备(Network Attached Storage，NAS)和存储网络(Storage Area Network，SAN)。

任务知识

1.1　传统存储技术

各类网络中普遍采用的数据存储模式是 DAS，英文全称是 Direct Attached Storage。中文翻译成“直接附加存储”，也可称为 SAS(Server-Attached Storage，服务器附加存储)。在这种方式中，存储设备是通过电缆(通常是 SCSI 接口电缆)直接连接到服务器的，完全以服务器为中心，作为服务器的组成部分。I/O(输入/输出)请求直接发送到存储设备。它依赖于服务器，本身是硬件的堆叠，不带有任何存储操作系统。图 4-1 为 DAS 的典型结构。

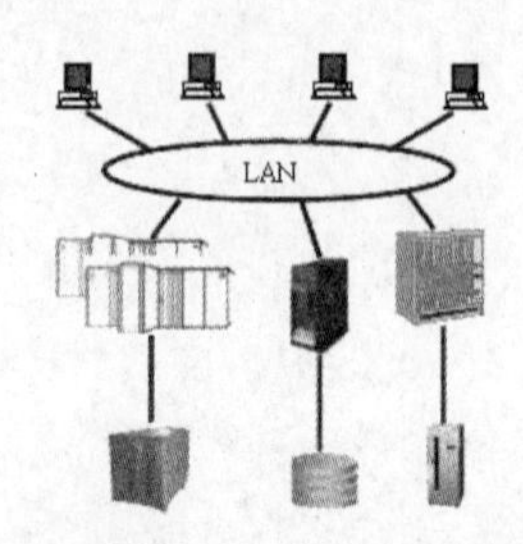

图 4-1　DAS 的典型结构

DAS 是典型的以服务器为中心的存储结构。它的操作过程是：客户向文件服务器发送请求，文件服务器将请求继续发送给磁盘；磁盘访问相应的数据并将结果返回给文件服务器，服务器将数据返回给客户。DAS 特别适合于存储容量不高、服务器的数量很少的中小型局域网，其主要优点在于存储容量扩展的实施非常简单，投入的成本少而见效快。但是，在这种存储方式下，每台 PC 或服务器单独拥有自己的存储磁盘，容量的再分配困难；对于整个环境下的存储系统管理，工作烦琐而重复，没有集中管理解决方案。所以，整体的拥有成本(TCO)较高。由于单台计算机对数据远远不能满足企业对数据的要求，这种连接方式已经在企业的解决方案中很少被采用了。

1.2　网络附加存储技术

NAS 是英文 Network Attached Storage 的缩写，中文意思是“网络附加存储”。按字面意思，简单说就是连接在网络上的具备数据存储功能的装置，因此也称为“网络存储器”或者“网络磁盘阵列”。NAS 是一种专业的网络文件存储及文件备份设备，它是基于 LAN(局域网)的，按照 TCP/IP 协议进行通信，以文件的 I/O(输入/输出)方式进行数据传输。在 LAN 环境下，NAS 已经完全可以实现异构平台之间的数据级共享，比如 NT、Unix 等平台的共享。一个 NAS 系统包括处理器、文件服务管理模块和多个硬盘驱动器(用于数据的存储)。NAS 可以应用在任何网络环境中。主服务器和客户端可以非常方便地在 NAS 上存取任意格式的文件，包括 SMB 格式(Windows)、NFS 格式(Unix/Linux)和 CIFS (Common Internet File System)格式等。典型 NAS 的网络结构如图 4-2 所示。

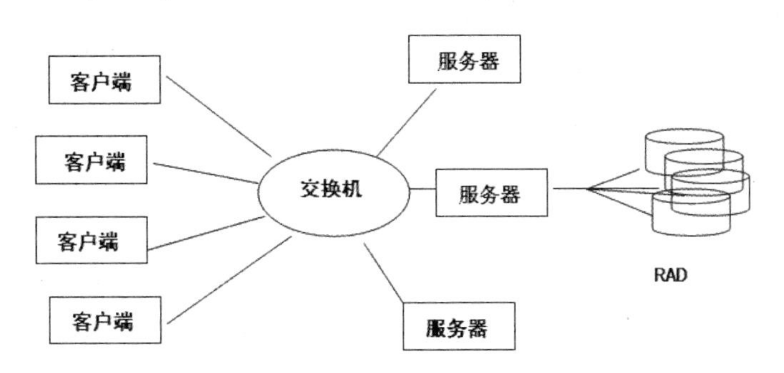

图 4-2　典型 NAS 的网络结构

NAS 本身能够支持多种协议(如 NFS、CIFS、FTP、HTTP 等)，而且能够支持各种操作系统。通过任何一台工作站，采用 IE 或 Netscape 浏览器就可以对 NAS 设备进行直观、方便的管理。

NAS 能够满足那些希望降低存储成本但又无法承受 SAN 昂贵价格的中小企业的需求，具有相当好的性价比。

究竟哪些行业可以用到 NAS 设备呢？首先，看这个单位的核心业务是否建立在某种信息系统上，对数据的安全性要求很高；其次，看该信息系统是否已经有或者将会有海量的数据需要保存，并且对数据管理程度要求较高；最后，还可以判断一下网络中是否有异构平台，或者以后会不会用到。如果上述有一个问题的答案是肯定的，那么，就有必要重点考虑使用 NAS 设备。

1. 办公自动化 NAS 解决方案

办公自动化系统(OA)是政府机构和企业信息化建设的重点。现代企事业单位的管理和运作是离不开计算机和局域网的，企业在利用网络进行日常办公管理和运作时，将产生日常办公文件、图纸文件、ERP 等企业业务数据资料以及个人的许多文档资料。传统的内部局域网内一般都没有文件服务器，上述数据一般都存放在员工的电脑和服务器上，没有一个合适的设备作为其备份和存储的应用。由于个人电脑的安全级别很低，员工的安全意识参差不齐，重要资料很容易被窃取、恶意破坏或者由于硬盘故障而丢失。

从对企事业单位数据存储的分析中可以看出，要使整个企、事业单位内部的数据得到统一管理和安全使用，就必须有一个安全、性价比好、应用方便、管理简单的物理介质来存储和备份企业内部的数据资料。NAS 网络存储服务器是一款特殊设计的文件存储和备份的服务器，它能够将网络中的数据资料合理有效、安全地管理起来，并且可以作为备份设备，将数据库和其他的应用数据实时、自动地备份到 NAS 上。

2. 税务 NAS 解决方案

税务行业需要的是集业务、信息、决策支持为一体的综合系统。行业业务系统主要是税收征管信息系统，还有税务业务信息、通用业务信息等。整个系统将行政办公信息、辅助决策信息与业务系统结合起来，组成一个通用的综合系统平台，从而形成一个完整、集成、一体化的税务业务管理系统。

税务行业的业务数据资料、日常办公文件资料及数据邮件系统非常重要，一旦数据资料丢失，将会给日常工作和整个地区的税收工作带来麻烦。保证整个数据资料的安全运行及应用成为税务行业中一个必须解决的现实问题。解决这个问题的办法，就是将这些数据资料存储或备份到一个安全、快速、方便的应用环境中，以此来保证税务行业数据的安全运行。

为合理解决数据业务资料备份和存储的问题，可以使用一台 NAS 网络存储服务器来存储和备份业务数据资料以及日常办公数据。在业务主机内，数据库里的信息资料直接通过数据增量备份功能备份到 NAS 中。连同局域网内部的业务资料以及工作人员的日常办公文件资料或是基于光盘的数据资料，都可以存储到 NAS 服务器上，以便工作人员随时使用和浏览这些数据资料。使用 NAS 后，管理员能够有效、合理地安排和管理其内部数据资料，使数据文件从其他网络机器上分离出来，实现数据资料的分散存储，统一管理数据资料环境系统。

3. 广告 NAS 解决方案

广告设计行业是集市场调研、行销策略、创意生产、设计执行、后期制作和媒介发布为一体的综合服务行业。

现在很多广告公司的数据存储模式比较落后，成本较高且效率低下，主要问题在于数据安全性差；整体数据量大，以及原有大量陈旧的数据难以存储管理；存在多操作系统平台，设备繁杂，导致存放的数据难以共享和管理，造成效率低下；广告设计人员的离职也会造成设计资料丢失。采用 NAS 存储和备份广告设计行业网络中的业务数据资料，可以

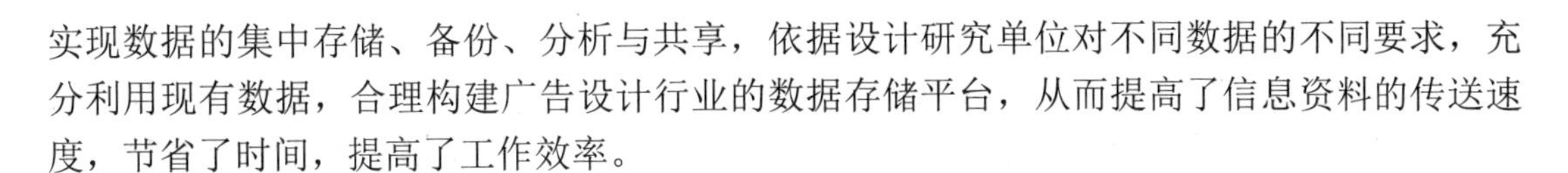

实现数据的集中存储、备份、分析与共享，依据设计研究单位对不同数据的不同要求，充分利用现有数据，合理构建广告设计行业的数据存储平台，从而提高了信息资料的传送速度，节省了时间，提高了工作效率。

4. 教育 NAS 解决方案

目前，在校园网建设过程中偏重于网络系统的建设，在网络上配备了大量先进设备，但网络上的教学应用资源却相对匮乏。原有的存储模式在增加教学资源时，会显现很多弊病：由于学校传统的网络应用中所有教育资源都存放在一台服务器上，具有高性能与高扩展能力的服务器成本较高；教学资源的访问服务会与应用服务争夺系统资源，导致系统服务效率的大幅下降；应用服务器的系统故障将直接影响资源数据的安全性和可用性，给学校的教学工作带来不便。

自提出“校校通”工程后，各个学校都在积极建设自己的校园网，以便将来能及时适应信息时代的发展。随着“校校通”工程逐步到位，“资源通”成为下一步信息化建设的重点，具体体现在学校需要大量的资源信息以满足学生与教师的需求。随着校园内数据资源不断增加，需要存储数据的物理介质具有大容量的存储空间和安全性，并要有非常快的传输速率，以确保整个数据资料的安全、快速存取。

5. 医疗数据存储 NAS 方案

医院作为社会的医疗服务机构，病人的病例档案资料管理是非常重要的。基于 CT 和 X 光的胶片要通过胶片数字化仪转化为数字的信息存储起来，以方便日后查找。这些片子的数据量非常大而且十分重要，对这些片子的安全存储、管理数据与信息的快速访问以及有效利用，是提高工作效率的重要因素，更是医院信息化建设的重点问题。据调查，一所医院一年的数据量将近 400GB，这么大的数据量仅靠计算机存储是胜任不了的，有的医院会使用刻录机将过去的数据图片刻录到光盘上进行存储，但这种存储解决方式比较费时，且工作效率不高。医院需要一种容量大、安全性高、管理方便、数据查询快捷的物理介质来安全、有效地存储和管理这些数据。使用 NAS 解决方案，可以将医院放射科内的这些数字化图片安全、方便、有效地存储和管理起来，从而缩短了数据存储、查找的时间，提高了工作效率。

6. 制造业 NAS 解决方案

对于制造业来说，各种市场数据、客户数据、交易历史数据、社会综合数据都是公司至关重要的资产，是企业运行的命脉。在企业数据电子化的基础上，保护企业的关键数据并加以合理利用，已成为企业成功的关键因素。

因此，应当对制造行业的各种数据进行集中存储、管理与备份，依据企业对不同数据的不同要求，合理构建企业数据存储平台。采用 NAS 的存储方式是比较适合的，可以实现数据的集中存储、备份、分析与共享，并在此基础上，充分利用现有数据，以适应市场需要，提高竞争力。

综上所述，在数据管理方面，NAS 具有很大的优势，在某些数据膨胀较快、对数据安全要求较高、异构平台应用的网络环境中，更能充分体现其价值。另外，NAS 的性价比极高，广泛适合从中小企业到大中型企业的各种应用环境。

(1) NAS 具备以下优点。

① NAS 提供了一个高效、低成本的资源应用系统。由于 NAS 本身就是一套独立的网络服务器，可以灵活地布置在网络的任意网段上，提高了资源信息服务的效率和安全性，同时，具有良好的可扩展性，且成本低廉。

② 提供灵活的个人磁盘空间服务。NAS 可以为每个用户创建个人的磁盘使用空间，方便查找和修改自己创建的数据资料。

③ 提供数据在线备份的环境。NAS 支持外接的磁带机，它能有效地将数据从服务器中传送到外挂的磁带机上，能保证数据安全、快捷备份。

④ 有效保护数据资源。NAS 具有自动日志功能，可自动记录所有用户的访问信息。嵌入式的操作管理系统能够保证系统永不崩溃，以保证连续的资源服务，并有效保护数据资源的安全。

(2) 虽然在需要将存储空间放在网络时，NAS 是一个非常伟大的解决方案，但是，NAS 也还有一些不足。

① 在拥有相同的存储空间时，它的成本比 DAS 要高很多。

② 对于数据库存储和 Exchange 存储这种要求高使用率的任务来说，不是很适合。

③ 获得数据的最大速率受到连接到 NAS 的网络速率的限制。

④ 在存储基础设施中存在潜在的节点故障的可能。

1.3 存储区域技术

1. 存储网络(SAN)

SAN 是指存储设备相互连接且与一台服务器或一个服务器群相连的网络。其中的服务器用作 SAN 的接入点。

在有些配置中，SAN 也与网络相连。SAN 中将特殊交换机当作连接设备。它们看起来很像常规的以太网络交换机，是 SAN 中的连通点。SAN 使得在各自网络上实现相互通信成为可能，同时也带来了很多有利条件。

SAN 的支撑技术是 Fibre Channel(FC)技术，这是 ANSI 为网络和通道 I/O 接口建立的一个标准集成，支持 HIPPI、IPI、SCSI、IP、ATM 等多种高级协议，它的最大特性是将网络和设备的通信协议与传输物理介质隔离开。这样，多种协议可在同一个物理连接上同时传送，高性能存储体和宽带网络使用单 I/O 接口，使得系统的成本和复杂程度大大降低。如通过 Switch 扩充至交换仲裁复用结构，则可将用户扩至很多。

FC 使用全双工串行通信原理来传输数据，传输速率高达 1062.5Mbps，Fibre Channel 的数据传输速度为 100Mbps，双环可达 200Mbps，使用同轴线传输距离为 30 米，使用单模光纤传输，距离可达 10 千米以上。

光纤通道支持多种拓扑结构，主要有：点到点(Links)、仲裁环(FC-AL)、交换式网络结构(FC-XS)。点对点方式的例子是一台主机与一台磁盘阵列通过光纤通道连接；其次为光纤通道仲裁环(FC-AL)，在 FC-AL 的装置可为主机或存储装置。第三种 FC-XS 交换式架构在主机和存储装置之间通过智能型的光纤通道交换器连接，使用交换架构需使用存储网络的管理软件。

SAN 结构如图 4-3 所示。

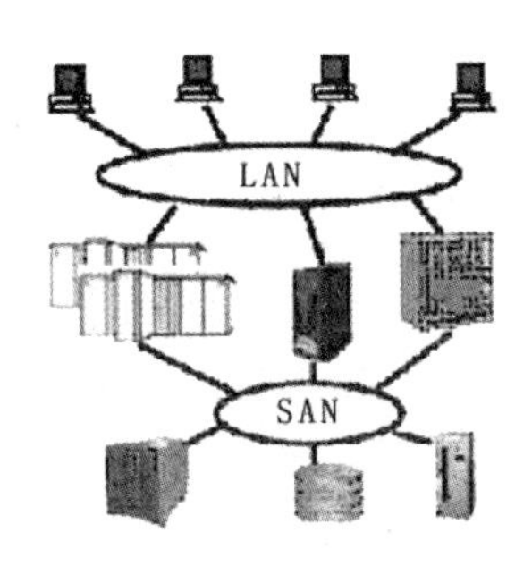

图 4-3　SAN 结构

SAN 将不同的数据存储设备连接到服务器的快速、专门的网络。可以扩展为多个远程站点，以实现备份和归档存储。SAN 采用光纤通道(Fibre Channel)技术，通过光纤通道交换机连接存储阵列和服务器主机，建立专用于数据存储的区域网络。SAN 经过十多年的发展，已经相当成熟，成为业界的事实标准。SAN 存储采用的带宽从 100Mbps、200Mbps，发展到目前的 1Gbps、2Gbps。

SAN 专门用于提供企业商务数据或运营商数据的存储和备份管理的网络。因为是基于网络的存储，SAN 比传统的存储技术拥有更大的容量和更强的性能。通过专门的存储管理软件，可以直接在 SAN 里的大型主机、服务器或其他服务端电脑上添加硬盘和磁带设备。现在大多数的 SAN 是基于光纤信道交换机和集线器的。SAN 是一个专有的、集中管理的信息基础结构，它支持服务器和存储之间任意的点到点的连接，SAN 集中体现了功能分拆的思想，提高了系统的灵活性和数据的安全性。

SAN 以数据存储为中心，采用可伸缩的网络拓扑结构，通过具有较高传输速率的光通道连接方式，提供 SAN 内部任意节点之间的多路可选择的数据交换，并且将数据存储管理集中在相对独立的存储区域网内。在多种光通道传输协议逐渐走向标准化，并且跨平台群集文件系统投入使用后，SAN 最终将实现在多种操作系统下最大限度的数据共享和数据优化管理，以及系统的无缝扩充。

SAN 是独立出一个数据存储网络，网络内部的数据传输率很快，但操作系统仍停留在服务器端，用户不是在直接访问 SAN 的网络，因此，这就造成 SAN 在异构环境下不能实现文件共享。

2. SAN 的优点

(1) 高可用性，高性能。

(2) 便于扩展。由于 SAN 具有网络的特点，因此，其存储具有几乎无限的扩展能力，可以满足企业数据的快速增长。

(3) 可实现高效备份。通过支持在存储设备和服务器之间传输海量数据块，SAN 提供了数据备份的有效方式。

3. SAN 的缺点

SAN 的缺点是价格昂贵。使用光纤信道的情况下，合理的成本大约是：对应于 1 千兆或者两千兆，大概需要 5 万到 6 万美金。结构较复杂。

1.4 NAS 与 SAN 的比较

NAS 结构和 SAN 结构最大的区别，就在于 NAS 有文件操作和管理系统，而 SAN 却没有这样的系统功能，其功能仅仅停留在文件管理的下一层，即数据管理。从这些意义上看，SAN 和 NAS 的功能互为补充，同时，SAN 的服务器访问数据的时候不会占 LAN 的资源，但是，NAS 结构的服务器都需要与文件服务器进行交互，以取得自己请求的数据，因此，NAS 结构在速度慢的 LAN(如 10/100M 网络)上几乎不具有任何优势和意义。由于 1Gbps 和 10Gbps 以太网的出现，使得 NAS 结构的这一缺陷自然消失，NAS 方案一下子就获得了巨大的生命力和发展空间。同时，SAN 和 NAS 相比，不具有资源共享的特征，因此，SAN 最近越来越感觉到了 NAS 的巨大冲击力。

SAN 和 NAS 并不是相互冲突的，是可以共存于一个系统网络中的，但 NAS 通过一个公共的接口实现空间的管理和资源共享，SAN 仅仅是为服务器存储数据提供一个专门的快速后方通道，在空间的利用上，SAN 和 NAS 也有截然不同之处，SAN 是只能独享的数据存储池，NAS 是共享与独享兼顾的数据存储池。因此，NAS 与 SAN 的关系也可以表述为：NAS 是 Network-attached(网络外挂式)，而 SAN 是 Channel-attached(通道外挂式)。

为使读者进一步明确两者的差别，下面给出 NAS 与 SAN 的比较，如表 4-1 所示。

表 4-1　NAS 和 SAN 的比较

项　目	NAS	SAN
协议	TC P/IP	Fibre Channel(光纤通道协议) Fibre Channel-to-SCSI
应用	文件共享(NFS 或 CIFS) 小数据块远程传输	关键数据库应用处理； 灾难恢复，强化存储
优势	文件级访问，中高性能； 快速、简单的部署	高可用性，数据传输可靠； 降低网络流量，灵活配置

1.5 iSCSI 技术

iSCSI 技术是一种由 IBM 公司研究开发的，供硬件设备使用的，可以在 IP 协议的上层运行的 SCSI 指令集，这种指令集可以实现在 IP 网络上运行 SCSI(Small Computer System Interface)协议，使其能够在诸如高速千兆以太网上进行路由选择。iSCSI 技术是一种新储存技术，该技术是将现有 SCSI 接口与以太网络(Ethernet)技术结合，使服务器可与使用 IP 网络的储存装置互相交换数据。

Internet 小型计算机系统接口(Internet Small Computer System Interface，iSCSI)是一种基于 TCP/IP 的协议，用来建立和管理 IP 存储设备、主机和客户机等之间的相互连接，并创建存储区域网络(SAN)。SAN 使得 SCSI 协议应用于高速数据传输网络成为可能，这种传输以数据块级别(Block-level)在多个数据存储网络间进行。

SCSI 结构基于客户/服务器模式，其通常的应用环境是：设备互相靠近，并且这些设备由 SCSI 总线连接。iSCSI 的主要功能是在 TCP/IP 网络上的主机系统(启动器 initiator)和存储设备(目标器 target)之间进行大量数据的封装和可靠的传输。此外，iSCSI 可以在 IP 网络中封装 SCSI 命令，且运行在 TCP 上。

从根本上说，iSCSI 协议是一种利用 IP 网络来传输潜伏时间短的 SCSI 数据块的方法，iSCSI 使用以太网协议传送 SCSI 命令、响应和数据。iSCSI 可以用我们已经熟悉和每天都在使用的以太网来构建 IP 存储局域网。通过这种方法，iSCSI 克服了直接连接存储的局限性，使我们可以跨不同服务器共享存储资源，并可以在不停机状态下扩充存储容量。

iSCSI 的工作过程是：当 iSCSI 主机应用程序发出数据读写请求后，操作系统会生成一个相应的 SCSI 命令，该 SCSI 命令在 iSCSI initiator 层被封装成 iSCSI 消息包，并通过 TCP/IP 传送到设备侧，设备侧的 iSCSI target 层会解开 ISCSI 消息包，得到 SCSI 命令的内容，然后传送给 SCSI 设备执行；设备执行 SCSI 命令后的响应，在经过设备侧 iSCSI target 层时，被封装成 iSCSI 响应 PDU，通过 TCP/IP 网络传送给主机的 iSCSI initiator 层，iSCSI initiator 会从 iSCSI 响应 PDU 里解析出 SCSI 响应，并传送给操作系统，操作系统再响应给应用程序。

iSCSI 从架构上可以分为 4 种类型的架构。

1. 控制器架构

iSCSI 的核心处理单元采用与 FC 光纤存储设备相同的结构。即采用专用的数据传输芯片、专用的 RAID 数据校验芯片、专用的高性能 Cache 缓存和专用的嵌入式系统平台。

打开设备机箱时，可以看到 iSCSI 设备内部采用无线缆的背板结构，所有部件与背板之间通过标准或非标准的插槽连接在一起，而不是普通 PC 中的多种不同型号和规格的线缆连接。

这种类型的 iSCSI 存储设备，核心处理单元采用高性能的硬件处理芯片，每个芯片功能单一，因此处理效率较高。操作系统是嵌入式设计，与其他类型的操作系统相比，嵌入式操作系统具有体积小、高稳定性、强实时性、固化代码以及操作简单方便等特点。因此，控制器架构的 iSCSI 存储设备具有较高的安全性和稳定性。

控制器架构 iSCSI 存储内部基于无线缆的背板连接方式，完全消除了连接上的单点故障，因此系统更安全，性能更稳定，一般可用于对性能的稳定性和高可用性具有较高要求的在线存储系统，比如中小型数据库系统、大型数据库的备份系统、远程容灾系统等。

控制器架构的 iSCSI 设备由于核心处理器全部采用硬件，制造成本较高，因此，一般销售价格较高。

区分一个设备是否是控制器架构，可从以下几个方面去考虑。

(1) 是否双控：除了一些早期型号或低端型号外，高性能的 iSCSI 存储一般都会采用 active-active 的双控制器工作方式。控制器为模块化设计，并安装在同一个机箱内，而不是两个独立机箱的控制器。

(2) 缓存：有双控制器缓存镜像、缓存断电保护功能。

(3) 数据校验：采用专用硬件校验和数据传输芯片，而不是依靠普通 CPU 的软件校验，或普通 RAID 卡。

(4) 内部结构：打开控制器架构的设备，内部全部为无线缆的背板式连接方式，各硬件模块连接在背板的各个插槽上。

2. iSCSI 连接桥架构

整个 iSCSI 存储分为两个部分，一个部分是前端协议转换设备，另一部分是后端存储。结构上类似 NAS 网关及其后端存储设备。

前端协议转换部分一般为硬件设备，主机接口为千兆以太网接口，磁盘接口一般为 SCSI 接口或 FC 接口，可连接 SCSI 磁盘阵列和 FC 存储设备。通过千兆以太网主机接口对外提供 iSCSI 数据传输协议。

后端存储一般采用 SCSI 磁盘阵列和 FC 存储设备，将 SCSI 磁盘阵列和 FC 存储设备的主机接口直接连接到 iSCSI 桥的磁盘接口上。

iSCSI 连接桥设备本身只有协议转换功能，没有 RAID 校验和快照、卷复制等功能。创建 RAID 组、创建 LUN 等操作必须在存储设备上完成，存储设备有什么功能，整个 iSCSI 设备就具有什么样的功能。

3. PC 架构

那么，什么是 PC 架构？按字面的意思，可以理解为存储设备建立在 PC 服务器的基础上。就是选择一个普通的、性能优良的、可支持多块磁盘的 PC(一般为 PC 服务器和工控服务器)，选择一款相对成熟稳定的 iSCSI Target 软件，将 iSCSI Target 软件安装在 PC 服务器上，使普通的 PC 服务器转变成一台 iSCSI 存储设备，并通过 PC 服务器的以太网卡对外提供 iSCSI 数据传输协议。

目前，常见的 iSCSI Target 软件多半由商业软件厂商提供，如 DataCore Software 的 SANmelody，FalconStor Software 的 iSCSI Server for Windows，以及 String Bean Software 的 WinTarget 等。这些软件都只能运行在 Windows 操作系统平台上。

在 PC 架构的 iSCSI 存储设备上，所有的 RAID 组校验、逻辑卷管理、iSCSI 运算、TCP/IP 运算等，都是以纯软件方式实现的，因此，对 PC 的 CPU 和内存的性能要求较高。另外 iSCSI 存储设备的性能极容易受 PC 服务器运行状态的影响。

由于 PC 架构 iSCSI 存储设备的研发、生产、安装使用相对简单，硬件和软件成本相对较低，因此，市场上常见的基于 PC 架构的 iSCSI 设备的价格都比较低，在一些对性能稳定性要求较低的系统中，具有较大的价格优势。

4. PC+NIC 架构

PC + iSCSI Target 软件方式是一种低价低效比的解决方案，另外，还有一种基于 PC + NIC 的高阶高效性 iSCSI 方案。

如果只是将高速 Ethernet 用于存储网络化，则过于可惜，因此，众多厂商发起了 iWARP，不仅可实现存储网络化，也能实现 I/O 的网络化。通过 RDMA(Remote Direct Memory Access)机制简化网络两端的内存数据交换程序，从而提高数据传输效率。

这几年来，iSCSI 存储技术得到了快速发展。iSCSI 的最大好处，是能提供快速的网络环境，虽然目前其性能和带宽跟光纤网络还有一些差距，但能节省企业约 30% ~ 40%的成

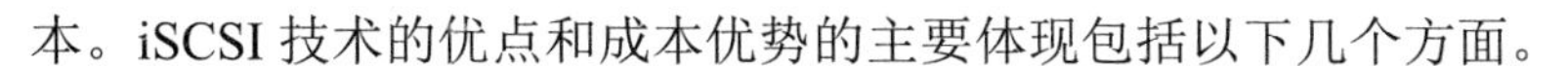

本。iSCSI 技术的优点和成本优势的主要体现包括以下几个方面。

(1) 硬件成本低：构建 iSCSI 存储网络时，除了存储设备外，交换机、线缆、接口卡都是标准的以太网配件，价格相对来说比较低廉。同时，iSCSI 还可以在现有的网络上直接安装，并不需要更改企业的网络体系，这样可以最大程度地节约投入。

(2) 操作简单，维护方便：对 iSCSI 存储网络的管理，实际上就是对以太网设备的管理，只须花费少量的资金去培训 iSCSI 存储网络管理员即可。当 iSCSI 存储网络出现故障时，问题定位及解决也会因为以太网的普及而变得容易。

(3) 扩充性强：对于已经构建的 iSCSI 存储网络来说，增加 iSCSI 存储设备和服务器都将变得简单，且无须改变网络的体系结构。

(4) 带宽高和性能好：iSCSI 存储网络的访问带宽依赖于以太网带宽。随着千兆以太网的普及和万兆以太网的应用，iSCSI 存储网络会达到甚至超过 FC(FiberChannel，光连通道)存储网络的带宽和性能。

(5) 突破距离限制：iSCSI 存储网络使用的是以太网，因而在服务器和存储设备的空间布局上的限制就会少了很多，甚至可以跨越地区和跨越国家。

任务 2　网络存储系统的设计

任务展示

随着近几年网络存储技术的飞速发展和应用，越来越多的企业也日益认识到了数据的重要性，目前，已经有很多企业建成了自己的网络存储系统来存储、管理和利用海量的信息资源，这也成了“企业云”的有机组成部分。但怎样根据各种信息资源的类型和特点，来满足不同用户不同层次的需要，仍是亟待解决的问题。

任务知识

中小型网络存储技术

市场上的存储系统主要有三种模式：DAS、NAS 和 SAN。无论哪种存储技术，中小企业更看重的是性价比和易用性。从目前市场规模来看，DAS 仍然是存储市场的主力。从增长速度来看，NAS 设备由于具备较高的性价比，成为 IT 领域中增长最快的产品。针对中小企业市场需求的 NAS 解决方案和产品越来越丰富。在为网络制订数据存储解决方案时，IT 主管首先面临的是选择哪种存储模式。下面给出一些基本建议。

1. 与现有应用系统的兼容性

所选存储模式应最大限度地利用现有数据信息及存储资源，能够实现不同网络协议和异构操作平台间的互操作。用户单位的原有系统可能运行于不同的操作系统平台，新增的存储系统应能被这些平台访问，以实现数据的共享和管理。如果对已有的存储技术进行扩展就可以满足需求，那么，应尽可能采用现有的模式。显然，就目前的情况来说，选择 DAS 的中小企业还要占多数。

2. 存储系统未来升级与发展

要考虑系统的可扩展性问题，便于今后数据增长时，系统能方便地升级，保持稳定运行。存储系统容量和性能应当满足目前和近期的应用要求。用户应明确应用系统对存储系统的容量、数据传输速度和数据增长率等方面的要求。

3. 选用 DAS 的场合

DAS 已经存在了很长时间，并且在很多情况下仍然是一种不错的存储选择。由于这种存储方式在磁盘系统和服务器之间具有很快的传输速率，因此，虽然在一些部门中一些新的 SAN 设备已经开始取代 DAS，但是，在要求快速磁盘访问的情况下，DAS 仍然是一种理想的选择。更进一步地，在 DAS 环境中，运转大多数的应用程序都不会存在问题，所以没有必要担心应用程序问题，从而可以将注意力集中于其他可能会导致问题的领域。

在很多情况下，DAS 是一种理想的选择。

(1) 如果我们的存储系统中需要快速访问，但公司目前还不能接受最新的 SAN 技术的价格时，或 SAN 技术在公司中还不是一种必要的技术时，这是一种理想的选择。

(2) 对于那些对成本非常敏感的用户来说，在很长一段时间内，DAS 将仍然是一种比较便宜的存储机制。当然，这是在只考虑硬件物理介质成本的情况下才有这种结论。

(3) 在某些情况下，存储系统必须直接连接到应用服务器，如双机容错。

(4) 数据库服务器和应用服务器需要直接连接到存储系统，如 Web、E-mail、OA 等应用服务器。

4. 网络存储首选 NAS

NAS 设备完全以数据为中心，将存储设备与服务器彻底分离，集中管理数据，从而能够有效地释放带宽，大大提高了网络的整体性能。中小企业选用技术较成熟的 NAS 产品更为现实。

NAS 易于部署，成本相对低廉。把文件存放在同一个服务器里，让不同的电脑用户共享和集合网络里不同种类的电脑，正是 NAS 网络存储的主要功能。正因为 NAS 网络存储系统应用开放的，工业标准的协议，不同类型的电脑用户运行不同的操作系统可以实现对同一个文件的访问。所以已经不再在意到底是 Windows 用户或 Unix 用户，它们可以同样安全可靠地使用 NAS 网络存储系统中的数据。

NAS 的特点是以其流畅的机构设计，具有突出的性能：可移除服务器 I/O 瓶颈；可简便地实现 NT 与 Unix 下的文件共享；可简便地进行设备安装、管理与维护；可按需增容，方便容量规划；具有高可靠性。NAS 可直接连入以太网络，非常适合中小企业在现有网络环境下解决存储问题。

5. 慎选 SAN 和 iSCSI

SAN 侧重于很高的可靠性、安全性以及很强的容错能力，只有当数量非常大，并要求在存储资源和服务器之间建立直接的数据连接的高速网络时，才应考虑采用 SAN。考虑到其昂贵的价格、复杂的管理以及还未完全解决的兼容性、互操作性问题，中小企业尽量不要选择这种存储模式。

iSCSI 在 IP 网络上应用 SCSI 协议，集 NAS 和 SAN 的优点于一身，非常适合中小企业的网络存储。但是，作为新技术，它目前还未完全成熟，只有在千兆位以太网的基础上才能够更好地发挥它的优势。因此，对于大多数中小企业来说，这种网络存储架构还只能是未来选择的方向。

6. DAS、NAS、SAN 与 iSCSI 的比较

DAS、NAS、SAN 与 iSCSI 的性能特点比较如表 4-2 所示。

表 4-2　DAS、NAS、SAN 与 iSCSI 的性能比较

	DAS 的特点	NAS 的特点	SAN 的特点	iSCSI 的特点
设计理念	存储设备	存储设备	存储网络	存储网络
适配器	SCSI 适配器	以太网适配器	光纤通道适配器	以太网适配器
传输单位	块 I/O	文件 I/O	块 I/O	块 I/O
网络连接协议	SCSI	TCP/IP	FC(光纤通道)	TCP/IP
管理方式	在服务器上管理	在存储设备上管理	在服务器上管理	在服务器上管理
性价比	性能低，成本低	性能适中，成本低	性能高，成本高	性能高，成本适中

任务实施

NAS 的典型案例

1. NAS 的典型案例一

(1)　用户现状

某银行原有 26 台 IBM RISC/6000 小型机，由于购买时间较早，每台机器的硬盘容量都不大，随着各个部门业务量的不断增加，急需扩展存储容量，并实现新业务数据资源在 Unix 与 Windows NT 上的共享。

(2)　需求分析

在原有的局域网环境中，要实现数据在 Unix 和 Windows NT 之间的共享，必须进行文件格式的转换，造成资源的一定耗费。由于小型机与相应阵列盘设备靠 SCSI 接口连接，当存储容量不足时，扩充容量受到槽位的限制。特别地，当向网络中添加新的阵列盘设备时，必须停止整个网络服务。

为了扩容，有几种方法可以达到目的。一个是单纯扩展每台小型机的硬盘，此法可能会造成有些部门存储容量不够，而另外一些部门用不完的后果。还有一种办法，是直接挂接磁盘阵列，但它使用的是 Unix 下的文件服务管理方式，存储效率低。

为了更好地实现对数据快速、共享和统一的管理，采用 NAS 技术势在必行。

(3)　系统设计

该银行通过购买一台 Network Appliance(NetApp)公司的专用文件存储器 F740，将它直接连接在网络上，其数据便成为网络数据的中心，网络中所有设备的数据全部存储在其中，解决了业务发展问题，实现了存储数据对 Unix 和 Windows NT 平台的共享性，还提供

了对存储设备简单和集中式管理的良好环境。

(4) 可选的解决方案

NetApp 公司的存储产品具备功能一致性，其高、中、低端的产品，所具备的功能是完全相同的，仅在性能和容量(最高可达 48TB)上有区别，因而，数据可以无缝迁移。其解决方案内包括 DataOntap、WAFL、Enhanced RAID、SnapShot、SnapRestore、SnapMirror、SnapManager 和 DataFabric 等，可以满足数据库和文件的各种应用。在异构数据共享及集中上，NetApp 的产品是一种跨平台、跨系统、跨应用和跨地理限制的实现数据共享的存储产品，而不仅是介质共享的存储。

2. NAS 的典型案例二

(1) 用户现状

某 ISP 信息网原邮件服务器采用某公司小型机及其磁盘阵列组，邮件服务器每日处理邮件能力不足 3000 封，早晨上班和下午下班使用邮件高峰都会出现发送邮件队列堵塞。

(2) 需求分析

造成邮件队列堵塞的现象可能因为小型机无法同时响应来自磁盘阵列盘上的邮件分发工作。Unix 系统的文件管理服务在文件读写操作过程中，占用的 I/O 资源无法释放，小型机处理并发 I/O 进程的能力有限。即使网络带宽充足，几千封邮件排队等待处理，也会造成堵塞现象。另外，网络带宽不够，还可能造成数据在网络传输中的读写瓶颈。

(3) 系统设计

购买一台 NAS 存储设备作为原服务器的数据存储设备，将原服务器中的电子邮件数据全部转移到该设备上，保持原服务器继续作为电子邮件服务的应用服务器。此时，一切问题将迎刃而解。

(4) 可选的解决方案

① IBM NAS 解决方案

IBM 新推的 NAS 解决方案主要包括 Total Storage NAS 200、Total Storage NAS 300 和 Total Storage NAS 300G。其特点为支持 Unix、Windows 和 Novell；存储容量为 108GB ~ 1.7TB；可通过 Web 浏览界面进行远程管理；支持诸如 NFS V3.0、ISS 5.0、CIFS 和 Netware 等多种协议。其中，NAS 200 塔式机主要针对需要大量高性价比存储设备的 ISP 和需要电子邮件存储或视频文件服务的客户，而 NAS 200 柜式机适用于那些零售、银行或保险行业的客户；NAS 300 还可以支持关键业务高可用性应用，并具有跨平台性能；NAS 300G 允许基于局域网的客户机和服务器与现有 SAN 互操作。

② HP NAS 解决方案

HP NAS 解决方案的特点，是支持 10/100Base-T 和 1000Base-SX Fiber 接口，具有很强的安全性和可用性，支持 PDC、CIFS、NIS 和 NFS 协议，能够通过口令控制设置来确保安全性。其方案配置分 3 种，入门级配置为 Net Storage 6000；中档配置为两台 L2000 服务器、Sure Store XP512 磁盘阵列和集成 9000 的相关软件；高档配置为两台 N4000 服务器、Sure Store XP512 磁盘阵列和集成 9000 的相关软件。

③ Sun NAS 解决方案

Sun 提供了 Sun StorEdge N8000 Filer 系列的 NAS 设备。Filer 规模为 200GB ~ 10TB 可

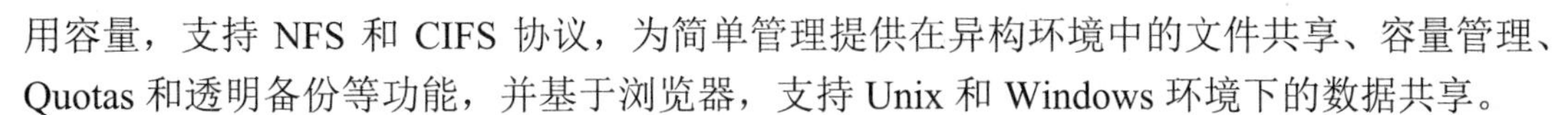

用容量，支持 NFS 和 CIFS 协议，为简单管理提供在异构环境中的文件共享、容量管理、Quotas 和透明备份等功能，并基于浏览器，支持 Unix 和 Windows 环境下的数据共享。

④ Vertias NAS 解决方案

Veritas 和 Sun 联合推出新型高可用 NAS 解决方案，旨在采用 Veritas ServPoint 软件、Sun Enterprise 服务器和 Sun StorEdge 阵列，并为 NFS 和 CIFS 环境提供统一的网络文件服务。通过 Veritas PointlntimeCopy 工具交付无限文件系统拷贝，还采用群集技术实现高可用性和可扩展性，提供硬件 RAID 5 及软件和热备份用选项，集成化 Veritas NetBackup Client 与 NDMP，可进行同步和异步卷复制与在线存储器扩充，特别是，在出现节点故障时，可自动发送电子邮件通知。

SAN 的典型案例

1. SAN 的典型案例一

(1) 需求分析

某科技公司的用户现有 70 多台工作站，全部为 Windows 操作系统。一台 DELL 4600 服务器及 LEC 6000 SCSI 磁盘阵列，容量为 1TB，外置磁带机一台。

用户现在的需求是把原有的架构扩建为 SAN 的基础架构，并增加一台 DELL 服务器，使两台 DELL 服务器形成在 SAN 架构下的双机容错系统；同时，增加光纤通道磁盘阵列，容量要达到 6TB；增加一台磁带库，其容量在压缩后为 6TB，作为卫星航拍图片的备份保存。所构架的双机容错系统能够在 SAN 的环境下同时工作，进行负载均衡，相互备份，在某一服务器发生故障时，其工作及数据能顺利切换至另一台服务器，使服务持续。配合全自动的故障切换及其真正的热插拔技术，提供一个具先进性、可靠性、安全性、可扩展性的高可用性服务器系统解决方案。针对此需求，OApro 提供的 SAN 架构下的双机备援集群容错解决方案可完全满足要求。

(2) 方案设计

对现今的网络系统而言，利用计算机系统和磁盘阵列连接，使用容错软件来提供及增进可靠的信息和服务是必不可少的，已成为现今的趋势；另一方面，计算机硬件与软件都不可避免地会发生故障，这些故障有可能带来极大的损失，甚至整个服务的终止，使网络瘫痪。可见，系统的高可用性在网络计算环境中显得更为重要。

根据需求和应用的系统特点，我们在 SAN 的架构下实现双机容错的备援。本方案在以 OApro SANbus 光纤通道卡，Qlogic SANbox 5200 交换机和 OApro SANraid 6800 所形成的 SAN 架构下，选用 ROSE 双机容错集群软件，形成一个完整的双机备援解决方案。使用 QualStar 磁带库及 Veritas 的软件做备份。

(3) 方案说明

此方案是双机备援容错的基本架构，在 SAN 的架构下，使用两台服务器做双机容错(与在此架构下的其他服务器无关)，这两台服务器都安装了 OApro SANbus2310/2340 光纤通道卡，利用其光纤通道接口，通过 Qlogic SANbox 5200 交换机和两台外置式 OApro SANraid 6800 光纤通道磁盘阵列连接，同时，以光纤通道连接到 Qualstar 磁带库上。当然，QualStar 磁带库可以采用 SCSI 连接，再以桥接器连接到交换机上。以太网上的连接则使用双网络以确保安全性。同时，双网络亦可作为冗余，当一网络故障时，另一网络作为备援。RS-232 在两台服务器的串口连接，纯粹做心跳侦测。可以提供三种心跳的侦测，分别是以太网、RS-232 及磁盘阵列。我们推荐一定使用磁盘阵列作为心跳的一种，因为它的反应最快，有最佳的心跳侦测时间，以保证切换的安全可靠。

2. SAN 的典型案例二

(1) 业务的主要数据特性

业务的主要数据特性是，对数据安全性、存储性能、在线性和文件系统级的灵活性要求高，并需要对分散数据高速集中的备份，又属于超大型海量存储。

(2) 用户状况

某大型企业通信部门主要从事接收、处理、存档和分发各类全球性卫星数据，以及卫星接收技术和数据处理方法的研究。卫星的观测信息以图形方式显示，通过地面接收，转换成数字格式保存，但每条信息占用的存储空间都很大，每天的数据量在几百 MB 到 2GB 之间。由于在线数据存储空间很有限，特别是用户要通过 HDDT 磁带方式对数据进行存档管理，并需要以人工方式管理磁带，从而使得数据查找效率低下，大量珍贵数据得不到有效利用。

(3) 需求分析

需要的在线数据存储量大约在 1~2TB，并在包括 Sun、SGI、IBM 的小型机和 PC 服务器在内的主机环境中还要增加曙光超级计算机，而且多台主机不仅集中存储，还要能够共享数据；另外，卫星下载资料以文件格式保存，单个文件可达 GB 级。

针对这些需求，进行方案设计时，首要考虑的因素是设备的容量和性能，以及系统的在线连接性和数据的共享。在此基础上，还要扩大在线系统容量，建立自动化的数据备份系统，实现离线存储数据的自动管理。

(4) 系统设计

如前所述，原环境中已存在一些网络设备，在构建 SAN 时，增加一台光纤通道交换机和一台光纤通道磁盘阵列。由于用户的应用需要不同平台的多台主机共享数据，所以还要配以文件共享软件和网络文件系统转换的软件。本方案采用 HDS 公司的 Thunder 9200 和 IBM 公司光纤交换机 2109-S08 或 S16 组建存储区域网络，其拓扑结构如图 4-4 所示。

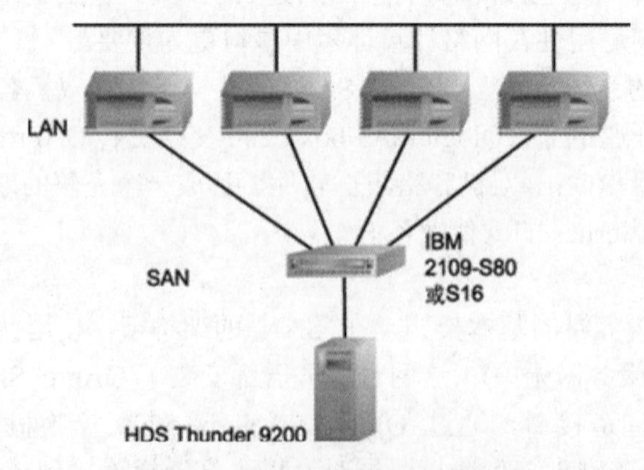

图 4-4 存储区域网络的拓扑结构

由于同一文件要被多台主机编辑、处理与访问，而且文件非常大，无论在 SAN 还是在 LAN 上传输都很浪费资源，因此，要采取文件共享的方式，让所有主机访问文件的同一个拷贝。在多主机混合平台的情况下，采用 IBM Tivoli SANergy 软件，配以支持在 Windows NT 上实现 NFS 共享的软件 NFS Maestro。

在此方案成功实施运转的一个时期后，由于业务发展迅猛，系统的数据量快速增长，用户又提出增加在线存储容量和建立自动数据备份系统的需求。事实上，富有经验的集成商在系统设计初期已考虑到未来的扩展问题，当需要增加在线容量时，用户只须购买一台新的 HDS Thunder 9200，将其连接到 SAN 上，它提供的存储空间立即可分配给 SAN 上的任意主机，还能集中管理数据。当用户需要做自动数据备份时，根据对容量和备份窗口的要求选择 IBM SAN 解决方案中的自动磁带库(如 LTO 系列)，将其与备份服务器连接到 SAN 上，即可进行集中、自动且 LANfree 的数据备份。扩容后的存储区域网的拓扑结构如图 4-5 所示。设备数量增加较多时，可通过交换机堆叠或级联来增加 SAN 的连接能力。

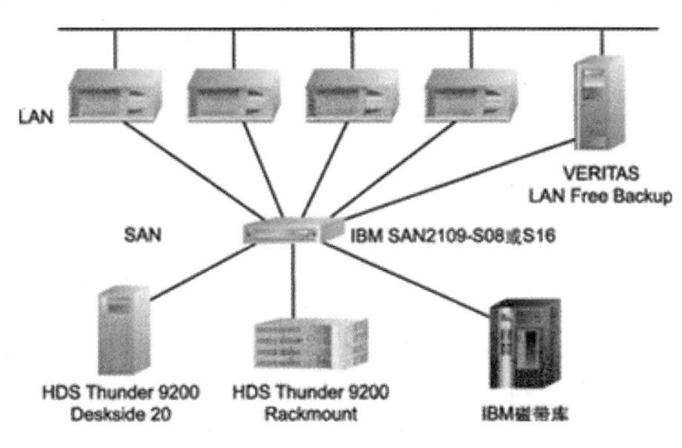

图 4-5　扩容后的存储区域网络的拓扑结构

任务 3　数据备份与恢复

任务展示

随着信息化建设的进展，各种应用系统的运行，必然会产生大量的数据，而这些数据作为企业和组织最重要的资源，越来越受到人们的重视，又由于数据量的增大和新业务的涌现，确保数据的一致性、安全性和可靠性，解决数据集中管理后的安全问题，建立一个强大的、高性能的、可靠的数据备份平台已成为当务之急。

有专业机构的研究数据表明：丢失 300MB 的数据对于市场营销部门就意味着 13 万元人民币的损失，对财务部门意味着 16 万元的损失，对工程部门来说损失可达 80 万元。而丢失的关键数据如果 15 天内仍得不到恢复，企业就有可能被淘汰出局。

近几年，一些著名的企业都曾经发生过灾难性的数据丢失或损毁事故，造成了巨大的经济损失，在这种情况下，数据备份就成为日益重要的措施，我们必须对系统和数据进行备份。通过及时有效的备份，系统管理者就可以高枕无忧了。所以，对信息系统环境内的所有服务器/PC 进行有效的文件、应用数据库、系统备份，变得越来越重要。

任务知识

3.1 备份与恢复的概念

数据备份是指为防止系统出现硬件故障、软件错误、人为误操作等造成数据丢失而将全部或部分原数据集合复制到其他的存储介质中，当数据丢失或被破坏时，原数据可以从备份数据中恢复出来。

备份(Backup)是存储在非易失性存储介质上的数据集合。为了保证恢复时备份的可用性，备份必须在一致性状态下通过拷贝原始数据来实现。

备份与复制相比，虽然时间长、性能不高，但成本较低，且可以防止操作失误等人为故障，所以，备份仍然是许多企业做灾难恢复体系规划时的主要选择。网络备份一般通过专业的数据存储管理软件结合相应的硬件和存储设备来实现。

3.2 数据备份的类型

数据备份的类型大致上分为以下几种。

1. 完全备份

完全备份(Full Backup)是把每个文件都写进备份档中。如果备份之间数据没有任何更动，那么，所有备份数据都是一样的。

问题出自备份系统不会检查自上次备份后文件有没有被更动过；它只是机械性地将每个文件读出、写入，不管文件有没有被修改过。备份全部选中的文件及文件夹时，并不依赖文件的存盘属性来确定备份哪些文件(在备份过程中，任何现有的标记都被清除，每个文件都被标记为已备份，换言之，清除存盘属性)。

每个文件都会被写到备份装置上，这表示即使所有文件都没有变动，还是会占据许多备份空间。如果每天变动的文件只有 10MB，每晚却要花费 100GB 的空间做备份，这绝对不是个好方法；这也就是发明增量备份(Incremental Backup)的原因。

2. 增量备份

与完全备份不同，增量备份会先看看文件的最后修改时间是否比上次备份的时间来得晚。如果不是的话，那表示自上次备份后，该文件没有被更动过，所以这次不需要备份。换句话说，如果修改日期比上次更动的日期来得晚，那么文件就被更动过，需要备份。递增备份常常跟完全备份合用(例如每星期做完全备份，每天做增量备份)。差异备份是针对完全备份的，即备份上一次完全备份后发生变化的所有文件(差异备份过程中，只备份有标记的那些选中的文件和文件夹。它不清除标记，即备份后不标记为已备份文件，换言之，不清除存盘属性)。

使用增量备份最大的好处在于速度，它的速度比完整备份快许多。

但坏处则是，如果我们要复原一个文件，就必须把所有增量备份的存储介质都找一遍，直到找到为止；如果我们要复原整个文件系统，那就得先复原最近一次的完整备份，然后复原一个又一个的增量备份。

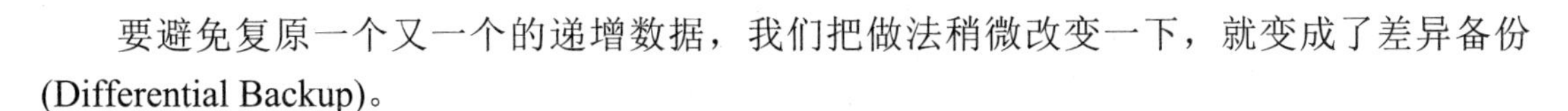

要避免复原一个又一个的递增数据，我们把做法稍微改变一下，就变成了差异备份(Differential Backup)。

3. 差异备份

差异备份跟递增备份一样，都只备份更动过的数据。但前者的备份是累积(Cumulative)的，即一个文件只要自上次完整备份后曾被更新过，那么接下来每次做差异备份时，这文件都会被备份，直到下一次完整备份为止。这表示差异备份中的文件都是自上次完全备份之后，曾被改变的文件。如果要复原整个系统，只要先复原完全备份，再复原最后一次的差异备份即可。增量备份是针对于上一次备份(无论是哪种备份)，备份上一次备份后所有发生变化的文件(增量备份过程中，只备份有标记的选中的文件和文件夹，它清除标记，即备份后标记文件，换言之，清除存盘属性)。跟增量备份所使用的策略一样，平时，只要定期做一次完全备份，再常常做差异备份即可。所以，差异备份的大小，会随着时间的推移而不断增加(假设在完全备份间，每天修改的文件都不一样)。以备份空间与速度来说，差异备份介于递增备份与完全备份之间；但不管是复原一个文件还是整个系统，速度通常比较快(因为要搜寻/复原的存储介质的数目比较少)。基于这些特点，差异备份是数据恢复值得考虑的方案。

3.3　网络存储备份技术

1. 主要架构 Host-Based 备份

这是磁带库直接接在服务器(Host)上的备份，备份管理简单，而且只为该服务器提供数据备份服务。缺点是不利于备份系统的共享，不适合于现在大型的数据备份要求，并且要求人工干预较多。

2. LAN-Based 备份

这是基于局域网(LAN)的备份，在局域网中配置一台备份服务器，这台服务器将局域网内不同主机的数据通过局域网备份到共享的磁带库中。这种架构集中进行备份管理，提高了磁带库的利用率。

LAN-Based 备份也是主要针对 DAS 存储结构的，这种方式采用了 NAS 存储技术，也就是说，采用 NAS 对基于 DAS 的存储系统进行备份。这种方式下，数据的传输是以网络为基础的。磁带库连接在一台备份服务器上，各个应用服务器和工作站配置为备份服务器的客户端，备份服务器接受运行在客户机上的备份代理程序(Agent)的请求，将数据通过 LAN 传递到它所管理的与其连接的本地磁带库资源上进行备份。

LAN-Based 备份结构的优点是节省投资、磁带库共享、集中备份管理；缺点是完成文件级的备份，并且对网络传输压力大，与将备份数据流从 LAN 中转移出去的存储区域网(SAN)不同，这种备份结构采用 NAS 存储技术，仍然使用以太网资源进行备份和恢复，在数据量很大的情况下，会给网络造成很大的压力。

3. LAN-Free 备份

这是基于 SAN 的备份，需要备份的应用服务器通过 SAN 连接到磁带库上，应用服务器在备份软件的控制下，将数据通过 SAN 备份到磁带库上。

LAN-Free 备份系统是建立在 SAN(存储区域网)的基础上的，需要备份的服务器通过光纤通道适配器(HBA 卡)连接在 SAN 网络上，磁带库和磁盘阵列也作为独立的光纤节点连接在 SAN 中，用一台管理主机来管理共享的存储设备以及用于查找和恢复数据的备份数据库，在 LAN-Free 备份客户端软件的触发下，读取需要备份的数据，通过 SAN 网络备份到共享的磁带库中。

LAN-Free 备份方式是目前技术较为成熟的主流备份方式，这种备份方式不仅可以使 LAN 流量得以转移，使数据流不再经过以太网络而直接从服务器或磁盘阵列传到磁带库内，而且它的运转所需的 CPU 资源低于 LAN-Based 方式，这是因为，光纤通道连接不需要经过服务器的 TCP/IP 栈，而且某些层的错误检查可以由光纤通道内部的硬件来完成。这种架构将大量数据传输从 LAN 转移到 SAN 上，减小了网络传输压力，资源也得到了共享，但是，备份时，仍要耗费备份主机的 CPU 和内存资源。

4. Server-Less 备份

这也是一种基于 SAN 的备份，无须在服务器上缓存，而直接从在线存储设备向备份介质拷贝数据。这种备份架构使用 SCSI 远程拷贝命令，允许服务器向一个设备(如磁盘)发送命令，指示它直接向另一个设备(如磁带)传输数据，而不需要通过服务器内存。

5. Zero-Impact 备份

这种备份配置一个专用的备份服务器，在这个服务器上采用高速的快照影像备份/还原，无须在应用服务器上安装或执行其他备份软件。用快照进行备份与还原，可彻底释放应用服务器端的资源，在做数据备份时，应用服务器不受影响。

6. WAN-Based 备份

这种与 LAN-Based 架构类似，是指利用广域网进行数据远程异地备份。

7. SAN 和 NAS 结合备份

这种备份没有本地存储的 NAS 设备，通常称为 NAS 头，NAS 头与 SAN 上共享的物理存储联合起来，成为文件服务器。任何 NAS 头可以直接访问 SAN 上的存储设备，因此备份期间 NAS 头可以控制磁带驱动器，从存储单元直接拷贝数据到备份介质。这种架构类似于 Server-Less 备份。

任务 4　中小型网络数据备份与恢复

任务展示

中小型公司的数据主要包括员工的数据、公司的账务数据、管理层人员笔记本电脑里的报表、计划、项目设计等文档。根据有关统计，这些数据的损坏率和丢失率在中小企业中占相当大的比重。所以，怎样才能根据中小企业的自身特点，找到投资少、效果好，而且简单、安全，并且能够迅速应用的数据本地备份和恢复解决方案，就是目前所有这类企业所面对的共同问题。

任务知识

4.1　备份设备和介质

1. 磁盘

目前，用于备份的磁盘主要指硬盘，根据存储技术，硬盘可分为内部硬盘和外部磁盘阵列。硬盘存取速度较快，它是备份实时存储和快速读取数据最理想的介质。

一般只有在数据规模较小的情况下，才考虑使用磁盘备份。

2. 光盘

常用的光盘介质有可录 CD-R(640MB)、DVD-R(4.7GB)和可擦写光盘 CD-RW(640MB)等。光盘具有可持久地存储数据和便于携带的特点，其信息可以保存 100 年至 300 年。与硬盘备份相比，光盘提供了比较经济的存储解决方案。

但是光盘访问时间比硬盘要长，并且容量相对较小；备份大容量数据时，所需光盘数量极大。虽然光盘保存的持久性较长，但相对而言，整体可靠性较低。

因此，光盘更适合于数据的永久性归档和小容量数据的备份。

光盘塔可以同时支持几十个到几百个用户访问信息。光盘库也叫自动换盘机，它利用机械手从机柜中选出一张光盘，送到驱动器进行读写。它的库容量极大，机柜中可放几十片甚至上百片光盘。光盘库的特点是安装简单、使用方便，并支持几乎所有的常见网络操作系统及各种常用的通信协议。

光盘网络镜像服务器不仅具有大型光盘库的超大存储容量，而且还具有与硬盘相同的访问速度，其单位存储成本(分摊到每张光盘上的设备成本)大大低于光盘库和光盘塔，因此，光盘网络镜像服务器已开始取代光盘库和光盘塔，逐渐成为光盘网络共享设备中的主流产品。

4.2　产品的选择

对于中小型企业来说，存储设备是否具有较高的性价比，是否具有出色的兼容性和可扩展性，是否能够对海量信息实现高效的智能化数据备份和治理，是否便于操作、控制和维护，是否能够提供及时的技术服务等，均成为企业所考虑的重要因素。

1. 支持异构存储

在目前的存储系统环境中，往往存在多种硬件设备、操作平台，以及不同的应用系统共存的情况，符合实际需求的存储解决方案也不尽相同。这就要求磁带存储产品具有出色的开放性和兼容性，能够在异构存储环境中提供支持光纤通道、千兆以太网、SCSI 以及更先进的 iSCSI 等多种接口的选择，在尽量避免增加转换设备的情况下，跨平台实现无服务器备份、灾难恢复、远程镜像，及在线数据库应用处理等各种高性能应用。同时，企业的信息化建设是一个长期的建设过程，不断增长的数据量对存储设备的可扩展性提出了较高的要求。磁带存储产品应该具备极强的可扩展能力，并且能够便利地实现升级和扩容，同时，可以保证在操作过程中不影响磁带存储设备的正常运行。

2. 管理智能化

优秀的磁带存储产品应该可以提供定时自动备份、自动换带、日志记录以及在异常情况发生时的自动报警功能。运用磁带产品的智能化治理软件，通过用户自定义的备份策略，可以实现无人工干预的自动化操作，最大程度地节约企业的人力资源和治理资源，有效降低成本。同时，随着企业数据的迅速增长和不断更新，仅仅在非工作时间进行数据备份将不能满足日益提高的数据存储需求，因此，能够在工作时间进行高速的自动化数据备份，同时又不影响系统性能，更是合格的磁带存储产品应该具备的功能。

优秀的磁带存储产品也应该能够提供简单的、易于操作的控制系统。除了更加智能化的操作管理软件，目前技术领先的磁带存储产品已经配备了彩色触摸屏管理系统，使系统管理员可以通过屏幕直接进行相关的设置、管理和诊断，增强了设备的易操作性。彩色触摸屏技术的实现，最大程度地缩短了系统管理人员的学习和适应时间，同时，也大大降低了操作人员的工作压力，使备份工作得以轻松设置和完成。另外，在产品的升级和扩容过程中，磁带设备能够支持热插拔，已成为实现便利操作的前提和保障。支持热插拔的产品可以很轻易地实现磁带设备的更换，并且无须停掉正在执行中的任务，保证了磁带存储设备在升级和扩容过程中的可靠运行。

3. 体积与性能兼顾

目前，业界领先的 IT 产品都在致力于以尽可能小的产品体积提供更高速度的数据处理能力和更为广阔的存储空间。日益增加的海量信息存储需求决定了磁带存储产品向更高密度、更大容量、更小体积的方向发展。

4. 技术服务优良

中小型企业因在人员和技术能力上存在不足，因而更需要设备制造商提供可靠的技术支持与咨询服务。优秀的磁带存储设备制造商应该拥有技术精湛、经验丰富的顾问，并且能够随时为用户提供与产品相关的建议和技术咨询。

中小企业从自身的情况出发，在设备的选型上往往将技术先进、性能可靠且具有高性价比的产品列为首选因素。越来越多的磁带设备厂商，已经着眼于中小型企业的这些实际需求，并且在产品和技术上不断推陈出新，以其良好的兼容性和完善的产品体系，为中小型企业提供较为丰富的产品选择。

对于中小型网络来说，应从自身特点出发，应根据数据容量、存取速度和可移动性等要素，来选择备份介质类型。

4.3 备份软件

目前，在数据存储领域，可以完成网络数据备份管理的软件产品主要有 Legato 公司的 NetWorker、IBM 公司的 Tivoli、Veritas 公司的 NetBackup 等。另外，有些操作系统，诸如 Unix 的 tar/cpio，Windows 2000/NT 的 Windows Backup，Netware 的 Sbackup，也可以作为 NAS 的备份软件。

1. NetBackup

NetBackup 是 Veritas 公司推出的适用于中型和大型的存储系统的备份软件，可以广泛地支持各种开放平台。另外，该公司还推出了适合低端的备份软件 Backup Exec。

要构建一个完善的数据备份环境，应当采用下列技术要素。

(1) 利用业界最为成熟可靠的 Lan-Free 备份技术，通过存储区域网的光纤交换式架构，进行对数据仓库服务器、数据挖掘/分析服务器以及数据抽取服务器的高速备份。

(2) 运用先进的磁带管理技术，保证光纤存储区域网中磁带数据的高度安全性以及完全自动化的介质调度管理。

(3) 利用数据库在线备份技术，提供灵活的数据库备份策略，供用户选择。

(4) 运用业界最先进的，支持操作系统最广泛的裸机灾难恢复技术，帮助用户在极端条件下迅速恢复所有关键数据。

(5) 提供完善的备份报告机制，帮助用户进行复杂备份环境下的备份历史数据的统计管理。

(6) 提供备份服务高可用性建议、磁带容灾方案、无服务器备份(Server-Free)方案、历史数据迁移方案，供用户选择，这些建议将形成针对于整个系统的数据存储备份高级解决方案。

2. NetWorker

NetWorker 是 Legato 公司推出的备份软件，它适用于大型的复杂网络环境，具有各种先进的备份技术机制，广泛地支持各种开放系统平台。

值得一提的是，NetWorker 中的 Cellestra 技术第一个在产品上实现了 Serverless Backup(无服务器备份)的思想。NetWorker 之所以能够在市场上取得成功，一方面得益于 EMC 整体实力的带动，另一方面在于它本身的多项优点。

NetWorker 拥有 4 个技术优点。

(1) 开放磁带格式

它具有多路数据流传输、自包含索引、跨平台等特性。多路数据流传输可以提高备份的速度。

我们都知道，磁带备份设备的吞吐速度可以达到每秒几十兆，磁盘备份的设备就更高，而一个备份数据流通常只有每秒几兆的速度。备份软件成了备份速度的瓶颈。因此，NetWorker 采用多路数据流传输的技术，就可以提高备份的速度。自包含索引可以将磁带损坏的影响降低到最小。

通常的备份软件将索引集中保存到一盘磁带上，如果索引损坏，将影响到索引相关的所有数据恢复。NetWorker 的索引跟数据是在一起的，每个数据都知道它应该如何被恢复，从而避免了这一问题。

跨平台可以带来有更高的可用性、能降低硬件成本等好处，所以 NetWorker 对 Unix、Linux、Windows 等不同环境的备份服务器采用同一个数据格式，当一台 Windows 备份服务器崩溃时，可以把备份工作转到现成的 Unix 或 Linux 备份服务器上来做，之前的数据恢复、之后的数据备份都不受影响。同时，跨平台的备份服务器可以共享同一个磁带库，能够减少硬件投资。

(2) 双机结构支持

NetWorker 在服务器端和客户端都可以支持双机结构。当我们的一台备份服务器或客户端无法工作时，可以将备份工作转到另一台备份服务器或客户端。

(3) 融合备份

融合备份即“第一天的全备份 + 第二天的增量备份 + 第三天的增量备份 = 第三天的全备份”，此加法可以由 NetWorker 在备份服务器上自动完成，减轻生产系统的负担。

(4) 增强的磁盘备份功能

NetWorker 有一个选项叫 DiskBackup，是专门针对磁盘备份的。它不像磁带备份那样需要装载、启动、停止、倒带、快进等机械动作，并且利用并行操作，让备份、恢复等操作同步进行，采用多个数据流并行恢复，大大提高了备份恢复速度。

NetWorker DiskBackup 还具有基于策略的转储和克隆功能，可以自动地将磁盘数据迁移至磁带进行辅助保护。

同时，NetWorker 还支持虚拟化磁带库的备份，让客户既享受到磁盘备份恢复的高速度和可靠性，又不必改变磁带库的使用习惯。

3. IBM Tivoli

IBM Tivoli 是 IBM 公司推出的备份软件，与 Veritas 的 NetBackup 和 Legato 的 NetWorker 相比，Tivoli Storage Manager 更多地适用于以 IBM 主机为主的系统平台，其强大的网络备份功能，可以胜任大规模的海量存储系统的备份需要。

IBM Tivoli 软件在传统的 Tivoli 解决方案的基础上，除了明确了“业务流程管理”，还合理划分了产品类别，形成了完整的解决方案。改进后的 Tivoli 软件系列使复杂环境中的技术管理软件的选择、集成和实施变得更为容易。新产品是 IBM 软件产品的补充，具有超强的可升级性、可靠性、安全性，同时为动态的、高价值的商业应用提供了存储管理。此次 Tivoli 新增或改进了下列方案。

- IBM Tivoli Service Level Advisor：提供真正主动的业务影响式管理。该方案基于复杂的享有专利的运算法则，根据性能分析指标，为客户提供预测问题的能力，并做相应的服务级别管理。
- IBM Tivoli Enterprise Data Warehouse：将不同系统中的性能数据统一起来，并允许对简单化后的数据进行定位和提取。该方案运行在 IBM 的业界顶级产品 DB2 上，使用户能够将从多种应用中得到的数据与其商业目标配合起来。
- IBM Directory Server 4.1：使企业能够对整个电子商务和网络服务环境中的安全数据实现同步，从而为全面实施身份管理应用奠定基础。该方案基于 Lightweight 目录访问协议标准，随 Tivoli 产品(如 IBM Tivoli 身份管理器)免费得到。
- IBM Tivoli Switch Analyser：具有自动发现和存放所有网络层交换机的功能。该方案具有今天交换管理工具领域中最高级别的集成，为客户提供真正的端对端网络管理。

此外，CA 公司原来的备份软件 ARCServe 在低端市场具有相当广泛的影响力。其新一代备份产品 BrightStor，定位直指中高端市场，也具有不错的性能。

选购备份软件时，应该根据不同的用户需要选择合适的产品，理想的网络备份软件系统应该具备以下功能。

(1) 集中式管理

网络存储备份管理系统对整个网络的数据进行管理。利用集中式管理工具的帮助，系统管理员可对全网的备份策略进行统一管理，备份服务器可以监控所有机器的备份作业，也可以修改备份策略，并可即时浏览所有目录。所有数据可以备份到与备份服务器或应用服务器相连的任意一台磁带库内。

(2) 全自动的备份

备份软件系统应该能够根据用户的实际需求，定义需要备份的数据，然后以图形界面方式根据需要设置备份时间表，备份系统将自动启动备份作业，无须人工干预。这个自动备份作业是可自定的，包括一次备份作业、每周的某几日、每月的第几天等项目。设定好计划后，备份作业就会按计划自动进行。

(3) 数据库备份和恢复

在许多人的观念里，数据库和文件还是一个概念。当然，如果你的数据库系统是基于文件系统的，当然可以用备份文件的方法备份数据库。但发展至今，数据库系统已经相当复杂和庞大，再用文件的备份方式来备份数据库已不适用。是否能够将需要的数据从庞大的数据库文件中抽取出来进行备份，是网络备份系统是否先进的标志之一。

(4) 在线式的索引

备份系统应为每天的备份在服务器中建立在线式的索引，当用户需要恢复时，只须点选在线式索引中需要恢复的文件或数据，该系统就会自动进行文件的恢复。

(5) 归档管理

用户可以按项目、时间定期对所有数据进行有效的归档处理。提供统一的 Open Tape Format 数据存储格式，从而保证所有的应用数据由一个统一的数据格式作为永久的保存，保证数据的永久可用性。

(6) 有效的媒体管理

备份系统对每一个用于备份的磁带自动加入一个电子标签，同时，在软件中提供了识别标签的功能，如果磁带外面的标签脱落，只须执行这一功能，就可以迅速地知道该磁带的内容了。

(7) 满足系统不断增加的需求

备份软件必须能支持多平台系统，当网络连接上其他的应用服务器时，对于网络存储管理系统来说，只须在其上安装支持这种服务器的客户端软件，即可将数据备份到磁带库或光盘库中。

任务实施

数据备份方案

数据备份技术涉及备份介质和备份软件的集成。如何确定最佳备份方案，关键是要针对用户的备份需求与费用的许可，制订“量体裁衣”的方案。这里结合中小型网络的应用特点，给出几种典型的备份解决方案。

1. 办公室的数据备份

小型办公室计算机数量很少，一般不使用数据库服务器。当办公计算机用户的数据备份和恢复的时间一般要求不高时，可以选择简单、费用最少的备份方案。

(1) 硬件：计算机安装两块硬盘，将数据备份到本机的另一块硬盘。或者网络共享驱动器(最好是在服务器上提供备份空间)，必要时，可配移动硬盘。为安全起见，还可在网络客户机与服务器之间实现相互备份。对于要存档的数据，可配置刻录光盘。

(2) 软件：可直接使用操作系统自带的备份工具(如 Windows 备份工具)来实现文件备份，也可选择一些数据备份共享软件或免费软件，如 GRBackPro 等。这些软件都支持基本的备份和恢复功能，如定时备份、自动备份和差异备份。

2. 小型网络的数据备份

一些小型网络，如小型网站、小型办公系统和小型管理信息系统等，其中计算机数量少，只有少量的服务器，没有大型数据库或者数据库以文件形式存在。数据的重要性较高，需要长期保存。数据备份的恢复时间要求不高，所以可以选择较简单、费用较少的备份方案。

(1) 硬件：采用磁带机备份，将磁带机连接到服务器。或者服务器采用 RAID1(磁盘镜像，相同容量的 SCSI 磁盘按 2 的倍数配置)；或者服务器采用 RAID5(冗余校验，相同容量的 SCSI 磁盘最小配置需要 3 块)，并增加热补磁盘 1 块。一般情况下，推荐采用磁盘阵列 RAID5。

(2) 软件：可直接使用网络操作系统自带的备份工具(如 Windows 2000/2003 备份工具)来实现数据自动备份。

3. 中小型网络数据备份

一些规模较大的小型网络，如中等学校校园网和小型企业网等，有多台不同功能的服务器(如文件服务器、数据库服务器、邮件服务器等)。这类网络数据量较大，需要长期保存；需要提供备份自动化，以减少人力投入；需要实现网络备份。因此，可以选择费用适中的备份方案。

(1) 硬件：采用磁带机备份，将磁带机连接到用于备份的服务器，其他服务器的数据可通过网络备份到磁带。或者采用 NAS 备份，将 NAS 连接到服务器所连接的交换机上。NAS 的存储容量可依据所有需要备份服务器数据的总量确定，并留有余量。一般情况下，推荐采用 NAS 备份。

(2) 软件：购买专业的网络备份软件，如专门用于中小型网络备份的 Veritas Backup Exec for Windows 2008/2012 Server。若采用 NAS，则可使用 NAS 的备份软件。

4. 大中型网络数据备份

大中型网络，如政府办公网络、大中型企业网、电子商务网站和大学校园网等，有较多台不同功能的服务器(如文件、数据库、邮件、ERP、MIS、OA 等服务器)。这类网络数据量大，系统数据的重要性很高，要求不停机备份、在线备份，备份自动化要求较高。对这类网络，可以选择费用较高的备份方案。

(1) 硬件：采用一台自动加载机，以实现磁带自动化管理。或者采用 NAS 备份，将 NAS 连接到服务器所连接的交换机上。NAS 的存储容量可依据所有需要备份服务器数据的总量确定，并留有余量。一般情况下，对于重要数据，推荐采用 NAS 备份与磁带机备份的组合。

(2) 软件：采用专业网络备份软件，如支持实时备份的 CA 公司的 BrightStor 或 Veritas 的 Backup Exec 等。若采用 NAS，则可使用 NAS 的备份软件。

项目小结

本项目主要介绍了网络存储技术，以及针对不同类型的网络如何建立网络存储系统的方案的设计与实施，详细介绍了数据备份与恢复的相关知识，并针对中小型网络数据备份方案给出了设计方法与选择的原则。

项目检测

(1) 画图描述 DAS 存储模式，并说明其优缺点。
(2) 画图描述 NAS 存储模式，并说明其优缺点。
(3) 画图描述 SAN 存储模式，并说明其优缺点。
(4) iSCSI 是一个什么样的存储技术？说明其应用特点。
(5) 谈谈应分别在哪些场合选用 DAS、NAS、SAN。
(6) 试比较完全备份、增量备份和差异备份的特点。

项目 5

网络安全设计与实施

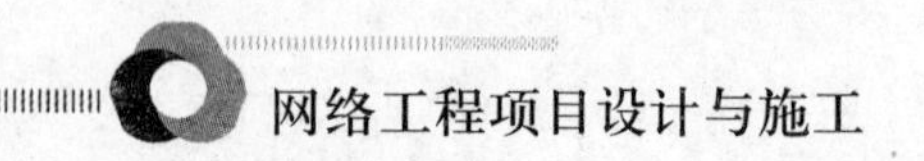

项目描述

在项目 2 中，公司主要以总部局域网为核心，采用广域网方式与外地子公司联网。集团广域网采用 MPLS-VPN 技术，用来为各个分公司提供骨干网络平台和 VPN 接入，各个分公司可以在集团的骨干信息网络系统上建设各自的子系统，确保各类系统间的相互独立。公司内部采用无纸化办公，OA 系统成熟。每个局域网连接着所有部门，所有的数据都从局域网中传递。同时，各分公司采用 VPN 技术连接公司总部。该单位为了方便，将相当一部分业务放在了对外开放的网站上，网站既是对外形象窗口，又是内部办公窗口。

倘若由于网络设计部署上有缺陷，该公司局域网在建成后就会不断出现网络拥堵、网速特别慢的情况，同时，有的机器上的杀毒软件会频频出现病毒报警，使网络经常瘫痪。对外的 Web 网站同样也会遭到黑客攻击，有可能网页遭到非法篡改，这样，不仅影响到网站的正常运行，而且还会对公司形象也造成不良的影响。从网络安全威胁看，集团网络的威胁主要包括外部的攻击和入侵、内部的攻击或误用、企业内的病毒传播，以及安全管理漏洞等信息安全问题。根据我国《信息安全等级保护管理办法》的信息安全要求，该公司决定对其网络加强安全防护，解决可能出现的网络安全问题。

本项目要完成以下任务:

- 了解网络安全设计的原则。
- 了解网络安全威胁与防范。
- 操作系统安全设计。
- Web 服务器安全设计。
- 网络边界安全设计。

任务 1　了解网络安全设计的原则

任务展示

根据防范安全攻击的安全需求、需要达到的安全目标、对应安全机制所需的安全服务等因素，参照 SSE-CMM(系统安全工程能力成熟模型)和 ISO17799(信息安全管理标准)等国际标准，综合考虑可实施性、可管理性、可扩展性、综合完备性、系统均衡性等方面，网络安全防范体系在整体设计过程中必须遵循相应的原则。

任务知识

网络安全设计应遵循的原则

信息系统的根本目标，是通过保障信息系统资源不受未授权的泄露、修改和任何形式的损害，从而实现对有价值信息和系统的保护。信息系统的安全目标集中体现为两大目标：信息保护和系统保护。

信息系统最低安全目标的确定，要基于信息系统运行的可靠性、完整性、可用性，以及信息数据的机密性、完整性、可用性和可控性，应着眼于各种安全威胁实施后的社会、政治和经济风险的大小。

对信息系统最低安全目标的确定，应遵循以下 4 个原则：组织级别原则、保护国家秘密信息和敏感性信息原则、控制社会影响原则、保护资源和效率原则。

信息系统的设计应按照系统、完整的信息系统安全体系框架进行；信息系统安全体系由技术体系、组织机构体系和管理体系共同构建。按照信息系统安全体系框架，安全的保障不仅需要解决与通信和互联有关的安全问题，还需要解决涉及与信息系统构成组件及其运行环境安全有关的物理安全、系统安全等其他问题，需要从技术措施和管理措施两方面结合来考虑解决方案。

1. 网络信息安全的木桶原则

网络信息安全的木桶原则是指对信息均衡、全面地进行保护。“木桶的最大容积取决于最短的一块木板”。网络信息系统是一个复杂的计算机系统，它本身在物理上、操作上和管理上的种种漏洞构成了系统的安全脆弱性，尤其是多用户网络系统自身的复杂性、资源共享性使单纯的技术保护防不胜防。攻击者使用的“最易渗透原则”，必然在系统中最薄弱的地方进行攻击。因此，充分、全面、完整地对系统的安全漏洞和安全威胁进行分析，评估和检测(包括模拟攻击)是设计信息安全系统的必要前提条件。安全机制和安全服务设计的首要目的，是防止最常用的攻击手段，根本目的是提高整个系统的“安全最低点”的安全性能。

2. 网络信息安全的整体性原则

网络信息安全的整体性原则要求在网络发生被攻击、破坏事件的情况下，必须尽可能地快速恢复网络信息中心的服务，减少损失。因此，信息安全系统应该包括安全防护机制、安全检测机制和安全恢复机制。

安全防护机制是根据具体系统存在的各种安全威胁采取的相应的防护措施，以避免非法攻击的进行。安全检测机制是检测系统的运行情况，及时发现和制止对系统进行的各种攻击。安全恢复机制是在安全防护机制失效的情况下，进行应急处理和尽量地、及时地恢复信息，减少供给的破坏程度。

3. 安全性评价与平衡原则

对任何网络，绝对安全是难以达到的，也不一定是必要的，所以需要建立合理的实用安全性与用户需求评价及平衡体系。安全体系设计要正确处理需求、风险与代价的关系，做到安全性与可用性相容，做到组织上可执行。评价信息是否安全，没有绝对的评判标准和衡量指标，只能决定于系统的用户需求和具体的应用环境，具体取决于系统的规模和范围、系统的性质和信息的重要程度。

4. 标准化与一致性原则

系统是一个庞大的系统工程，其安全体系的设计必须遵循一系列的标准，这样才能确保各个分系统的一致性，使整个系统安全地互联互通、信息共享。

5. 技术与管理相结合原则

安全体系是一个复杂的系统工程，涉及人、技术、操作等要素，单靠技术或单靠管理都不可能实现。因此，必须将各种安全技术与运行管理机制、人员思想教育和技术培训、安全规章制度建设相结合。

6. 统筹规划，分步实施原则

由于政策规定、服务需求的不明朗，环境、条件、时间的变化，攻击手段的进步，安全防护不可能一步到位，可在一个比较全面的安全规划下，根据网络的实际需要，先建立基本的安全体系，保证基本的、必需的安全性。随着今后网络规模的扩大及应用的增加，网络应用和复杂程度的变化，网络脆弱性也会不断增加，应不断调整或增强安全防护力度，保证整个网络最根本的安全需求。

7. 等级性原则

等级性原则是指安全层次和安全级别。良好的信息安全系统必然是分为不同等级的，包括对信息保密程度分级，对用户操作权限分级，对网络安全程度分级(安全子网和安全区域)，对系统实现结构的分级(应用层、网络层、链路层等)，从而针对不同级别的安全对象，提供全面、可选的安全算法和安全体制，以满足网络中不同层次的各种实际需求。

8. 动态发展原则

要根据网络安全状况的变化，不断调整安全措施，适应新的网络环境，满足新的网络安全需求。

9. 易操作性原则

首先，安全措施需要人为地去完成，如果措施过于复杂，对人的要求过高，本身就降低了安全性。其次，措施的采用不能影响系统的正常运行。

任务 2　网络安全威胁与防范

任务展示

网络安全历来都是人们讨论的主要话题之一。网络安全不但要求防治网络病毒，而且要提高网络系统抵抗外来非法入侵的能力，还要提高对远程数据传输的保密性，避免在传输途中遭受非法窃取。下面从威胁、对策、缺陷、攻击的角度，来分析网络系统安全。

任务知识

2.1　网络威胁与防范

常见的网络缺陷包括脆弱的默认安装设置、对外开放的访问控制及缺少最新安全补丁的系统。主要的网络级威胁与对策有以下几种。

1. 信息收集

可以用与其他类型系统相同的方法发现网络设备，并对其进行剖析。通常，攻击者先是扫描网络设备端口；识别出开放端口后，攻击者利用标题抓取与枚举的方法检测设备类型，并确定操作系统和应用程序的版本。具有这些信息后，攻击者可以攻击已知的缺陷，这些缺陷可能没有更新安全补丁。

阻止信息收集的对策是配置路由器，限制它们对足迹请求的响应；配置承载网络软件(如软件防火墙)的操作系统，通过禁用不使用的协议和不必要的端口，可阻止信息收集。

2. 探查

探查或窃听，就是监视网络上数据(如明文密码或配置信息)传输的行为。利用简单的数据包探测器，攻击者可以很轻松地读取所有的明文传输信息。同时，攻击者可以破解用较简单的散列法加密的数据包，并解密用户认为是安全的有用数据包。探查数据包需要在服务器/客户端通信的通道中安装数据包探测器。

阻止探查的对策是使用强有力的物理安全措施并适当对网络进行分段，这是阻止传输信息在本地被收集的第一步；通信完全加密，包括对凭据的身份验证，这可以防止攻击者使用探查到的数据包，SSL 与 IPSec(Internet 协议安全性)就是这种加密解决方案的例子。

3. 欺骗

欺骗是一种隐藏某人在网上真实身份的方式。为创建一个欺骗身份，攻击者要使用一个伪造的源地址，该地址不代表数据包的真实地址。可以使用欺骗的方式来隐藏最初的攻击源，或者绕开存在的网络访问控制列表(ACL，它根据源地址规则限制主机访问)。

防止欺骗的对策是，虽然不可能根据精心制作的欺骗数据包追踪到原始的发送者，但利用组合筛选规则，可以防止欺骗数据包起源于用户网络，使用户可以拦截明显的欺骗数据包。利用组合筛选，可以筛选看上去是来自周边内部 IP 地址传入的数据包和源于无效本地 IP 地址的传出的数据包。

4. 会话劫持

会话劫持也称为中间人攻击，会话劫持欺骗服务器或者客户端接受“上游主机就是真正的合法主机”。实际上，上游主机是攻击者的主机，它操纵网络，这样，攻击者的主机看上去就是期望的目的地。当攻击者拦截了在用户和他期望的接收者之间传送的消息时，就会发生中间人攻击。然后，攻击者更改用户的消息并将它发送给原来的接收者。接收者接收到消息而且认为是用户发送的，并对此采取行动。当接收者给用户发回消息时，攻击者拦截它、更改它、再发送给用户。用户及其接收者不会知道他们的会话已经被攻击。

防止会话劫持的对策是，使用加密的会话协商，使用加密的通信通道；及时获取有关平台补丁的信息，修补 TCP/IP 缺陷，例如，可预测的数据包序列。

5. 拒绝服务

可以通过多种方法实现拒绝服务，针对的是基础结构中的几个目标。在主机上，攻击者可以通过强力攻击应用程序而破坏服务，或者攻击者可以知道应用程序在其上寄宿的服务中或者运行服务器的操作系统中存在的缺陷。

防止拒绝服务的对策包括配置应用程序、服务和操作系统时，要考虑拒绝服务问题；保持采用最新的补丁和安全更新；强化 TCP/IP 堆栈，防止拒绝服务；确保账户锁定策略无法被用来锁定公认的服务账户；确信应用程序可以处理大流量的信息，且该阀值适于处理异常高的负荷；用 IDS 检测潜在的拒绝服务攻击；检查应用程序的故障转移功能。

2.2 服务器威胁与防范

服务器的主要威胁和对策有以下几种。

1. 病毒、蠕虫和特洛伊木马

病毒就是一种设计的程序，它进行恶意的行为，并破坏操作系统或者应用程序。病毒将恶意的代码包含在表面上是无害的数据文件或者可执行程序中。特洛伊木马是一种表面有用，但实际有破坏作用的计算机程序。蠕虫病毒是一种通过网络传播的恶性病毒，它除具有病毒的一些共性外，还具有自己的一些特征，如不利用文件寄生(有的只存在于内存中)，对网络造成拒绝服务，以及与黑客技术相结合等。蠕虫病毒主要的破坏方式是大量复制自身，然后在网络中传播，严重地占用有限的网络资源，最终引起整个网络的瘫痪，使用户不能通过网络进行正常的工作。

用来对付病毒、蠕虫和特洛伊木马的对策是，保持当前采用最新的操作系统服务包和软件补丁；封锁路由器、防火墙和服务器的所有多余端口；禁用不使用的功能，包括协议和服务；强化脆弱的默认配置。

2. 破解密码

如果攻击者不能与服务器建立匿名连接，攻击者将尝试建立验证连接。为此，攻击者必须知道一个有效的用户和密码组合。如果用户使用默认的账户名称，就给攻击者提供了一个顺利的开端。然后，攻击者只须破解账户的密码即可。使用空白或脆弱的密码，可以使攻击者的工作更为轻松。

防止破解密码的对策是，所有的账户类型都使用强密码(9 位以上密码，不易猜测，大小写字母混用)；对最终用户账户采用锁定策略，限制猜测密码而重试的次数；不要使用默认的账户名称，重新命名标准账户，例如，管理员的账户和许多 Web 应用程序使用的匿名 Internet 用户账户；审核失败的登录，获取密码劫持尝试的模式。

3. 拒绝服务与分布式拒绝服务

分布式拒绝服务(Distributed Denial of Service，DDoS)攻击指借助于客户/服务器技术，将多个计算机联合起来作为攻击平台，对一个或多个目标发动 DoS 攻击，从而成倍地提高拒绝服务攻击的威力。

通常，攻击者使用一个偷窃的账号将 DDoS 主控程序安装在一个计算机上，在一个设定的时间，主控程序将与大量代理程序通信，代理程序已经被安装在 Internet 上的许多计算机上。代理程序收到指令时就发动攻击。利用客户/服务器技术，主控程序能在几秒钟内激活成百上千次代理程序的运行。

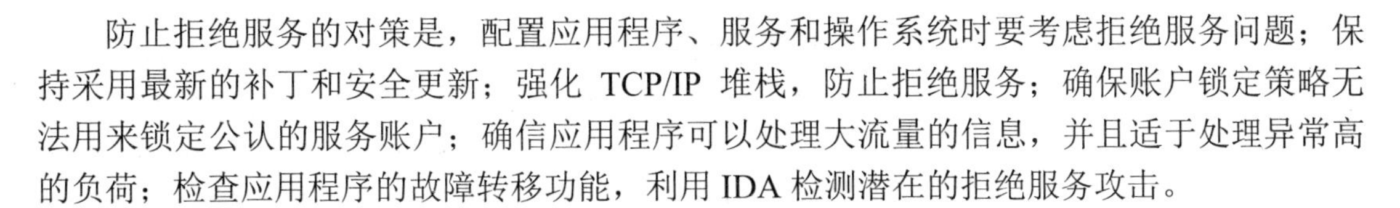

防止拒绝服务的对策是，配置应用程序、服务和操作系统时要考虑拒绝服务问题；保持采用最新的补丁和安全更新；强化 TCP/IP 堆栈，防止拒绝服务；确保账户锁定策略无法用来锁定公认的服务账户；确信应用程序可以处理大流量的信息，并且适于处理异常高的负荷；检查应用程序的故障转移功能，利用 IDA 检测潜在的拒绝服务攻击。

4. 任意执行代码

如果攻击者可以在用户的服务器上执行恶意的代码，攻击者要么会损害服务器的资源，要么会更进一步攻击下游系统。如果攻击者的代码所运行的服务器进程被越权执行，任意执行代码所造成的危险将会增加。

常见的缺陷包括脆弱的 IIS 配置以及允许遍历路径和缓冲区溢出攻击的未打补丁的服务器，这两种情况都可以导致任意执行代码。

防止任意执行代码的对策是，配置 IIS 的安全，拒绝带有“../”的 URL，防止遍历路径的发生；利用严格的 ACL，锁定系统命令和实用工具；保持使用最新的补丁和更新，确保新近发现的缓冲区溢出尽快打上补丁。

5. 未授权访问

不完善的访问控制可能允许未授权的用户访问受限制信息或者执行受限制操作。未授权访问是指未经授权的实体获得了访问网络的资格，并有可能篡改资源的情况。未授权访问一般是在不安全的传输通道上截取正在传输的信息，或者利用协议或网络的弱点来实现的。网络上的数据分组是否被窃听，主要取决于采用的技术，介质共享的网络最容易被窃听。例如移动 IP 正是这样一种网络，其中的无线链路是非常脆弱的，为得到链路上传送的信息，黑客并不需要物理地连接到网络上，目前市场上可以用于窃听的设备和程序是很多的。常见的缺陷有脆弱的 IIS Web 访问控制(Web 权限和脆弱的 NTFS 权限)等。

防止未授权访问的对策是，配置安全的 Web 权限，利用受限制的 NTFS 权限锁定文件和文件夹。例如可利用 SNMP 协议、TraceRoute 程序、Whois 协议和 Finger 协议等获得有关信息，使用 ASP.NET 应用程序中的.NET Framework 访问控制机制，包括 URL 授权和主要权限声明。

6. 足迹

足迹的示例有端口扫描、Ping 扫描以及 NetBIOS 枚举，它可以被攻击者用来收集系统级的有价值信息，有助于准备更严重的攻击。

足迹揭示的潜在信息类型包括账户详细信息、操作系统和其他软件的版本、服务器的名称和数据库架构的详细信息。

防止足迹的对策包括禁用多余的协议；利用 TCP/IP 与 IPSec 筛选器来进行更深一步地防护；用适当的防火墙配置锁定端口；配置 IDS，利用它获取足迹模式并拒绝可疑的信息流；配置 IIS，防止通过标题抓取泄漏信息。

7. 应用程序威胁与对策

分析应用程序级威胁的较好方法，就是根据应用程序缺陷类别来组织它们。应用程序的主要威胁如表 5-1 所示。

表 5-1　应用程序的主要威胁

类　别	威　胁
输入验证	缓冲区溢出，跨站点脚本编写，SQL 注入，标准化
身份验证	网络窃听，强力攻击，词典攻击，重放 Cookie，盗窃凭据
授权	提高特权，泄露机密数据，篡改数据，引诱攻击
配置管理	未经授权访问管理接口，未经授权访问配置存储器，检索明文配置数据，缺乏个人可记账性，越权进程和服务账户
敏感数据	访问存储器中的敏感数据，窃听网络，篡改数据
会话管理	会话劫持，会话重放，中间人
加密技术	密钥生成或密钥管理差，脆弱的或者自定义的加密术
参数操作	查询字符串操作，窗体字段操作，Cookie 操作，HTTP 标头操作
异常管理	信息泄漏，拒绝服务

2.3　常用网络安全技术

1. 身份验证

身份是对网络用户、主机、应用、服务以及资源的准确而肯定的识别。可用来进行识别的标准技术包括诸如 RADIS、TACACS+和 Kerberos 之类的认证协议，以及一次性密码工具。基于共享密钥的身份验证是指服务器端和用户共同拥有一个或一组密码。当用户需要进行身份验证时，用户输入或通过保管有密码的设备提交由用户和服务器共同拥有的密码。服务器在收到用户提交的密码后，检查用户所提交的密码是否与服务器端保存的密码一致，如果一致，就判断用户为合法用户。如果用户提交的密码与服务器端所保存的密码不一致，则判定身份验证失败。

使用基于共享密钥的身份验证的服务很多，如绝大多数的网络接入服务、绝大多数的 BBS 以及维基百科等。

基于公开密钥加密算法的身份验证是指通信中的双方分别持有公开密钥和私有密钥，由其中的一方采用私有密钥对特定数据进行加密，而对方采用公开密钥对数据进行解密，如果解密成功，就认为用户是合法用户，否则就认为是身份验证失败。

使用基于公开密钥加密算法的身份验证的服务有 SSL、数字签名等。

数字证书、智能卡以及目录服务等新技术也逐渐在身份解决方案中扮演越来越重要的角色。

2. 边界安全

把不同安全级别的网络相连接，就产生了网络边界。要防止来自网络外界的入侵，就要在网络边界上建立可靠的安全防御措施。

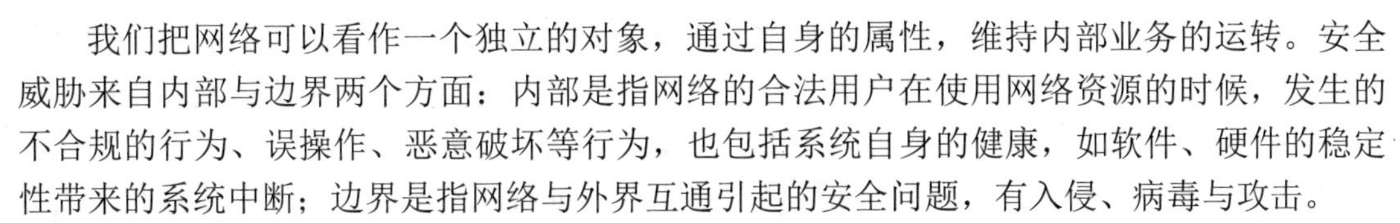

我们把网络可以看作一个独立的对象，通过自身的属性，维持内部业务的运转。安全威胁来自内部与边界两个方面：内部是指网络的合法用户在使用网络资源的时候，发生的不合规的行为、误操作、恶意破坏等行为，也包括系统自身的健康，如软件、硬件的稳定性带来的系统中断；边界是指网络与外界互通引起的安全问题，有入侵、病毒与攻击。

如何防护边界呢？对于公开的攻击，只有防护一条路，比如对付 DDoS 的攻击；但对于入侵的行为，其关键是对入侵的识别，识别出来后阻断它是容易的，但怎样区分正常的业务申请与入侵者的行为呢？这是边界防护的重点和难点。

我们把网络与社会的安全管理做一个对比：要守住一座城，保护城内的安全，首先要建立城墙，把城内与外界分隔开来，阻断与外界的所有联系，然后修建几座城门，作为进出的检查关卡，监控进出的所有人员与车辆，这是安全的第一种方法；为了防止入侵者偷袭，再在外部挖出一条护城河，让敌人的行动暴露在宽阔的、可看见的空间里，但为了通行，在河上架起吊桥，把使用路的主动权把握在自己的手中，控制通路的关闭时间是安全的第二种方法；对于已经悄悄混进城的“危险分子”，要在城内建立有效的安全监控体系，比如人人都有身份证、大街小巷的监控网络、安全联防组织，每个公民都是一名安全巡视员，顺便说一下，还有户籍制度、罪罚、连坐等方式，从老祖宗商鞅就开始在秦国使用了，只要入侵者稍有异样行为，就会被立即揪住，这是安全的第三种方法。

作为网络边界的安全建设，也采用同样的思路：控制入侵者的必然通道，设置不同层面的安全关卡，建立容易控制的“贸易”缓冲区，在区域内架设安全监控体系，对于进入网络的每个人进行跟踪，审计其行为等。

这一部分提供了对关键的网络应用、数据和服务的访问控制，以便只允许合法的用户和信息通过网络。带访问控制列表(ACL)状态防火墙的路由器和交换机，以及专用的防火墙设备，都提供了这样的控制。病毒扫描工具和内容过滤器等辅助性工具也可以帮助对网络的边界进行控制。

3. 数据私密性

数据加密是数据安全性的重要组成部分。尽管大多数组织都使用边界和防火墙防止入侵，但是，数据安全事件仍然经常发生。研究表明，大约 80%的安全事件发生在防火墙内部。加密使不掌握加密密钥的任何人都看不出数据的意义，从而可以防止对数据进行未授权的访问。

一些法规要求对敏感数据进行加密，从而保护个人隐私。一些隐私法律规定，如果安全事件涉及的数据经过加密，就可以不对外公布安全事件。因为公布组织出现了安全事件会严重损害声誉，影响业务收入，所以加密成为很有吸引力的做法。对通过网络传输的数据和存储在硬盘等介质上的数据进行加密是很重要的。离线数据(比如备份)也必须加密。数据备份常常成为窃贼的目标，因为磁带等备份介质很容易被偷走。而且，这些离线备份常常被运输到远程站点，这会增加被偷的风险。

加密解决方案应该支持在线和离线(备份)加密，还应该支持各种加密算法和密钥(不对称、对称等)。要考虑解决方案对应用程序的透明程度；如果解决方案不够透明，那么，修改所有需要访问加密数据的应用程序可能需要花费几年时间。解决方案最好在它们保护的数据库之外管理密钥(有些法规要求这样做)。

对于选用列级加密，还是文件级加密，还存在一些分歧。一些公司认为，与文件级加密相比，只加密敏感数据(列级)效率更高。但是，大多数列级加密要求修改使用数据的应用程序，这是一项非常繁重的任务。另外，列级加密会影响性能，这是因为要在应用程序级管理解密的开销，而不是在文件系统级；对于任何列级加密的实现，一定要进行压力测试，从而充分了解它对应用程序的影响。

另一个相关选项，即数据屏蔽(Data Masking)，可以在测试环境中保护数据的私密性。在把数据从一个环境复制到另一个环境时(例如，从生产环境到测试环境)，可以使用数据屏蔽打乱敏感数据。通常在生产环境中不使用这种技术，因为无法恢复数据。应该寻找提供“现实的”数据屏蔽的解决方案，也就是说，打乱后的数据能够模仿真实数据。例如，如果公司决定打乱 Visa 信用卡号，那么数据屏蔽生成的数字应该反映有效 Visa 卡号的模式。对于参与外包开发，并希望在开发期间保护敏感数据的公司，数据屏蔽是很好的解决方案。

当信息必须被保护以防止被窃听时，能够按照需要提供可靠的机密通信是至关重要的。有时候，使用诸如通用路由选择封装(GRE)和第二层隧道协议(L2TP)之类的隧道技术和数据分离，就可以提供有效的数据私密性。然而，额外的私密性需求经常要使用数字加密技术和 IPSec 协议。在实现 VPN 的时候，这种附加的保护就特别重要。

4. 安全监控

为了确保网络是安全的，定期测试和监控安全准备措施的状态是非常重要的。安全监控通过实时监控网络或主机活动，监视分析用户和系统的行为，审计系统配置和漏洞，评估敏感系统和数据的完整性，识别攻击行为，对异常行为进行统计和跟踪，识别违反安全法规的行为，使用诱骗服务器记录黑客行为等功能，使管理员有效地监视、控制和评估网络或主机系统。网络漏洞扫描工具能够有效地识别出易受攻击的区域，而入侵检测系统(IDS)能够在安全事件发生时对其进行监控和响应。通过使用这些安全监控解决方案，企业或组织能够获得对网络数据流和网络安全情况从未有过的深入了解。

5. 策略管理

随着网络在规模和复杂程度上的增长，对集中的策略管理工具的需求也日益增长。一些用来分析、解释、配置以及监控安全策略状态的、基于浏览器用户界面的复杂工具，增强了网络安全解决方案的可用性和有效性。

2.4 安全事件响应小组

网络环境日益复杂，网络攻击的技术水平也在不断增长和提高，甚至超过了同期的安全防范技术水平；再加上安全防范工作中所涉及的人，往往会出现百密一疏的情况。因此，就算我们制订了最适合的安全防范策略，应用了最先进的安全技术和产品，但是，仍然不能保证所要保护的对象的绝对安全。这也就说明，安全事件还是有可能会出现的。

事实证明，事先制定一个行之有效的网络安全事件响应计划是必不可少的，它能够在出现实际的安全事件之后，帮助我们及我们的安全处理团队正确识别事件类型，及时保护日志等证据文件，并从中找出受到攻击的原因，在妥善修复后，再将系统投入正常运行。

有时，甚至还可以通过分析保存的日志文件，分析有关攻击的蛛丝马迹，找到具体的攻击者，并将其绳之以法。

1. 制订事件响应计划的前期准备

制订事件响应计划是一项要求严格的工作，在制订之前，先为它做一些准备工作是非常有必要的，将会使其后的具体制订过程变得相对轻松和高效。这些准备工作包括建立事件响应小组并确定成员、明确事件响应的目标，以及准备好制订事件响应计划及响应事件时所需的工具软件。

(1) 建立事件响应小组和明确小组成员

任何一种安全措施，都是由人来制订，并由人来执行和实施的，人是安全处理过程中最重要的因素，它会一直影响安全处理的整个过程，同样，制订和实施事件响应计划也是由具有这方面知识的成员来完成。既然如此，那么，在制订事件响应计划前，我们就应当先组建一个事件响应小组，并确定小组成员和组织结构。

(2) 明确事件响应目标

在制订事件响应计划前，我们应当明确事件响应的目标是什么，是为了阻止攻击，减小损失，尽快恢复网络访问正常，还是为了追踪攻击者，这应当从你要具体保护的网络资源来确定。

(3) 准备事件响应过程中所需要的工具软件

对于计算机安全技术人员来说，有时会出现三分技术七分工具的情况。无论你的技术有多好，若需要时没有相应的工具，有时也只能望洋兴叹。同样的道理，我们在响应事件的过程中，会用到一些工具软件来应对相应的攻击方法，不可能等到出现了实际的安全事件时，才想到要使用什么工具软件来进行应对，然后再去寻找或购买这些软件。如果那样，就有可能会因为某一个工具软件没有准备好而耽误处理事件的及时性，引起事件影响范围的扩大。因此，事先考虑当我们应对安全事件时，所能用到的工具软件，并将它们全部准备好，然后用可靠的存储媒介来保存这些工具软件，是非常有必要的。

我们所要准备的工具软件主要包括数据备份恢复、网络及应用软件漏洞扫描、网络及应用软件攻击防范，以及日志分析和追踪等软件。这些软件的种类很多，在准备时，需要从实际情况出发，针对各种网络攻击方法，以及我们的使用习惯和我们所能够承受的成本投入来决定。

下面列出需要准备哪些方面的工具软件。

① 系统及数据的备份和恢复软件。

② 系统镜像软件。

③ 文件监控及比较软件。

④ 各类日志文件分析软件。

⑤ 网络分析及嗅探软件。

⑥ 网络扫描工具软件。

⑦ 网络追捕软件。

⑧ 文件捆绑分析及分离软件，二进制文件分析软件，进程监控软件。

⑨ 如有可能，还可以准备一些针对反弹木马的软件。

由于涉及到的软件很多，而且又有应用范围及应用平台之分，我们不可能全部将它们下载或购买回来，那肯定是不现实的。

在事件响应中经常用到的有以下几种：Secure backer 备份恢复软件，Nikto 网页漏洞扫描软件，Namp 网络扫描软件，Tcpdump(WinDump)网络监控软件，Fport 端口监测软件，Ntop 网络通信监视软件，RootKitRevealer(Windows 下)文件完整性检查软件，Arpwatch ARP 检测软件，OSSEC HIDS 入侵检测和各种日志分析工具软件，微软的 BASE 分析软件，SNORT 基于网络入侵检测软件，Spike Proxy 网站漏洞检测软件，Sara 安全评审助手，NetStumbler 802.11 协议的嗅探工具，以及 Wireshark 嗅探软件等，都是应该拥有的。

还有一些好用的软件是操作系统本身带有的，例如 Nbtstat、Ping 等，上述提到的每个软件，以及所有需要准备的软件，都可以在一些安全类网站上下载免费或试用版本，例如 www.xfocus.net 和 www.insecure.org 这两个网站。

准备好这些软件后，应当将它们全部妥善保存起来。例如，将它们刻录到光盘中，也可以将它们存入移动媒体中，并随身携带，这样，当需要使用时，会比较方便。由于有些软件是在不断的更新中的，而且只有不断升级它们才能保证应对最新的攻击方法，因此，对于这些工具软件，还应当及时更新。

2. 制订事件响应计划

当上述准备工作完成后，我们就可以着手制订具体的事件响应计划了。在制订时，要根据在准备阶段所确立的响应目标来进行。并且要将制订好的事件响应计划按一定的格式装订成册，分发到每一个事件响应小组成员手中。

3. 事件响应的具体实施

在进行事件响应前，应该明白一个道理，就是事件处理时，不能违背我们制订的响应目标，不能在处理过程中避重就轻。例如，本来是要尽快恢复系统运行的，却只想着如何去追踪攻击者在何方，那么，就算你最终追查到了攻击者，但此次攻击所带来的影响却会因此而变得更加严重，那样一来，不仅不能带来成就感，反而是得不偿失的。但如果事件响应的目标本身就是为了追查攻击者，例如你是网络警察，那么对如何追踪攻击者就应当是首要目标了。

总地来说，一个具体的事件响应步骤，应当包括 5 个部分：事件识别、事件分类、事件证据收集、网络/系统及应用程序数据恢复，以及事件处理完成后建档上报和保存。现将它们详细说明如下。

(1) 事件识别

在整个事件处理过程中，这一步是非常重要的，需要我们从众多的信息中识别哪些是真正的攻击事件，哪些是正常的网络访问。

(2) 事件分类

当确认已经发现攻击事件后，就应当立即对已经出现了的攻击事件做出严重程度的判断，以明确攻击事件危害的程度，以便决定下一步采取什么样的应对措施。例如，如果攻击事件涉及到服务器中的一些机密数据，这肯定是非常严重的攻击事件，就应当立即断开受到攻击的服务器的网络连接，并将其隔离，以防止事态进一步恶化及影响网络中其他重

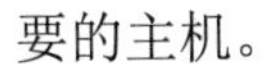

要的主机。

(3) 攻击事件证据收集

为了能分析攻击产生的原因及攻击所产生的破坏，也为了能找到攻击者，并提供将其绳之以法的证据，就应该在恢复已被攻击的系统之前，将这些能提供证据的数据全部收集起来，妥善保存。

(4) 网络、系统及应用程序数据恢复

在收集完所有的证据后，就可以将被攻击影响到的对象全部恢复正常运行了，以便可以正常使用。是否能够及时恢复系统到正常状态，还需依靠另一个安全手段，就是备份恢复计划，对于一些大型企业，有时也称为灾难恢复计划，不管怎么说，事先对所保护的重要数据做一个安全的备份是一定需要的，它直接影响到事件响应过程中恢复的及时性和可能性。

(5) 事件处理过程的建档保存

在将所有事件都已调查清楚，系统也恢复正常运行后，我们应当将与这次事件相关的所有信息都做一个详细的记录并存档。建档的目的有两点，一是用来向上级领导报告事件起因及处理方法，二是用来做学习的例子，分析攻击者的攻击方法，从而有效地防止此类攻击事件的发生。具体要记录保存的内容，因涉及到整个事件响应过程，内容会比较多，而且响应过程有时比较长，因此，就要求安全事件响应人员在事件处理过程中，应当随时记录响应过程中发现的点点滴滴和所有的操作事件，以便建档时能使用。

任务 3　操作系统安全设计

任务展示

随着计算机及网络技术与应用的不断发展，伴随而来的计算机系统安全问题越来越引起人们的关注。计算机操作系统一旦遭受破坏，将给使用单位造成重大的经济损失，并严重影响单位正常工作的顺利开展。加强计算机系统安全管理，是信息化建设工作的重要内容之一。

任务知识

3.1　加强系统安全的必要手段

我们使用任何一类操作系统时，总有一些通用的加强系统安全的建议可以参考。概括地说，有以下几个方面。

1. 系统服务包和安全补丁

安装最新的服务包补丁程序，可以修补系统漏洞，避免受病毒和木马的攻击。因此，用户需要为 Windows 操作系统按照不同的语言版本，选择不同的程序 Service Pack 包，并且一定要从可信的渠道获得，例如从微软的站点下载等。同时，微软提供了 Update 程序，用户可以直接连接到微软的安全更新网站，获取最新的安全补丁程序，用来修补最新出现的安全漏洞。

补丁程序的安装方法很简单，使用浏览器连接到微软的更新网站上，即可下载安装。微软提供的 Update 的网址是 http://update.microsoft.com。

注 意：强烈建议及时为操作系统安装最新的补丁程序，如有可能，应当单独下载最新的补丁程序，在测试环境下验证，没有任何问题后，再发布到使用的服务器上。

操作系统的漏洞和缺陷往往给攻击者大开方便之门，解决这个问题很简单，管理员应及时查询、下载和安装安全补丁，堵住漏洞。微软提供的安全补丁有两类：服务包(Service Pack)和热补丁(Hot Fixes)。

服务包已经通过回归测试，能够保证安全安装。安全热补丁的发布更及时，只是没有经过回归测试。管理员可以使用微软提供的 HFNetChk 工具来扫描服务器，确保服务器安装 Windows 微软操作系统的最新安全补丁。

这些服务包和补丁的确可以消除系统中的一些弱点。但是，不应当假定使用这些补丁就足以让自己的系统处于安全地带。这些更新是对已经发现的漏洞的反应性修复。由于网络世界的动态性，可以肯定的是，有大量的网络高手在钻研已经打上补丁的系统，以便找到新的弱点和漏洞。因此，在准备服务器时，应当采取附加的措施来尽量避免成为攻击者的牺牲品。

2. 使用安全系数高的密码

密码是黑客攻击的重点，密码一旦被突破，也就无任何系统安全可言了，而这往往被不少网络管理员所忽视。据测试，仅字母加数字的 5 位密码在几分钟内就会被攻破。因此，增加密码长度很重要，我们每使密码长度增加一位，就会以倍数级别增加由密码字符所构成的组合。另外，要使用包含特殊字符和空格的密码，同时使用大小写字母。一般来说，小于 8 个字符的密码被认为是很容易被破解的。可以用 10 个、12 个字符作为密码，16 个会更加安全。在不至于因为过长而难于键入的情况下，让我们的密码尽可能更长，就会更加安全。

3. 做好边界防护

并不是所有的安全问题都发生在系统桌面上。使用外部防火墙/路由器来帮助保护我们的计算机是一个好想法，哪怕只有一台计算机。

如果从低端考虑，可以购买一个宽带路由器设备，例如，从网上就可以购买到的 Linksys、D-Link 和 Net gear 路由器等。如果从高端考虑，还可以使用来自诸如思科、Foundry 等企业级厂商的可网管交换机、路由器和防火墙等安全设备。当然，你也可以使用预先封装的防火墙/路由器安装程序，来自己动手打造自己的防护设备，例如使用 m0n0wall 和 IPCoP。代理服务器、防病毒网关和垃圾邮件过滤网关也都有助于实现非常强大的边界安全。

通常来说，在安全性方面，可网管交换机比集线器强，具有地址转换的路由器要比交换机强，而硬件防火墙是第一选择。

4. 关闭没有使用的服务

多数情况下，很多计算机用户甚至不知道他们的系统上运行着哪些可以通过网络访问的服务，这是一个非常危险的情况。

Telnet 和 FTP 是两个常见的问题服务，如果你的计算机不需要运行它们的话，应立即关闭它们。应确保你了解每一个运行在你的计算机上的每一个服务究竟是做什么的，并且知道为什么它要运行。

5. 使用数据加密

对于那些有安全意识的计算机用户或系统管理员来说，有不同级别的数据加密范围可以使用，应根据需要选择正确级别的加密，通常是根据具体情况来决定的。

数据加密的范围很广，从使用密码工具来逐一对文件进行加密，到文件系统加密，最后到整个磁盘加密。通常来说，这些加密级别都不会包括对 boot 分区进行加密，因为那样需要来自专门硬件的解密帮助，但是，如果我们的秘密足够重要而值得花费这部分钱的话，也可以实现这种对整个系统的加密。除了 boot 分区加密之外，还有许多种解决方案可以满足每一个加密级别的需要，这其中既包括商业化的专有系统，也包括可以在每一个主流桌面操作系统上进行整盘加密的开源系统。

6. 通过备份来保护数据

备份自己的数据，这是可以保护自己在面对灾难的时候把损失降到最低的重要方法之一。数据冗余策略既可以包括简单、基本的定期拷贝数据到 CD 上，也包括复杂的定期自动备份到一个服务器上。

对于那些必须保持连续在线服务不宕机的系统来说，RAID 可提供自动出错冗余，以防其中一个磁盘出现故障。

7. 加密敏感通信

用于保护通信免遭窃听的密码系统是非常常见的。针对电子邮件的支持 OpenPGP 协议的软件，针对即时通信客户端的 Off The Record 插件，还有以诸如 SSH 和 SSL 等安全协议维持通信的加密通道软件，以及许多其他工具，都可以被用来轻松地确保数据在传输过程中不会被威胁。

当然，在个人对个人的通信中，有时候很难说服另一方来使用加密软件来保护通信，但是有的时候，这种保护是非常重要的。

8. 不要信任外部网络

在一个开放的无线网络中，必须通过自己的系统来确保安全，不要相信外部网络会与自己的私有网络一样安全。

举个例子来说，在一个开放的无线网络中，使用加密措施来保护敏感通信是非常必要的，包括在连接到一个网站时，可能会使用一个登录会话 Cookie 来自动进行认证，或者输入一个用户名和密码进行认证。还有，确信不要运行那些不是必需的网络服务，因为如果存在未修补的漏洞的话，它们就可以被利用，来威胁我们的系统。这个原则适用于诸如

NFS 或微软的 CIFS 之类的网络文件系统软件、SSH 服务器、活动目录服务和其他许多可能的服务。

从内部和外部两方面入手检查我们的系统，判断有什么机会可以被恶意安全破坏者利用来威胁计算机的安全，确保这些切入点要尽可能被关闭。在某些方面，这只是关闭不需要的服务和加密敏感通信这两种安全建议的延伸，在使用外部网络的时候，需要变得更加谨慎。很多时候，要想在一个外部非信任网络中保护自己，实际上会要求我们对系统的安全配置重新设定。

9. 使用不间断电源支持

如果仅仅是为了在停电的时候不丢失文件，可能不想去选择购买 UPS。实际上，之所以推荐使用 UPS，还有更重要的原因，例如功率调节和避免文件系统损坏。

一个简单的浪涌保护器还不足以保护你的系统免遭“脏电”的毁坏。事实证明，UPS 对于保护系统硬件和数据，往往起着非常关键的作用。

3.2 挖掘中级策略

通过上面的基础配置，对于 Windows 平台，可以说已经基本具备了一套比较正规的防御体系，但是，对于网络中泛滥的攻击，我们需要做的还远远不够。维护网络安全是一项非常细致和系统的工作，所以应当继续挖掘服务器的安全和配置的中级策略。

1. 利用 Windows 2012 的安全配置工具来配置策略

微软提供了一套基于 MMC(管理控制台)的安全配置和分析工具，利用它，可以很方便地配置服务器。具体内容可参考微软的主页。

2. 关闭不必要的服务

比如 Windows 2012 的 Terminal Services(终端服务)、IIS 和 RAS，都可能给我们的系统带来安全漏洞。为了能够在远程方便地管理服务器，很多机器的终端服务都是开着的，那么，首先要确认你已经正确配置了终端服务。

有些恶意的程序也能以服务方式悄悄地运行。要留意服务器上开启的所有服务，每天检查它们。

3. 关闭不必要的端口

关闭端口意味着减少功能，在安全和功能上面需要做一点决策。如果服务器安装在防火墙的后面，冒的风险就会少一些，但是，永远不要认为这样就可以高枕无忧了。用端口扫描器扫描系统所开放的端口，确定开放了哪些服务是黑客入侵系统的第一步。我们可以通过查询“\system32\drivers\etc\services”文件，用文本编辑器打开后，可以查看知名端口和服务的对照表，然后使用 NIC 属性里的 TCP/IP 筛选来限制端口。

4. 打开审核策略

开启安全审核是 Windows 2012 最基本的入侵检测方法。当有人尝试对我们的系统进行某些方式(如尝试用户密码、改变账户策略、未经许可的文件访问等)入侵时，都会被安全审核记录下来。很多管理员在系统被入侵了几个月后都不知道，直至系统遭到破坏。在此基础上还要整理和收集日志文件信息，开启账户策略。

5. 设定安全记录的访问权限

安全记录在默认情况下是没有保护的，把它设置成只有 Administrator 和系统账户才有权访问。

6. 把敏感文件存放在另外的文件服务器中

虽然现在服务器的硬盘容量都很大，但还是应该考虑是否有必要把一些重要的用户数据(文件、数据表、项目文件等)存放在另外一个安全的服务器中，并经常备份它们。

7. 不让系统显示上次登录的用户名

默认情况下，终端服务接入服务器时，登录对话框中会显示上次登录的账户名，本地的登录对话框也是一样。这使得别有用心的人可以很容易得到系统的一些用户名，进而做密码猜测。

8. 禁止建立空连接

默认情况下，任何用户都可以通过空连接连上服务器，进而枚举出账号，猜测密码，所以应当禁止建立空连接。

9. 到微软网站下载最新的补丁程序

经常访问微软的网站和一些安全站点，下载最新的 Service Pack 和漏洞补丁，这是保障服务器长久安全的唯一方法。

3.3　配置策略阶段

进入服务器安全的配置策略阶段。这是 C2 级安全标准对视频卡和内存的要求。

1. 关闭 DirectDraw

可能对一些需要用到 DirectX 的程序有影响，但是，对于绝大多数的商业站点都是没有影响的。

2. 关闭默认共享

Windows 2012 安装好以后，系统会创建一些隐藏的共享，可以由 net share 查看它们。网上有很多关于 IPC 入侵的文章，相信读者一定对它不陌生，比如 IPC$ C$ ADMIN$，我们务必彻底关闭这些共享资源。

3. 禁止 Dump file 的产生

Dump 文件在系统崩溃和蓝屏的时候是一份很有用的查找问题的资料。然而，它也能够给黑客提供一些敏感信息，比如一些应用程序的密码等。所以，我们也需要通过组策略关闭它。

4. 使用文件加密系统 EFS

Windows 2012 强大的加密系统能够给磁盘，文件夹，文件加上一层安全保护。这样可以防止别人把你的硬盘挂到别的机器上以读出里面的数据。记住要对文件夹也使用 EFS，而不仅仅是单个的文件。

5. 加密 temp 文件夹

一些应用程序在安装和升级的时候，会把一些东西拷贝到 temp 文件夹，但是，当程序升级完毕或关闭的时候，它们并不会自己清除 temp 文件夹的内容。所以，给 temp 文件夹加密，可以对文件多一层保护。

6. 锁住注册表

在 Windows 2012 中，只有 Administrators 和 Backup Operators 才有从网络上访问注册表的权限。如果觉得还不够的话，可以进一步设定注册表访问权限，或者禁用远程注册表连接这个服务。

7. 关机时清除掉页面文件

页面文件也就是调度文件，是 Windows 2012 用来存储没有装入内存的程序和数据文件部分的隐藏文件。一些第三方的程序可以把一些没有的加密的密码存在内存中，页面文件中也可能含有另外一些敏感的资料。

8. 禁止从 CD ROM 启动系统

一些第三方的工具能通过引导系统来绕过原有的安全机制。如果我们的服务器对安全要求非常高，可以考虑使用可移动的硬盘和光驱。把机箱锁起来仍不失为一个好方法。

9. 考虑使用智能卡来代替密码

对于密码，总是使安全管理员进退两难，容易受到 10phtcrack 等工具的攻击，如果密码太复杂，用户为了记住密码，会把密码到处乱写。如果条件允许，用智能卡来代替复杂的密码是一个很好的解决方法。

10. 考虑使用 IPSec

正如其名字的含义，IPSec 提供 IP 数据包的安全性。IPSec 提供身份验证、完整性和可选择的机密性。发送方计算机在传输之前加密数据，而接收方计算机在收到数据后解密数据。利用 IPSec，可以使得系统的安全性能大大增强。

任务 4　Web 服务器安全设计

任务展示

一旦 Web 服务器被黑客攻击，不但企业的门户网站可能会被篡改、资料失窃，而且还会成为病毒与木马的传播者。有些网管采取了一些措施，虽然可以保证门户网站的主页不

被篡改，但是，却很难避免自己的网站被当作肉鸡，来传播病毒、恶意插件、木马等。所以，彻底提高 Web 服务器的安全，是至关重要的。

任务知识

提高 Web 服务器安全的手段

维护 Web 服务器安全是信息安全中难处理的差事之一。需要在相冲突的角色中找到平衡，允许对网络资源进行合法访问，同时阻止恶意破坏。

甚至会需要考虑双重认证，例如 RSA SecurID，来确保认证系统的高信任度，但是，这对所有网站用户来说也许不实用，或者不划算。尽管存在这样相冲突的目标，但仍有一些有助于 Web 服务器安全的步骤。

1. 对内部和外部应用分别使用单独的服务器

假设组织有两类独立的网络应用，面向外部用户的服务和面向内部用户的服务，要谨慎地将这些应用部署在不同的服务器上。这样做，可以减少恶意用户突破外部服务器来获得对内部敏感信息的访问。如果我们没有可用的部署工具，至少应该考虑使用技术控制(例如处理隔离)，使内部和外部应用不会互相牵涉。

2. 使用单独的开发服务器测试和调试应用软件

在单独的 Web 服务器上测试应用软件是一项常识。但遗憾的是，许多组织没有遵循这个基本规则，却允许开发者在生产服务器上调试代码，甚至开发新软件，这对安全和可靠性来说，都会带来可怕的后果。在生产服务器上测试代码会使用户遇到故障，当开发者提交未经测试、易受攻击的代码时，将引入安全漏洞。大多数现代版本的控制系统(例如微软的 Visual SourceSafe)都有助于编码/测试/调试过程的自动化。

3. 审查网站活动，安全存储日志

每一个安全专业人员都知道维护服务器活动日志的重要性。由于大多数 Web 服务器是公开的，对所有互联网服务进行审核是很重要的。审核有助于检测和阻止攻击，并且使我们可以检修服务器性能故障。在高级安全环境中，应确保日志存储在物理安全的地点——最安全的(但是最不方便的)，技巧是，日志一旦产生，就立即打印出来，建立不能被入侵者修改的纸记录，前提是，入侵者没有物理访问权限。也可以使用电子备份，例如登录进入安全主机，用数字签名进行加密，来阻止日志被窃取和修改，但从高安全的角度讲，还是存在风险的。

4. 培训开发者进行可靠的安全编码

软件开发者致力于创建满足商业需求的应用软件，却常常忽略了信息安全也是重要的商业需求。作为安全专业人员，有责任对开发者就 Web 服务器的安全问题进行培训。应该让开发者了解网络中的安全机制，确保他们开发的软件不会违背这些机制；还要进行概念的培训，例如内存泄漏攻击和处理隔离——这些对编码和生成安全的应用软件大有帮助。

5. 给操作系统和 Web 服务器打补丁

这是另一个常识，但是，当管理员因为其他任务而不堪重荷时，常常忽略这一点。安全公告，像是 CERT 或者微软发布的公告，是为了提醒人们软件厂商在频繁地发布某些安全漏洞的修补程序。一些工具，像是微软的软件升级服务(SUS)和 RedHat 的升级服务，有助于使这项任务自动化。总之，一旦漏洞公布，如果不修补，迟早会被人发现并利用。

6. 使用应用软件扫描

如果经济条件允许，应该使用应用软件扫描器来验证内部编码。像是 Watchfire 公司的 AppScan 这样的工具，有助于确保编码在生产环境里不会存在漏洞。设计良好的 Web 服务器结构应该基于健全的安全策略。

任务 5　网络边界安全设计

任务展示

来自 Internet 公共网络服务器如 HTTP 或 SMTP 的攻击每天都在发生，这也给网管员带来了不小的麻烦，我们应该利用网络边界防范来主动出击，减少资深黑客仅仅接入互联网、写写程序就可访问企业网的几率。

任务知识

5.1　防火墙和路由器

网络边界防御需要添加一些安全设备来保护进入网络的每个访问。这些安全设备要么阻塞、要么筛选网络流量来限制网络活动，或者仅仅允许一些固定的网络地址在固定的端口上可以通过网管员的网络边界。

这些边界安全设备叫防火墙。防火墙可以阻止试图对组织内部网络进行扫描，阻止企图闯入网络的活动，防止外部进行拒绝服务攻击，禁止一定范围内黑客利用 Internet 来探测用户内部网络的行为。阻塞和筛选规则由网管员所在机构的安全策略来决定。防火墙也可以用来保护在 Intranet 中的资源不会受到攻击。

1. 防火墙是网络安全的屏障

一个防火墙(作为阻塞点、控制点)能极大地提高一个内部网络的安全性，并通过过滤不安全的服务而降低风险。

由于只有经过精心选择的应用协议才能通过防火墙，所以网络环境变得更安全。如防火墙可以禁止诸如众所周知的不安全的 NFS 协议进出受保护网络，这样，外部的攻击者就不可能利用这些脆弱的协议来攻击内部网络了。防火墙同时可以保护网络免受基于路由的攻击，如 IP 选项中的源路由攻击和 ICMP 重定向中的重定向路径。防火墙应该可以拒绝所有以上类型攻击的报文并通知防火墙管理员。

2. 防火墙可以强化网络安全策略

通过以防火墙为中心的安全方案配置，能将所有安全软件(如口令、加密、身份认证、审计等)配置在防火墙上。与将网络安全问题分散到各个主机上相比，防火墙的集中安全管理更经济。例如，在网络访问时，一次一密口令系统和其他的身份认证系统完全可以不必分散在各个主机上，而集中在防火墙一身上。

3. 对网络存取和访问进行监控审计

如果所有的访问都经过防火墙，那么，防火墙就能记录下这些访问并做出日志记录，同时，也能提供网络使用情况的统计数据。当发生可疑动作时，防火墙能进行适当的报警，并提供网络是否受到监测和攻击的详细信息。另外，收集一个网络的使用和误用情况也是非常重要的。首先的理由，是可以清楚防火墙是否能够抵挡攻击者的探测和攻击，并且清楚防火墙的控制是否充足。而网络使用统计对网络需求分析和威胁分析等而言也是非常重要的。

4. 防止内部信息的外泄

通过利用防火墙对内部网络的划分，可实现内部网重点网段的隔离，从而限制了局部重点或敏感网络安全问题对全局网络造成的影响。再者，隐私是内部网络非常关心的问题，一个内部网络中不引人注意的细节可能包含了有关安全的线索而引起外部攻击者的兴趣，甚至因此而暴露了内部网络的某些安全漏洞。使用防火墙就可以隐蔽那些透漏内部细节的服务，如 Finger、DNS 等。Finger 显示了主机所有用户的注册名、真名，最后登录时间和使用的 Shell 类型等。但是，Finger 显示的信息非常容易被攻击者所获悉。攻击者可以知道一个系统使用的频繁程度，这个系统是否有用户正在连线上网，这个系统是否在被攻击时引起注意等。防火墙可以同样阻塞有关内部网络中的 DNS 信息，这样，一台主机的域名和 IP 地址就不会被外界所了解了。

除了安全作用，防火墙还支持具有 Internet 服务特性的企业内部网络技术体系 VPN(虚拟专用网)。

路由器通常支持一个或者多个防火墙功能；它们可被划分为用于 Internet 连接的低端设备和传统的高端路由器。低端路由器提供了用于阻止和允许特定 IP 地址和端口号的基本防火墙功能，并使用 NAT 来隐藏内部 IP 地址。它们通常将防火墙功能提供为标准的、为阻止来自 Internet 的入侵进行了优化的功能；虽然不需要配置，但是对它们进行进一步配置可进一步优化它们的性能。

路由器有下面几大功能。

(1) 在网络间截获发送到远地网段的报文，起转发的作用。

(2) 选择最合理的路由，引导通信。为了实现这一功能，路由器要按照某种路由通信协议，查找路由表，路由表中列出了整个互联网络中包含的各个节点，以及节点间的路径情况和与它们相联系的传输开销。如果到特定的节点有一条以上路径，则基于预先确定的准则选择最优(最经济)的路径。由于各种网段和其相互连接情况可能发生变化，因此路由情况的信息需要及时更新，这由所使用的路由信息协议规定的定时更新或者按变化情况更新来完成。网络中的每个路由器按照这一规则动态地更新它所保持的路由表，以便保持有效的路由信息。

(3) 路由器在转发报文的过程中，为了便于在网络间传送报文，按照预定的规则把大的数据包分解成适当大小的数据包，到达目的地后，再把分解的数据包包装成原有形式。

(4) 多协议的路由器可以连接使用不同通信协议的网段，作为不同通信协议网段通信连接的平台。

(5) 路由器的主要任务是把通信引导到目的地网络，然后到达特定的节点站地址。后一个功能是通过网络地址分解完成的。例如，把网络地址部分的分配指定成网络、子网和区域的一组节点，其余的用来指明子网中的特别站。分层寻址允许路由器对有很多个节点站的网络存储寻址信息。

在广域网范围内的路由器按其转发报文的性能可以分为两种类型，即中间节点路由器和边界路由器。尽管在不断改进的各种路由协议中，对这两类路由器所使用的名称可能有很大的差别，但所发挥的作用却是一样的。

中间节点路由器在网络中传输时，提供报文的存储和转发。同时，根据当前的路由表所保持的路由信息情况，选择最好的路径传送报文。由多个互连的 LAN 组成的公司或企业网络一侧和外界广域网相连接的路由器，就是这个企业网络的边界路由器。它从外部广域网收集向本企业网络寻址的信息，转发到企业网络中有关的网段；另一方面，集中企业网络中各个 LAN 段向外部广域网发送的报文，为相关的报文确定最好的传输路径。

高端路由器可配置为通过阻止较为明显的入侵(如 Ping)以及通过使用 ACL 实现其他 IP 地址和端口限制，来加强访问权限控制。也可提供其他的防火墙功能，这些功能在某些路由器中提供了静态数据包筛选。在高端路由器中，以较低的成本提供了与硬件防火墙设备相似的防火墙功能，但是吞吐量较低。

5.2 使用网络 DMZ

DMZ 是英文 Demilitarized Zone 的缩写，中文名称为“隔离区”，也称“非军事化区”，它是为了解决安装防火墙后外部网络不能访问内部网络服务器的问题而设立的一个非安全系统与安全系统之间的缓冲区，这个缓冲区位于企业内部网络和外部网络之间的小网络区域内，在这个小网络区域内，可以放置一些必须公开的服务器设施，如企业 Web 服务器、FTP 服务器和论坛等。

另一方面，通过这样一个 DMZ 区域，更加有效地保护了内部网络，因为这种网络部署，比起一般的防火墙方案，对攻击者来说又多了一道关卡。

DMZ 网络结构如图 5-1 所示。网络设备开发商利用这一技术，开发出了相应的防火墙解决方案。DMZ 通常是一个过滤的子网，DMZ 在内部网络和外部网络之间构造了一个安全地带，网络结构如图 5-2 所示。

DMZ 防火墙方案为要保护的内部网络增加了一道安全防线，通常认为是非常安全的。同时，它提供了一个区域来放置公共服务器，从而又能有效地避免一些互联应用需要公开，而与内部安全策略相矛盾的情况发生。在 DMZ 区域中，通常包括堡垒主机、Modem 池，以及所有的公共服务器，但要注意的是电子商务服务器只能用作用户连接，真正的电子商务后台数据需要放在内部网络中。

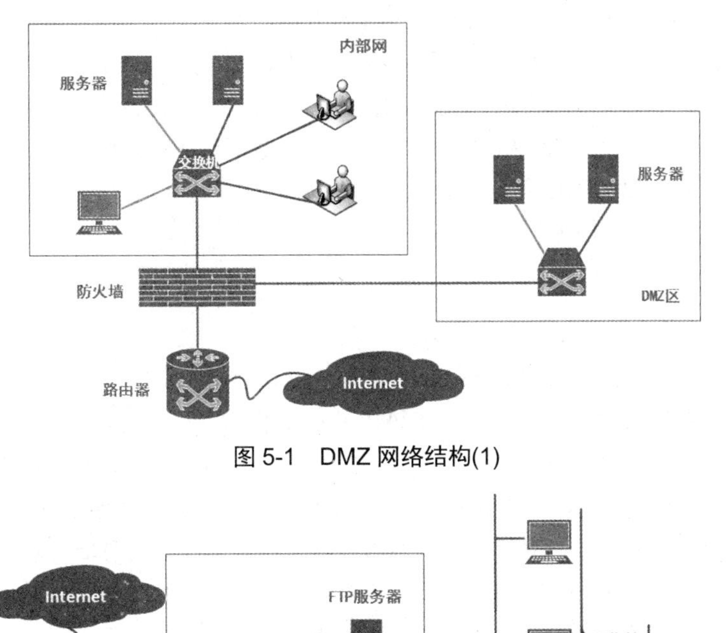

图 5-1　DMZ 网络结构(1)

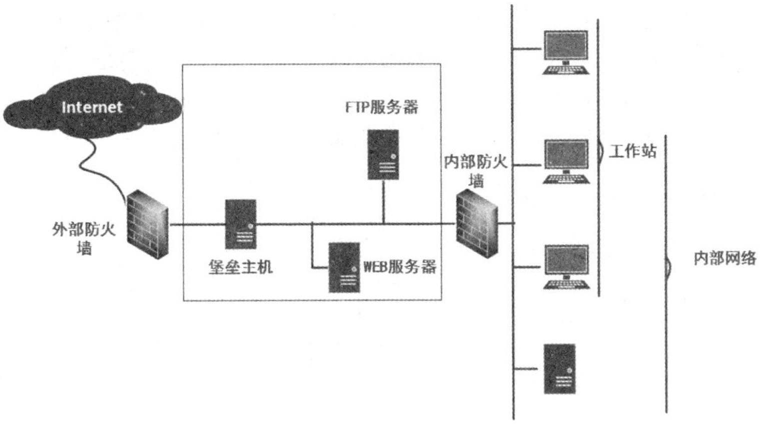

图 5-2　DMZ 网络结构(2)

在这个防火墙方案中，包括两个防火墙，外部防火墙抵挡外部网络的攻击，并管理所有内部网络对 DMZ 的访问。内部防火墙管理 DMZ 对于内部网络的访问。内部防火墙是内部网络的第三道安全防线(前面有了外部防火墙和堡垒主机)，当外部防火墙失效的时候，它还可以起到保护内部网络的作用。而在局域网内部，对于 Internet 的访问由内部防火墙和位于 DMZ 的堡垒主机控制。在这样的结构里，一个黑客必须通过三个独立的区域(外部防火墙、内部防火墙和堡垒主机)才能够到达局域网，攻击难度大大加强，相应地，内部网络的安全性也就大大加强了，但投资成本也是最高的。

5.3　访问控制列表 ACL

1. ACL 的作用

访问控制列表(Access Control List，ACL)是路由器接口的指令列表，用来控制端口进出的数据包。ACL 适用于所有的被路由协议，如 IP、IPX、AppleTalk 等。

ACL 的定义也是基于每一种协议的。如果路由器接口配置成为支持三种协议(IP、AppleTalk 以及 IPX)的情况，则用户必须定义三种 ACL 来分别控制这三种协议的数据包。

ACL 可以限制网络流量、提高网络性能。例如，ACL 可以根据数据包的协议，指定数据包的优先级。ACL 提供对通信流量的控制手段。例如，ACL 可以限定或简化路由更新信息的长度，从而限制通过路由器某一网段的通信流量。ACL 是提供网络安全访问的基本手段。ACL 允许主机 A 访问人力资源网络，而拒绝主机 B 访问。ACL 可以在路由器端口处决定哪种类型的通信流量被转发或被阻塞。例如，用户可以允许 E-mail 通信流量被路由，拒绝所有的 Telnet 通信流量。

2. ACL 的分类

目前有两种主要的 ACL：标准 ACL 和扩展 ACL。

这两种 ACL 的区别是，标准 ACL 只检查数据包的源地址；扩展 ACL 既检查数据包的源地址，也检查数据包的目的地址，还可以检查数据包的特定协议类型、端口号等。

网络管理员可以使用标准 ACL 阻止来自某一网络的所有通信流量，或者允许来自某一特定网络的所有通信流量，或者拒绝某一协议簇(比如 IP)的所有通信流量。

扩展 ACL 比标准 ACL 提供了更广泛的控制范围。例如，网络管理员如果希望做到"允许外来的 Web 通信流量通过，拒绝外来的 FTP 和 Telnet 等通信流量"，那么，他可以使用扩展 ACL 来达到目的，标准 ACL 不能控制得这么精确。

3. ACL 的配置

ACL 的配置分为两个步骤。

(1) 在全局配置模式下，使用下列命令创建 ACL：

```
Router(config)# access-list access-list-number {permit | deny }
 {test-conditions}
```

其中，access-list-number 为 ACL 的表号。人们使用较频繁的表号是标准的 IP ACL (1~99)和扩展的 IP ACL(100~199)。

在路由器中，如果使用 ACL 的表号进行配置，则列表不能插入或删除行。如果列表要插入或删除一行，必须先去掉所有 ACL，然后重新配置。当 ACL 中条数很多时，这种改变非常繁琐。一个比较有效的解决办法是：在远程主机上启用一个 TFTP 服务器，先把路由器配置文件下载到本地，利用文本编辑器修改 ACL 表，然后将修改好的配置文件通过 TFTP 传回路由器。

这里需要特别注意的是，在 ACL 的配置中，如果删掉一条表项，其结果是删掉全部 ACL，所以，在配置时一定要小心。

在 Cisco IOS 11.2 以后的版本中，网络可以使用以名字命名的 ACL 表。这种方式可以删除某一行 ACL，但是仍不能插入一行或重新排序。所以，仍然建议使用 TFTP 服务器进行配置修改。

(2) 在接口配置模式下，使用 access-group 命令 ACL 应用到某一接口上：

```
Router(config-if)# {protocol} access-group access-list-number {in | out}
```

其中，in 和 out 参数可以控制接口中不同方向的数据包，如果不配置该参数，则默认为 out。

ACL 在一个接口上可以进行双向控制，即配置两条命令，一条为 in，一条为 out，两条命令执行的 ACL 表号可以相同，也可以不同。但是，在一个接口的一个方向上，只能有一个 ACL 控制。

值得注意的是，在进行 ACL 配置时，网管员一定要先在全局状态配置 ACL 表，再在具体接口上进行配置，否则，会造成网络的安全隐患。

4. ACL 配置示例

下面是标准 ACL 的全局配置语句的示例：

```
access-list 10 deny 10.20.30.40 0.0.0.0
access-list 10 permit 10.20.30.0 0.0.0.255
access-list 10 deny any
应用于接口 s0/0:
ip access-group 10 in
```

其中“0.0.0.255”是反掩码(dest_mask)，即子网掩码的取反。反掩码的逻辑与子网掩码的逻辑正好相反。在尝试匹配地址的时候，反掩码中的 0 表示“匹配此位”，而 1 则表示“忽略此位”。对于 255.255.255.0 按位取反，即得反掩码 0.0.0.255。

5. ACL 的执行过程

一个端口执行哪条 ACL，这需要按照列表中的条件语句执行顺序来判断。如果一个数据包的报头与表中某个条件判断语句相匹配，那么后面的语句就将被忽略，不再进行检查。数据包只有在与第一个判断条件不匹配时，才被交给 ACL 中的下一个条件判断语句进行比较。如果匹配(假设为允许发送)，则不管是第一条还是最后一条语句，数据都会立即发送到目的接口。如果所有的 ACL 判断语句都检测完毕，仍没有匹配的语句出口，则该数据包将视为被丢弃。这里要注意，ACL 不能对本路由器产生的数据包进行控制。

6. 设置 ACL 的位置

ACL 通过过滤数据包并丢弃不希望抵达目的地的数据包来控制通信流量。然而，网络能否有效地减少不必要的通信流量，还要取决于 ACL 设置的位置。例如，在图 5-3 所示的网络环境中，网络只想拒绝从 RouterA 的 s0/0 接口连接的网络到 RouterD 的 f0 /0 接口连接的网络的访问，即禁止从网络 1 到网络 4 的访问。

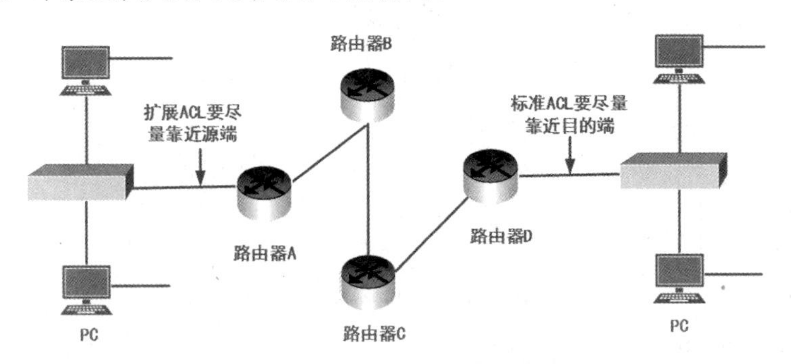

图 5-3　ACL 设置

根据减少不必要通信流量的通行准则，应尽可能地把 ACL 放置在靠近被拒绝的通信流量的来源处，即 RouterA 上。如果使用标准 ACL 来进行网络流量限制(标准 ACL 只能检查源 IP 地址)，则实际执行情况是：凡是检查到源 IP 地址和网络 1 匹配的数据包，将会被丢掉，即网络 1 到网络 2、网络 3 和网络 4 的访问都将被禁止。由此可见，这个 ACL 控制方法不能达到访问控制的目的。同理，将 ACL 放在 RouterB 和 RouterC 上也存在同样的问题。只有将 ACL 放在连接目标网络的 RouterD 上(f0/0 接口)，网络才能准确地实现网管员的目标。由此可以得出一个结论：标准 ACL 要尽量靠近目的端。

如果使用扩展 ACL 来进行上述控制，则完全可以把 ACL 放在 RouterA 上，因为扩展 ACL 能控制源地址(网络 1)，也能控制目的地址(网络 2)，这样，从网络 1 到网络 4 访问的数据包在 RouterA 上就被丢弃，不会传到 RouterB、RouterC 和 RouterD 上，从而减少不必要的网络流量。因此，我们可以得出另一个结论：扩展 ACL 要尽量靠近源端。

5.4 扩展 ACL 的应用

在通常的网络管理中，我们都希望允许一些连接的访问，而禁止另一些连接的访问，但许多安全工具缺乏网络管理所需的基本通信流量过滤的灵活性和特定的控制手段。三层交换机功能强大，有多种管理网络的手段，它有内置的 ACL(访问控制列表)，因此，我们可利用 ACL(访问控制列表)控制 Internet 的通信流量。以下是我们利用联想的三层交换机 3508GF 来实现 ACL 功能的过程。

1. 利用标准 ACL 控制网络访问

当我们要想阻止来自某一网络的所有通信流量，或者允许来自某一特定网络的所有通信流量，或者想要拒绝某一协议簇的所有通信流量时，可以使用标准访问控制列表来实现这一目标。标准访问控制列表检查数据包的源地址，从而允许或拒绝基于网络、子网或主机 IP 地址的所有通信流量通过交换机的出口。

标准 ACL 的配置语句为：

```
Switch#access-list access-list-number(1'99)
{permit|deny}{anyA|source[source-wildcard-mask]}
{any|destination[destination-mask]}
```

例 1，允许 192.168.3.0 网络上的主机进行访问：

```
Switch#access-list 1 permit 192.168.3.0 0.0.0.255
```

例 2，禁止 172.10.0.0 网络上的主机访问：

```
Switch#access-list 2 deny 172.10.0.0 0.0.255.255
```

例 3，允许所有 IP 的访问：

```
Switch#access-list 1 permit 0.0.0.0 255.255.255.255
```

例 4，禁止 192.168.1.33 主机的通信：

```
Switch#access-list 3 deny 192.168.1.33 0.0.0.0
```

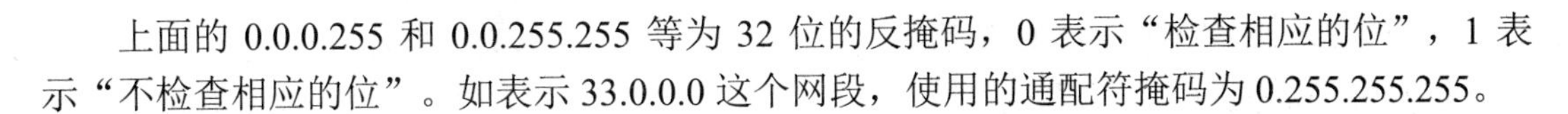

上面的 0.0.0.255 和 0.0.255.255 等为 32 位的反掩码，0 表示“检查相应的位”，1 表示“不检查相应的位”。如表示 33.0.0.0 这个网段，使用的通配符掩码为 0.255.255.255。

2. 利用扩展 ACL 控制网络访问

扩展访问控制列表既检查数据包的源地址，也检查数据包的目的地址，还检查数据包的特定协议类型、端口号等。扩展访问控制列表更具有灵活性和可扩充性，即可以对同一地址允许使用某些协议通信流量通过，而拒绝使用其他协议的流量通过，可灵活多变地设计 ACL 的测试条件。

扩展 ACL 的完全命令格式如下：

```
Switch#access-list access-list-number(100'199) {permit|deny}
protocol{any|source[source-mask]}{any|destination[destination-mask]}
[port-number]
```

例 1，拒绝交换机所连的子网 192.168.3.0 Ping 通另一子网 192.168.4.0：

```
Switch#access-list 100 deny icmp 192.168.3.0 0.0.0.255 192.168.4.0
0.0.0.255
```

例 2，阻止子网 192.168.5.0 访问 Internet(www 服务)而允许其他子网访问：

```
Switch#access-list 101 deny tcp 192.168.5.0 0.0.0.255 any www
```

或写为：

```
Switch#access-list 101 deny tcp 192.168.5.0 0.0.0.255 any 80
```

例 3，允许从 192.168.6.0 通过交换机发送 E-mail，而拒绝所有其他来源的通信：

```
Switch#access-list 101 permit tcp 192.168.6.0 0.0.0.255 any smtp
```

3. 基于端口和 VLAN 的 ACL 访问控制

标准访问控制列表和扩展访问控制列表的访问控制规则都是基于交换机的，如果仅对交换机的某一端口进行控制，则可把这个端口加入到上述规则中。

配置语句为：

```
Switch# acess-list port <port-id><groupid>
```

例 1，对交换机的端口 4，拒绝来自 192.168.3.0 网段上的信息，配置如下：

```
Switch# access-list 1 deny 192.168.3.0 0.0.0.255
Switch# access-list port 4 1   //把端口 4 加入到规则 1 中
```

基于 VLAN 的访问控制列表是基于 VLAN 设置简单的访问规则，也设置流量控制，来允许(permit)或拒绝(deny)交换机转发一个 VLAN 的数据包。

配置语句：

```
Switch#access-list vlan <vlan-id> [deny|permit]
```

例 2，拒绝转发 vlan2 中的数据：

```
Switch# access-list vlan2 deny
```

另外，我们也可通过显示命令来检查已建立的访问控制列表，即：

```
Switch# show access-list
```

例 3：

```
Switch# show access-list //显示ACL列表
ACL Status: Enable // ACL状态 允许
Standard IP access list: //IP 访问列表
GroupId 1 deny srcIp 192.168.3.0 any Active //禁止192.168.3.0 的网络访问
GroupId 2 permit any any Active //允许其他网络访问
```

若要取消已建立的访问控制列表，可用如下命令格式：

```
Switch# no access-list access-list-number
```

例 4，取消访问列表 1：

```
Switch# no access-list 1
```

基于以上的 ACL 多种不同的设置方法，我们实现了对网络安全的一般控制方法，使三层交换机作为网络通信出入口的重要控制点，发挥出应有的作用。而正确地配置 ACL 访问控制列表，实质将部分起到防火墙的作用，特别是，对于来自内部网络的攻击防范，有着外部专用防火墙所无法实现的功能，可大大提升局域网的安全性能。

任务实施

操作系统加固

1. 初级安全(一)

(1) 物理安全

重要的服务器应该安放在安装了监视器的隔离房间内；机箱、键盘、电脑桌的抽屉都要上锁。

(2) 停掉 guest 账号

在计算机管理的用户里面把 guest 账号停用掉，任何时候都不允许 guest 账号登录系统；最好给 guest 加一个复杂的密码。

(3) 限制不必要的用户数量

去掉不必要的账户；去掉不用的账户；给用户组策略设置相应的权限。

2. 初级安全(二)

(1) 创建两个管理员用账号，创建一个一般权限账号，用来收信，以及处理一些日常事务，另一个拥有 Administrators 权限的账户只在需要的时候使用。

(2) 把系统 Administrator 账号改名，尽量把 Administrator 账户伪装成普通用户。

(3) 创建一个陷阱账号，用于迷惑非法入侵者，并借此发现他们的入侵企图。

3. 初级安全(三)

(1) 把共享文件的权限从 everyone 组改成“授权用户”，任何时候都不要把共享文件的用户设置成 everyone 组。

(2) 使用安全密码，一个好的密码对于一个网络是非常重要的，设置密码的有效期，还要注意经常更改密码。

(3) 设置屏幕保护密码，设置屏幕保护密码也是防止内部人员破坏服务器的一个屏障；不要使用 OpenGL 和一些复杂的屏幕保护程序，以免浪费系统资源。

4. 初级安全(四)

(1) 使用 NTFS 格式分区，NTFS 文件系统要比 FAT、FAT32 的文件系统安全得多。

(2) 运行防毒软件，好的杀毒软件不仅能杀掉一些著名的病毒，还能查杀大量木马和后门程序。要经常升级病毒库。

(3) 保障备份盘的安全，把备份盘放在安全的地方。千万不要把资料备份在同一台服务器上。

5. 中级安全(一)

(1) 利用安全配置工具来配置策略。

(2) 充分利用基于 MMC(管理控制台)的安全配置和分析工具，增强系统安全性。

(3) 关闭不必要的服务，不必要的服务会带来安全隐患；确保正确配置了终端服务；留意服务器上面开启的所有服务。

(4) 关闭不必要的端口，关闭端口意味着减少功能，但在安全和功能上面需要做出一点决策。

6. 中级安全(二)

进行高级 TCP/IP 设置。

7. 中级安全(三)

设置 TCP/IP 筛选。

8. 中级安全(四)

打开审核策略，开启安全审核是 Windows 2008 最基本的入侵检测方法。

9. 中级安全(五)

使用 Windows 2012 三种类型的日志记录：应用程序日志、系统日志、安全日志。

10. 中级安全(六)

使用事件查看器。

11. 中级安全(七)

使用安全日志。

12. 中级安全(八)

检查安全日志属性。

13. 中级安全(九)

(1) 开启密码策略，开启密码复杂性要求、设置密码长度最小值、开启强制密码历史、设置强制密码最长存留期等。

(2) 开启账户策略，设置复位账户锁定计数器、账户锁定时间、账户锁定阈值。

14. 中级安全(十)

更改账户策略。

15. 中级安全(十一)

(1) 设定安全记录的访问权限，把安全记录设置成只有 Administrator 和系统账户才有权访问。

(2) 把敏感文件存放在另外的文件服务器中，有必要把一些重要的用户数据存放在另外一个安全的服务器中，并且经常备份它们，不让系统显示上次登录的用户名，防止入侵者容易得到系统的用户名，进而做密码猜测。

16. 中级安全(十二)

禁止建立空连接，用户可以通过空连接连上服务器，进而枚举出账号，猜测密码。

下载最新的补丁程序，经常访问微软和一些安全站点，下载最新的 Service Pack 和漏洞补丁，是保障服务器长久安全的唯一方法。

17. 安全配置方案高级篇

(1) 关闭 DirectDraw

C2 级安全标准对视频卡和内存有要求。关闭 DirectDraw 可能对一些需要用到 DirectX 的程序有影响(比如游戏)，但是，对于绝大多数的商业站点都是没有影响的。

在 HKEY_LOCAL_MACHINE 主键下修改子键，将键值改为 0 即可：

```
SYSTEM\CurrentControlSet\Control\GraphicsDrivers\DCI\Timeout
```

(2) 关闭默认共享

Windows 2012 安装后，系统会创建一些隐藏的共享，可以在 DOS 提示符下输入 net share 命令来查看。停止默认共享，禁止这些共享，打开“管理工具”→“计算机管理”→“共享文件夹”→“共享”，在相应的共享文件夹上右击，选择“停止共享”即可。

(3) 禁用 Dump 文件

在系统崩溃和蓝屏的时候，Dump 文件是一份很有用资料，可以帮助查找问题。然而，也能够给黑客提供一些敏感信息，比如一些应用程序的密码等。需要禁止它，打开“控制面板”→“系统属性”→“高级”→“启动和故障恢复”，把“写入调试信息”改成“无”。

(4) 文件加密系统

Windows 2012 强大的加密系统能够给磁盘、文件夹、文件加上一层安全保护。这样，可以防止别人把我们的硬盘挂到别的机器上以读出里面的数据。在 Windows 2012 中，微软的加密文件系统(Encrypted File System，EFS)，是一种基于公共密钥的数据加密方式，

利用了 Windows 2012 中的 CryptoAPI 结构。

(5) 加密 temp 文件夹

一些应用程序在安装和升级的时候，会把一些东西复制到 temp 文件夹，但是当程序升级完毕或关闭的时候，并不会自己清除 temp 文件夹的内容。所以，给 temp 文件夹加密可以使我们的文件多一层保护。

(6) 锁住注册表

在 Windows 2012 中，只有 Administrators 和 Backup Operators 才有从网络上访问注册表的权限。当账号的密码泄漏后，黑客也可以在远程访问注册表，当服务器放到网络上的时候，一般需要锁定注册表。修改 Hkey_current_user 下的子键 Software\microsoft\windows\currentversion\Policies\system，把 DisableRegistryTools 的值改为 0，类型为 DWORD。

(7) 关机时清除文件

页面文件也就是调度文件，是 Windows 2008 用来存储没有装入内存的程序和数据文件部分的隐藏文件。

一些第三方的程序可以把一些没有的加密的密码存放在内存中，页面文件中可能含有另外一些敏感的资料。要在关机的时候清除页面文件，可以编辑注册表，修改主键 HKEY_LOCAL_MACHINE 下的子键：

```
SYSTEM\CurrentControlSet\Control\Session Manager\Memory Management
```

把 ClearPageFileAtShutdown 的值设置成 1。

(8) 禁止光盘启动

一些第三方的工具能通过引导系统来绕过原有的安全机制。比如一些管理员工具，从光盘上引导系统以后，就可以修改硬盘上操作系统的管理员密码。如果服务器对安全要求非常高，把机箱锁起来仍然不失为一个好方法。

(9) 使用智能卡

密码总是使安全管理员进退两难，容易受到一些工具的攻击，如果密码太复杂，有的用户为了记住密码，会把密码到处乱写。如果条件允许，用智能卡来代替复杂的密码是一个很好的解决方法。

(10) 使用 IPSec

正如其名字的含义，IPSec 提供 IP 数据包的安全性。IPSec 提供身份验证、完整性和可选择的机密性。发送方计算机在传输之前加密数据，而接收方计算机在收到数据之后解密数据。利用 IPSec 可以使得系统的安全性能大大增强。

(11) 禁止判断主机类型

黑客利用 TTL(Time-To-Live，活动时间)值可以鉴别操作系统的类型，通过 Ping 指令能判断目标主机类型。Ping 的用处是检测目标主机是否连通。许多入侵者首先会 Ping 一下主机，因为攻击某一台计算机时需要知道对方的操作系统是 Windows 还是 Unix。如果 TTL 值为 128，就可以认为系统为 Windows 2008。

因此，修改 TTL 的值，入侵者就无法入侵电脑了。比如将操作系统的 TTL 值改为 111，修改主键 HKEY_LOCAL_MACHINE 的子键：

```
SYSTEM\CURRENT_CONTROLSET\SERVICES\TCPIP\PARAMETERS
```

新建一个双字节项。在键的名称中输入“defaultTTL”，然后双击更改键名，选择“十进制”单选按钮，在文本框中输入“111”。设置完毕重新启动计算机，再用 Ping 指令，会发现 TTL 的值已经被改成 111 了。

(12) 抵抗 DDOS

添加注册表的一些键值，可以有效地抵抗 DDOS 的攻击。例如对于键值：

```
[HKEY_LOCAL_MACHINE\System\CurrentControlSet\Services\Tcpip\Parameters]
```

在其下增加相应的键及其说明。

(13) 禁止 Guest 访问日志

在默认安装的 Windows NT 和 Windows 2008 中，Guest 账号和匿名用户可以查看系统的事件日志，可能导致许多重要信息的泄漏，应修改注册表来禁止 Guest 访问事件日志。

① 禁止 Guest 访问应用日志，找到：

```
HKEY_LOCAL_MACHINE\SYSTEM\CurrentControlSet\
  Services\Eventlog\Application
```

在其下添加键值，名称为 RestrictGuestAccess，类型为 DWORD，将值设置为 1。

② 禁止 Guest 访问系统日志，找到：

```
HKEY_LOCAL_MACHINE\SYSTEM\CurrentControlSet\Services\Eventlog\System
```

在其下添加键值，名称为 RestrictGuestAccess，类型为 DWORD，将值设置为 1。

③ 禁止 Guest 访问安全日志，找到：

```
HKEY_LOCAL_MACHINE\SYSTEM\CurrentControlSet\Services\Eventlog\Security
```

在其下添加键值，名称为 RestrictGuestAccess，类型为 DWORD，将值设置为 1。

(14) 数据恢复软件

当数据被病毒或者入侵者破坏后，可以利用数据恢复软件来找回部分被删除的数据，在众多的恢复软件中，有一个著名的软件是 Easy Recovery。该软件功能强大，可以恢复被误删除的文件、丢失的硬盘分区等。

项目小结

本项目从网络安全设计的原则、网络安全与危险防范、网络接入与认证、操作系统安全设计和网络边界安全设计这几个方面，结合实例，详细地介绍了网络安全设计和实施方法。期望能让读者充分了解网络安全设计的必要性和重要性，防患于未然。

项目检测

一、单项选择题

(1) 在以下人为的恶意攻击行为中，属于主动攻击的是(　　)。

A. 数据篡改及破坏　　　　B. 数据窃听

C. 数据流分析　　　　　　D. 非法访问

(2) 数据完整性指的是(　　)。

A. 保护网络中各系统之间交换的数据，防止因数据被截获而造成泄密

B. 提供连接实体身份的鉴别

C. 防止非法实体对用户的主动攻击，保证数据接受方收到的信息与发送方发送的信息完全一致

D. 确保数据是由合法实体发出的

(3) 以下算法中，属于非对称算法的是(　　)。

A. DES　　B. RSA 算法　　C. IDEA　　D. 三重 DES

(4) 混合加密方式下真正用来加解密通信过程中所传输数据(明文)的密钥是(　　)。

A. 非对称算法的公钥　　B. 对称算法的密钥

C. 非对称算法的私钥　　D. CA 中心的公钥

(5) 以下不属于代理服务技术优点的是(　　)。

A. 可以实现身份认证　　B. 内部地址的屏蔽和转换功能

C. 可以实现访问控制　　D. 可以防范数据驱动侵袭

(6) 包过滤技术与代理服务技术相比较(　　)。

A. 包过滤技术安全性较弱、但会对网络性能产生明显影响

B. 包过滤技术对应用和用户是绝对透明的

C. 代理服务技术安全性较高、但不会对网络性能产生明显影响

D. 代理服务技术安全性高，对应用和用户透明度也很高

(7) DES 是一种数据分组的加密算法，DES 将数据分成长度为(　　)位的数据块。其中一部分用作奇偶校验，剩余部分作为密码的长度。

A. 56 位　　B. 64 位　　C. 112 位　　D. 128 位

(8) 黑客利用 IP 地址进行攻击的方法有(　　)。

A. IP 欺骗　　B. 解密　　C. 窃取口令　　D. 发送病毒

(9) 防止用户被冒名所欺骗的方法是(　　)。

A. 对信息源发方进行身份验证　　B. 进行数据加密

C. 对访问网络的流量进行过滤和保护　　D. 采用防火墙

(10) 屏蔽路由器型防火墙采用的技术是基于(　　)的。

A. 数据包过滤技术　　B. 应用网关技术

C. 代理服务技术　　D. 三种技术的结合

(11) 以下关于防火墙的设计原则，说法正确的是(　　)。

A. 保持设计的简单性

B. 不单单要提供防火墙的功能，还要尽量使用较大的组件

C. 保留尽可能多的服务和守护进程，从而能提供更多的网络服务

D. 一套防火墙就可以保护全部的网络

(12) SSL 指的是(　　)。

A. 加密认证协议　　B. 安全套接层协议

C. 授权认证协议　　D. 安全通道协议

(13) CA 指的是(　　)。

A. 证书授权　B. 加密认证　C. 虚拟专用网　D. 安全套接层

(14) 在安全审计的风险评估阶段，通常是按什么顺序来进行的？(　　)

A. 侦查阶段、渗透阶段、控制阶段　B. 渗透阶段、侦查阶段、控制阶段

C. 控制阶段、侦查阶段、渗透阶段　D. 侦查阶段、控制阶段、渗透阶段

(15) 以下哪一项不属于入侵检测系统的功能？(　　)

A. 监视网络上的通信数据流　B. 捕捉可疑的网络活动

C. 提供安全审计报告　D. 过滤非法的数据包

(16) 入侵检测系统的第一步是(　　)。

A. 信号分析　B. 信息收集　C. 数据包过滤　D. 数据包检查

(17) 以下哪一项不是入侵检测系统利用的信息？(　　)

A. 系统和网络日志文件　B. 目录和文件中的不期望的改变

C. 数据包头信息　D. 程序执行中的不期望行为

(18) 入侵检测系统在进行信号分析时，一般通过三种常用的技术手段，以下哪一种不属于通常的三种技术手段？(　　)

A. 模式匹配　B. 统计分析　C. 完整性分析　D. 密文分析

(19) 以下哪一种方式是入侵检测系统所通常采用的？(　　)

A. 基于网络的入侵检测　B. 基于 IP 的入侵检测

C. 基于服务的入侵检测　D. 基于域名的入侵检测

(20) 以下哪一项属于基于主机的入侵检测方式的优势？(　　)

A. 监视整个网段的通信

B. 不要求在大量的主机上安装和管理软件

C. 适应交换和加密

D. 具有更好的实时性

(21) 以下关于计算机病毒的特征，说法正确的是(　　)。

A. 计算机病毒只具有破坏性，没有其他特征

B. 计算机病毒具有破坏性，不具有传染性

C. 破坏性和传染性是计算机病毒的两大主要特征

D. 计算机病毒只具有传染性，不具有破坏性

(22) 以下关于宏病毒说法正确的是(　　)。

A. 宏病毒主要感染可执行文件

B. 宏病毒仅向办公自动化程序编制的文档进行传染

C. 宏病毒主要感染软盘、硬盘的引导扇区或主引导扇区

D. CIH 病毒属于宏病毒

(23) 以下哪一项不属于计算机病毒的防治策略？(　　)

A. 防毒能力　B. 查毒能力　C. 解毒能力　D. 禁毒能力

(24) 在 OSI 七个层次的基础上，将安全体系划分为四个级别，以下哪一个不属于四个级别？(　　)

A. 网络级安全　B. 系统级安全　C. 应用级安全　D. 链路级安全

(25) 网络层安全性的优点是(　　)。

A. 保密性

B. 按照同样的加密密钥和访问控制策略来处理数据包

C. 提供基于进程对进程的安全服务

D. 透明性

(26) 加密技术不能实现(　　)。

A. 数据信息的完整性　　B. 基于密码技术的身份认证

C. 机密文件加密　　D. 基于IP头信息的包过滤

(27) 所谓加密，是指将一个信息经过(　　)及加密函数转换，变成无意义的密文，而接收方则将此密文经过解密函数还原成明文。

A. 加密钥匙、解密钥匙　　B. 解密钥匙、解密钥匙

C. 加密钥匙、加密钥匙　　D. 解密钥匙、加密钥匙

(28) 以下关于对称密钥加密说法正确的是(　　)。

A. 加密方和解密方可以使用不同的算法　B. 加密密钥和解密密钥可以是不同的

C. 加密密钥和解密密钥必须是相同的　　D. 密钥的管理非常简单

(29) 以下关于非对称密钥加密说法正确的是(　　)。

A. 加密方和解密方使用的是不同的算法　B. 加密密钥和解密密钥是不同的

C. 加密密钥和解密密钥匙是相同的　　D. 加密密钥和解密密钥没有任何关系

(30) 以下关于混合加密方式，说法正确的是(　　)。

A. 采用公开密钥体制进行通信过程中的加解密处理

B. 采用公开密钥体制对对称密钥体制的密钥进行加密后的通信

C. 采用对称密钥体制对对称密钥体制的密钥进行加密后的通信

D. 采用混合加密方式，利用了对称密钥体制的密钥容易管理和非对称密钥体制的加解密处理速度快的双重优点

(31) 以下关于数字签名，说法正确的是(　　)。

A. 数字签名是在所传输的数据后附加上一段与传输数据毫无关系的数字信息

B. 数字签名能够解决数据的加密传输，即安全传输问题

C. 数字签名一般采用对称加密机制

D. 数字签名能够解决篡改、伪造等安全性问题

(32) 以下关于CA认证中心说法，正确的是(　　)。

A. CA认证是使用对称密钥机制的认证方法

B. CA认证中心只负责签名，不负责证书的产生

C. CA认证中心负责证书的颁发和管理、并依靠证书证明一个用户的身份

D. CA认证中心不用保持中立，可以随便找一个用户来作为CA认证中心

(33) 关于CA和数字证书的关系，以下说法不正确的是(　　)。

A. 数字证书是保证双方之间的通信安全的电子信任关系，由CA签发

B. 数字证书一般依靠CA中心的对称密钥机制来实现

C. 在电子交易中，数字证书可以用于表明参与方的身份

D. 数字证书能以一种不能被假冒的方式证明证书持有人身份

(34) 以下关于VPN说法，正确的是(　　)。

A. VPN 指的是用户自己租用线路，与公共网络物理上完全隔离的安全线路
B. VPN 指的是用户通过公用网络建立的临时的、安全的连接
C. VPN 不能做到信息认证和身份认证
D. VPN 只能提供身份认证、不能提供加密数据的功能

(35) 计算机网络按威胁对象大体可分为两种：对网络中信息的威胁，以及(　　)。
A. 人为破坏　　B. 对网络中设备的威胁
C. 病毒威胁　　D. 对网络人员的威胁

(36) 加密分为对称密钥加密、非对称密钥加密。对称密钥加密的算法是(　　)。
A. IDE　　B. DES　　C. PGP
D. PKI　　E. RSA　　F. IDES

(37) 加密分为对称密钥加密、非对称密钥加密，非对称密钥加密的算法是(　　)。
A. IDE　　B. DES　　C. PGP
D. PKI　　E. RSA　　F. IDES

(38) CA 认证中心的主要作用是(　　)。
A. 加密数据　　B. 发放数字证书
C. 安全管理　　D. 解密数据

(39) 数字证书上除了有签证机关、序列号、加密算法、生效日期等外，还有(　　)。
A. 公钥　　B. 私钥　　C. 用户账户

(40) Telnet 服务自身的主要缺陷是(　　)。
A. 不用用户名和密码　　B. 服务端口 23 不能被关闭
C. 明文传输用户名和密码　　D. 支持远程登录

(41) 防火墙中，地址翻译的主要作用是(　　)。
A. 提供代理服务　　B. 隐藏内部网络地址
C. 进行入侵检测　　D. 防止病毒入侵

(42) 数据进入防火墙后，在以下策略下，选择合适选项添入。
① 应用默认禁止策略下：全部规则都禁止，则(　　)。
② 应用默认允许策略下：全部规则都允许，则(　　)。
A. 通过
B. 禁止通过

(43) 防治要从防毒、查毒、(　　)三方面来进行。
A. 解毒　　B. 隔离　　C. 反击　　D. 重启

(44) 木马病毒是(　　)。
A. 宏病毒　　B. 引导型病毒
C. 蠕虫病毒　　D. 基于服务/客户端病毒

二、简答题

1. 画图描述 802.1x 协议及工作机制。
2. 画图描述基于 RADIUS 的认证计费。
3. 简述 ACL 的作用及应用。

项目 6

综合布线系统的设计与施工

项目描述

综合布线系统的设计与施工是整个网络工程的基础，对于一个单位的办公大楼来说，就如体内的神经，它采用了一系列高质量的标准材料，以模块化的组合方式，把语音、数据、图像和部分控制信号系统用统一的传输媒介进行综合，经过统一的规划设计，综合在一套标准的布线系统中，将现代建筑的各子系统有机地连接起来。所以，选择一套高品质的综合布线系统是至关重要的。

本项目要完成以下任务：

- 认识网络综合布线系统。
- 认识综合布线系统的器材和工具。
- 网络综合布线系统的设计与实施。

任务1　认识网络综合布线系统

任务展示

网络综合布线是一种涉及许多理论和技术问题的工程技术，也是计算机技术、通信技术、控制技术与建筑技术紧密结合的产物，更是一个多学科交叉的新领域。无论是政府机关、企事业单位，还是各种类型的办公大厦，也包括我们的住宅，都离不开现代化的办公及信息传输系统，而这些系统全部是由网络综合布线系统来支持的。

任务知识

1.1　网络综合布线的发展历程

1984年，世界上第一座智能大厦产生。

1985年初，计算机工业协会(CCIA)提出对大楼布线系统标准化的倡议。

1991年7月，ANSI/EIA/TIA568(即《商业大楼电信布线标准》)问世，与布线通道及空间、管理、电缆性能及连接硬件性能等有关的标准也同时推出。

1995年底，EIA/TIA568标准正式更新为EIA/TIA/568A，同时，国际标准化组织(ISO)推出了相应的ISO/IEC 11801标准。

1997年，TIA出台了六类布线系统草案，同期，基于光纤的千兆网标准推出。

2002年6月17日，综合布线六类双绞线传输标准正式获得了通过。六类标准规定了铜缆布线系统应用所能提供的最高性能，规定允许使用的线缆及连接类型为UTP或STP。六类产品及系统的频率范围应当在1~250MHz之间，最高可达到350MHz。六类/E级是目前不采用单独线对屏蔽形式而提供最高传输性能的技术。

七类标准是一套在100Ω的双绞线上支持最高600MHz带宽传输的布线标准。早在1997年9月，ISO/IEC就确定开始进行七类布线标准的研发。与四类、五类、超五类和六类相比，七类具有更高的传输带宽(至少600MHz)。从七类标准开始，布线历史上出现了 RJ 型和非 RJ 型接口的划分。

由于“RJ 型”接口目前达不到 600MHz 的传输带宽，七类标准至今还没有确定，目前，国际上正在积极研讨七类标准草案。

在带宽上，七类布线和六类布线的差别明显，与四类、五类、超五类和六类相比，七类布线具有更高的传输带宽，六类信道只提供了 200MHz 的综合衰减对串扰比及整体 250 MHz 的带宽，七类系统则可以提供至少 500MHz 的综合衰减对串扰比和 600MHz 的整体带宽。

六类和七类系统的另外一个差别，在于它们的结构。六类布线既可以使用 UTP，也可以使用 STP，而七类布线只能使用屏蔽电缆。在七类线缆中，每一对线都有一个屏蔽层，四对线合在一起，还有一个公共屏蔽层。从物理结构上来看，额外的屏蔽层使得七类线有一个较大的线径。

还有一个重要的区别，在于其连接硬件的能力，七类系统的参数要求连接头在 600MHz 时所有的线对提供至少 60dB 的综合近端串扰，而超五类系统只要求在 100MHz 时提供 43dB 的综合近端串扰，六类系统在 250MHz 时的数值为 46dB。

七类布线有着较大的竞争优势。

(1) 至少 600MHz 的传输速率

七类布线的链路和信道标准将提供过去的双绞线布线系统不可比拟的传输速率，而且要求“全屏蔽”的电缆，以保证最好的屏蔽效果。

(2) 低成本

“非-RJ 型”七类布线可以实现光纤的传输性能。“非-RJ 型”七类/F 级具有光纤所不具备的功能，能在同一根电缆内支持语音、数据、视频多媒体等多种应用。实现了在同一个插座连接多种应用设备。

随着 Internet 业务和多媒体应用的快速发展，网络的业务量正在以指数级的速度迅速膨胀，这就要求网络必须具有高比特率数据传输能力和大吞吐量的交叉能力。

光纤通信技术出现后，其近 30THz 的巨大潜在带宽容量给通信领域带来了蓬勃发展的机遇，光技术开始渗透于整个通信网，光纤通信有向全光网推进的趋势。

从原理上讲，全光纤网络综合布线系统就是终端用户节点之间的信号通道全部保持着光的形式，即端到端的全光路。

基于波分复用的全光通信网比传统的电信网具有更大的通信容量，具备以往通信网和现行光通信系统所不具备的以下优点。

① 全光网结构简单，端到端采用透明光通路连接，沿途没有光电转换与存储，网中许多光器件都是无源的，便于维护、可靠性高。

② 加入新的网络节点时，不影响原有的网络结构和设备，可降低成本，网络具有可扩展性。

③ 全光网以波长选择路由，对传输码率、数据格式及调制方式均具有透明性，可提供多种协议业务，且不受限制地提供端到端业务。

④ 可根据通信业务量的需求，动态地改变网络结构，充分利用网络资源，具有网络可重组性。

全光纤网络必将成为宽带接入的主要方式。

1.2 综合布线系统的基本概念

综合布线系统是指用数据和通信电缆、光缆、各种软电缆及有关连接硬件构成的通用布线系统，它能支持语音、数据、影像和其他信息技术的标准应用系统。一方面，综合布线系统与智能大厦的发展紧密相关，是智能大厦的实现基础；另一方面，综合布线系统是生活小区智能化的基础。

综合布线系统设计等级分为三大类。

(1) 基本型综合布线系统

基本型综合布线系统能支持话音/数据，其特点是，作为一种富有价格竞争力的综合布线方案，能支持所有话音和数据的应用，能支持多种计算机系统数据的传输。

(2) 增强型综合布线系统

这是一种能为多个数据应用部门提供服务的经济有效的综合布线方案。

(3) 综合型综合布线系统

它的主要特点是引入了光缆，适用于规模较大的智能大楼，其他特点与基本型或增强型相同。

1.3 综合布线系统的各个子系统

在国际标准 ISO11801 中，结构化布线系统由六个子系统组成，如图 6-1 所示。

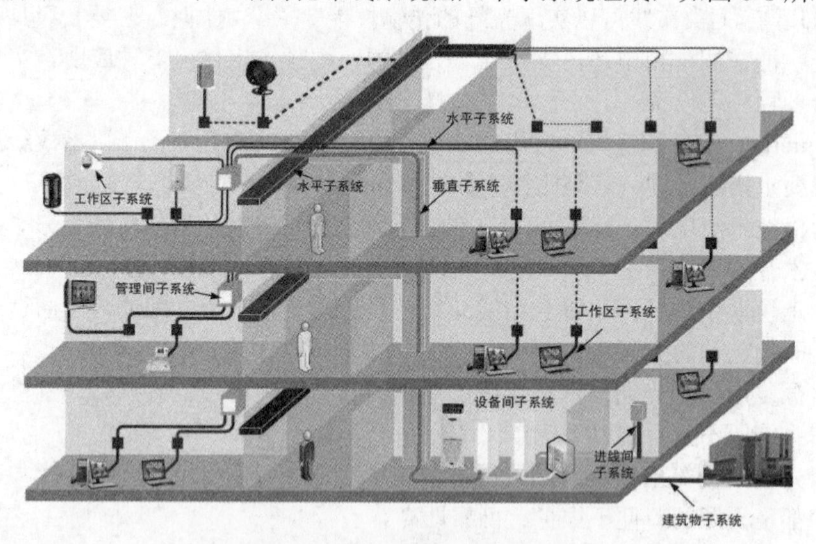

图 6-1 综合布线系统的结构

(1) 工作区子系统

工作区子系统又称为服务区子系统，目的是实现工作区终端设备与水平子系统之间的连接，由跳线与信息插座所连接的设备组成，包括信息插座、插座盒、连接跳线和适配器，如图 6-2 所示。

工作区子系统的设计主要考虑信息插座和适配器两个方面。

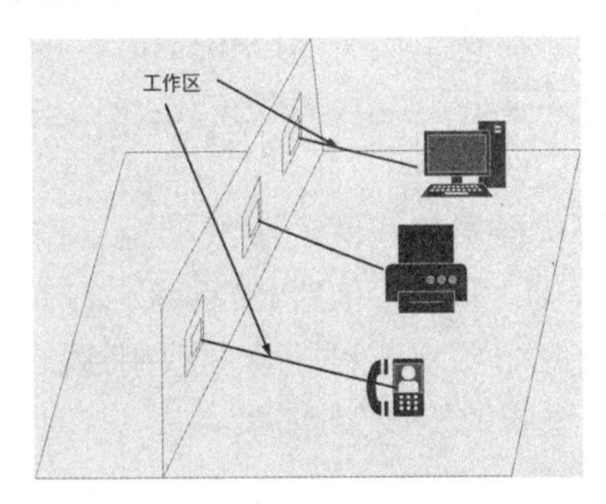

图 6-2　工作区子系统

① 信息插座

无论是大中型网络的综合布线，还是 SOHO 和家庭网络的组建，都会涉及信息插座的端接操作。信息插座一般安装在墙面上，也有桌面型和地面型的。借助于信息插座，不仅使布线系统变得更加规范和灵活，而且也更加美观、方便，并且不会影响房间原有的布局和风格。信息插座是工作站与水平子系统连接的接口，综合布线系统的标准 I/O 插座即为 8 针模块化信息插座。安装插座时不仅要使插座尽量靠近使用者，还要考虑电源的位置，根据相关的电器安装规范，信息插座的安装位置距离地面的高度是一般为 30cm。

② 适配器

工作区适配器的选择应符合以下要求：在设备连接处采用不同的信息插座时，可以使用专用电缆或适配器。在单一信息插座上进行两项服务时，应该选用 Y 型适配器。在配线子系统中选用的电缆类型不同于设备所需的电缆类型时，应该采用适配器，根据工作区内不同的电信终端设备，可配备相应的终端匹配器。

(2) 水平子系统

水平子系统也称配线子系统。目的是实现信息插座和管理子系统(跳线架)间的连接，将用户工作区引至管理子系统，并为用户提供一个符合国际标准、满足语音及高速数据传输要求的信息点出口。该子系统由一个工作区的信息插座开始，经水平布置到管理区的内侧配线架的线缆所组成。一般采用星型结构。它与垂直子系统的区别是：水平干线系统总是一个楼层上的，仅与信息插座、楼层管理间子系统连接，如图 6-3 所示。

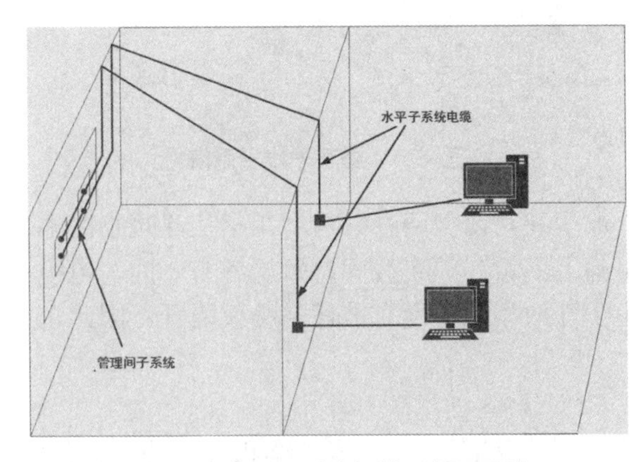

图 6-3　水平子系统与管理间子系统

系统中常用的传输介质是 4 对 UTP(非屏蔽双绞线)，它能支持大多数现代通信设备，并根据速率要去灵活选择线缆。在速率低于 10Mbps 时，一般采用四类或五类双绞线；在速率为 10~100Mbps 时，一般采用五类或六类双绞线；在速率高于 100Mbps 时，采用光纤或六类双绞线。

配线子系统线缆长度是指从楼层接线间的配线架至工作区的信息点的实际长度，某些宽带应用可以采用光缆。信息出口采用插孔为 ISDN 8 芯(RJ45)的标准插口，每个信息插座都可灵活地运用，并根据实际应用要求，可随意更改用途。配线子系统中的每一点都必须通过一根独立的线缆与管理子系统的配线架连接。

(3) 管理间子系统

本子系统由交连、互连配线架组成(如图 6-3 所示)。管理点为连接其他子系统提供连接手段。交连和互连允许将通信线路定位或重定位到建筑物的不同部分，以便能更容易地管理通信线路，当使用移动终端设备时可方便地进行插拔。互连配线架根据不同的连接硬件分楼层配线架(箱)IDF 和总配线架(箱)MDF，IDF 可安装在各楼层的干线接线间，MDF 一般安装在设备机房。

(4) 垂直干线子系统

其目的是实现计算机设备、程控交换机(PBX)、控制中心与各管理子系统间的连接，是建筑物干线电缆的路由。该子系统通常是在两个单元之间，特别是在位于中央点的公共系统设备处提供多个线路设施。系统由建筑物内所有的垂直干线多对数电缆及相关支撑硬件组成，以提供设备间总配线架与干线子系统的楼层配线架之间的干线路由。常用介质是大对数双绞线电缆和光缆，如图 6-4 所示。

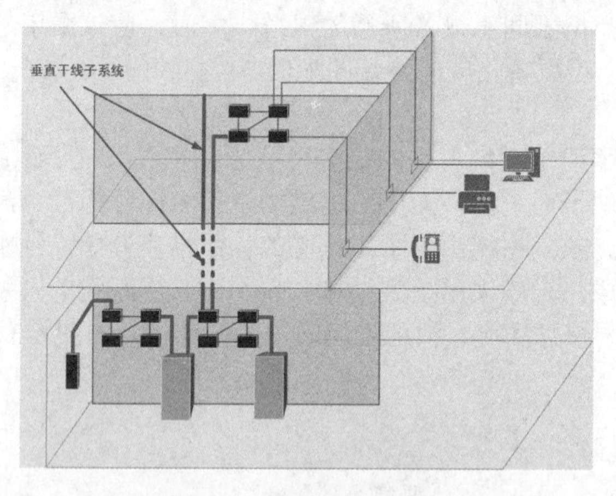

图 6-4　垂直干线子系统

干线的通道包括开放型和封闭型两种。前者是指从建筑物的地下室到其楼顶的一个开放空间，后者是一连串的上下对齐的布线间，每层各有一间，电缆利用电缆孔或是电缆井穿过接线间的地板，由于开放型通道没有被任何楼板隔开，因此，为施工带来了很大的麻烦，一般不采用。

(5) 设备间子系统

本子系统主要是由设备间中的电缆、连接器和有关的支撑硬件组成，作用是将计算机、程控交换机、摄像头、监视器等弱电设备互连起来，并连接到主配线架上。设备包括计算机系统、网络集线器(Hub)、网络交换机(Switch)、程控交换机(PBX)、音响输出设备、闭路电视控制装置和报警控制中心等，如图 6-5 所示。

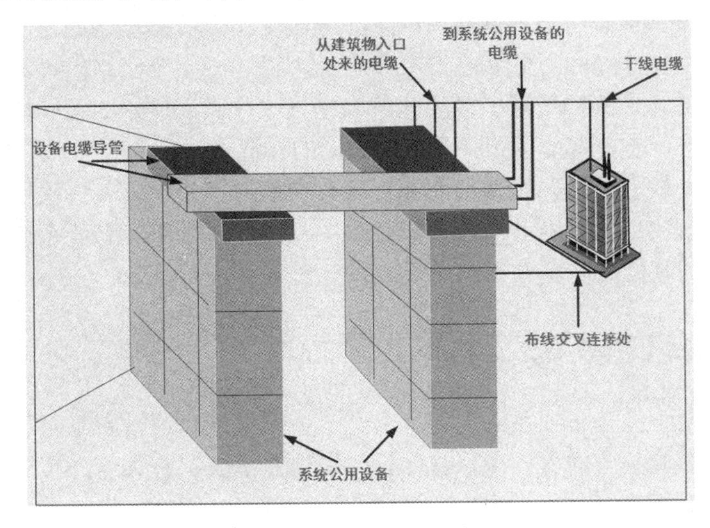

图 6-5　设备间子系统

(6)　建筑群干线子系统

该子系统将一个建筑物的电缆延伸到建筑群的另外一些建筑物中的通信设备和装置上，是结构化布线系统的一部分，支持提供楼群之间通信所需的硬件。它由电缆、光缆和入楼处的过流过压电气保护设备等相关硬件组成，常用介质是光缆，如图 6-6 所示。

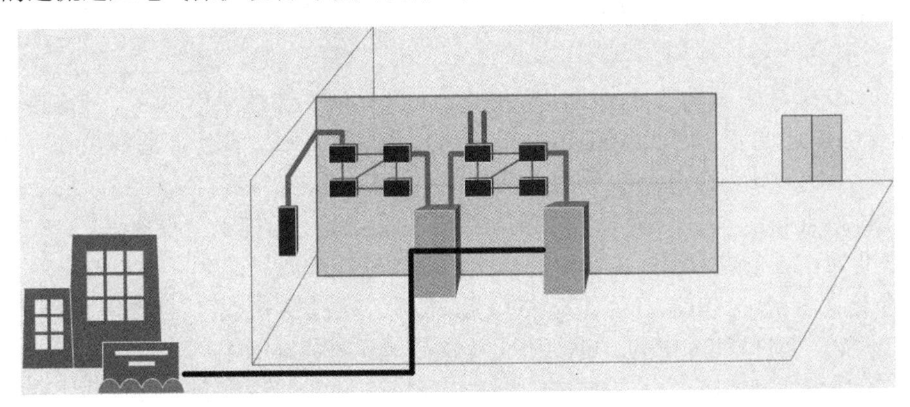

图 6-6　建筑群干线子系统

1.4　综合布线系统的优点

与传统布线相比，综合布线作为现代建筑的信息传输系统，其主要优点如下。

传统布线方式由于缺乏统一的技术规范，用户必须根据不同的应用，选择多种类型的线缆、接插件和布线方式，造成线缆布放的重复浪费，缺乏灵活性，并且不能支持用户应用的发展；综合布线系统集成传输现代建筑所需的话音、数据、视像等信息，采用国际标准化的信息接口和性能规范，支持多厂商设备及协议，能够满足现代企业信息应用飞速发展的需要。

采用综合布线系统，用户能根据实际需要或办公环境的改变，灵活方便地实现线路的变更和重组，调整和构建所需的网络模式，充分满足用户业务发展的需要。综合布线系统采用结构化的星型拓扑布线方式和标准接口，大大提高了整个网络的可靠性及可管理性，大幅降低了系统的管理维护费用。模块化的系统设计提供了良好的系统扩展能力及面向未来应用发展的支持，充分保证了用户在布线方面的投资效益。

综合布线系统较好地解决了传统布线方法存在的诸多问题，并提供了具有长远投资效益的先进可靠的解决方案。随着现代信息技术的飞速发展，综合布线系统必将成为现代智能建筑不可缺少的基础设施。

1.5 网络综合布线系统工程的常用标准

熟悉和了解网络综合布线系统现行标准对于系统设计、项目实施、验收和维护是非常重要的，因此，在此部分的内容中，将比较详细地介绍我国有关综合布线行业标准的发展历史、变更和最新标准。

综合布线系统在中国的整个发展过程，大致经过了以下几个阶段。

第一个阶段为引入、消化吸收。

1992—1995 年，由多家国际著名通信公司、计算机网络公司联合推出了结构化综合布线系统，并将结构化综合布线系统的理念、技术、产品带入中国。这段时间内，国内有关电缆生产厂家也处在产品的研发阶段。同时，也是布线系统性能等级和标准的初级阶段，布线系统性能等级以三类(16MHz)产品为主。

第二个阶段为推广应用。

1995—1997 年，开始广泛地推广应用综合布线系统并关注工程质量。网络技术更多地采用 10/100Mbps 的以太网和 100Mbps 的 FDDI 光纤网，基本淘汰了总线型和环型网络。中国工程建设标准化协会通信工程委员会起草了《建筑与建筑群综合布线系统工程设计规范》CECS72:97(修订本)和《建筑与建筑群综合布线系统工程施工验收规范》CECS89:97。这两个标准为我国布线工程的应用配套标准，为规范布线市场起到了积极的作用，许多行业标准和地方标准也相继出台和颁布。此时，国外标准更是不断推陈出新，标准以TIA/EIA 568A、ISO/IEC 11801、EN50173 等欧美国际新标准为主。

第三阶段为快速发展期。

1997—2000 年，提出了 1000Mbps 以太网的概念和标准。中国国家标准和行业标准也正式出台，《建筑与建筑群综合布线系统工程设计规范》GB/T50311 和《建筑与建筑群综合布线系统工程验收规范》(GB/T50312)以及我国通信行业标准《大楼通信综合布线系统》(YD/T926)正式发布和实施。TIA/EIA 568A、ISO/IEC11801 和 EN50173 等欧美国际标准已开始包含了六类(200MHz)布线标准的草案。

第四个阶段为高端综合布线系统应用和发展期。

从 2000 年至今，计算机网络技术的发展和千兆以太网标准出台，超五类、六类布线产品普遍应用，光纤产品广泛应用。我国国家及行业综合布线标准的制订，使我国综合布线走上了标准化轨道，促进了综合布线在我国的应用和发展。

在网络综合布线工程设计中，我们不但要遵守综合布线的相关标准，同时还要结合电气防护及接地、防火等标准进行规划、设计。这里简单介绍一些接地和防火等标准。

1. 电气防护、机房及防雷接地标准

(1) 综合布线电缆与附近可能产生高电平电磁干扰的电动机、电力变压器、射频应用设备等电器设备之间应保持必要的间距。

(2) 综合布线系统缆线与配电箱的最小净距宜为 1m，与变电室、电梯机房、空调机房之间的最小净距宜为 2m。

(3) 墙上敷设的综合布线缆线及管线与其他管线的间距应符合表 6-1 的规定。当墙壁电缆敷设高度超过 6m 时，与避雷引下线的交叉间距应按下式计算：

$$S \geqslant 0.05L$$

式中：S 为交叉间距(mm)；L 为交叉处避雷引下线距地面的高度(mm)。

表 6-1　综合布线缆线及管线与其他管线的间距

其他管线	平行净距(mm)	垂直交叉净距(mm)	其他管线	平行净距(mm)	垂直交叉净距(mm)
避雷引下线	1000	300	热力管(不包封)	500	500
保护地线	50	20	热力管(包封)	300	300
给水管	150	20	煤气管	300	20
压缩空气管	150	20			

(4) 综合布线系统应根据环境条件选用相应的缆线和配线设备，或采取防护措施，并应符合下列规定。

① 当综合布线区域内存在的电磁干扰场强低于 3V/m 时，宜采用非屏蔽电缆和非屏蔽配线设备。

② 当综合布线区域内存在的电磁干扰场强高于 3V/m 时，或用户对电磁兼容性有较高要求时，可采用屏蔽布线系统和光缆布线系统。

③ 当综合布线路由上存在干扰源，且不能满足最小净距要求时，宜采用金属管线进行屏蔽，或采用屏蔽布线系统及光缆布线系统。

(5) 在电信间、设备间及进线间应设置楼层或局部等电位接地端子板。

(6) 综合布线系统应采用共用接地的接地系统，单独设置接地体时，接地电阻不应大于 4Ω。布线系统的接地系统中存在两个不同的接地体时，接地电位差不应大于 1Vr.m.s。

(7) 楼层安装的各个配线柜(架、箱)应采用适当截面的绝缘铜导线单独布线至就近的等电位接地装置，也可采用竖井内等电位接地铜排，引到建筑物共用接地装置，铜导线的截面应符合设计要求。

(8) 缆线在雷电防护区交界处，屏蔽电缆屏蔽层的两端应做等电位连接并接地。

(9) 综合布线的电缆采用金属线槽或钢管敷设时，线槽或钢管应保持连续的电气连接，并应有不少于两点的良好接地。

(10) 当缆线从建筑物外面进入建筑物时，电缆和光缆的金属护套或金属件应在入口处就近与等电位接地端子板连接。

2. 防火标准线缆

防火标准线缆是布线系统防火的重点部件，在《综合布线系统工程设计规范》(GB 50311-2007)中，第8条有如下规定。

(1) 根据建筑物的防火等级和对材料的耐火要求，综合布线系统的缆线选用和布放方式及安装的场地应采取相应的措施。

(2) 综合布线工程设计选用的电缆、光缆应从建筑物的高度、面积、功能、重要性等方面加以综合考虑，选用相应等级的防火缆线。

对欧洲、美洲、国际的缆线测试标准进行同等比较后，建筑物的缆线在不同的场合及安装敷设方式时，建议选用符合相应防火等级的缆线，并按以下几种情况分别列出：

- 在通风空间内(如吊顶内及高架地板下等)采用敞开方式敷设缆线时，可选用 CMP 级(光缆为 OFNP 或 OFCP)或 B1 级。
- 在缆线竖井内的主干缆线采用敞开的方式敷设时，可选用 CMR 级或 B2、C 级。
- 在使用密封的金属管槽做防火保护的敷设条件下，缆线可选用 CM 级或 D 级。

1.6 我国综合布线系统国家标准简介

1. 名词术语

(1) 布线(Cabling)：能够支持信息电子设备相连的各种缆线、跳线、接插软线和连接器件组成的系统。

(2) 建筑群子系统(Campus Subsystem)：由配线设备、建筑物之间的干线电缆或光缆、设备缆线、跳线等组成的系统。

(3) 电信间(Telecommunications Room)：放置电信设备、电缆和光缆终端配线设备并进行缆线交接的专用空间。

(4) 信道(Channel)：连接两个应用设备的端到端的传输通道。信道包括设备电缆、设备光缆和工作区电缆、工作区光缆。

(5) CP 集合点(Consolidation Point)：楼层配线设备与工作区信息点之间水平缆线路由中的连接点。

(6) CP 链路(CP Link)：楼层配线设备与集合点(CP)之间，包括各端的连接器件在内的永久性的链路。

(7) 链路(Link)：一个 CP 链路或是一个永久链路。

(8) 永久链路(Permanent Link)：信息点与楼层配线设备之间的传输线路。它不包括工作区缆线和连接楼层配线设备的设备缆线、跳线，但可以包括一个 CP 链路。

(9) 建筑物入口设施(Building Entrance Facility)：提供符合相关规范机械与电气特性的连接器件，使得外部网络电缆和光缆引入建筑物内。

(10) 建筑群主干电缆、建筑群主干光缆(Campus Backbone Cable)：用于在建筑群内连接建筑群配线架与建筑物配线架的电缆、光缆。

(11) 建筑物主干缆线(Building Backbone Cable)：建筑物配线设备至楼层配线设备及建筑物内楼层配线设备之间相连接的缆线。建筑物主干缆线可为主干电缆和主干光缆。

(12) 水平缆线(Horizontal Cable)：楼层配线设备到信息点之间的连接缆线。

(13) 永久水平缆线(Fixed Horizontal Cable)：楼层配线设备到 CP 的连接缆线，如果链路中不存在 CP 点，为直连到信息点的连接缆线。

(14) CP 缆线(CP Cable)：连接集合点(CP)至工作区信息点的缆线。

(15) 信息点(TO)(Telecommunications Outlet)：各类电缆或光缆终接的信息插座模块。

(16) 线对(Pair)：一个平衡传输线路的两个导体，一般指一个绞线对。

(17) 交接(交叉连接)(Cross-connect)：配线设备和信息通信设备之间采用接插软线或跳线上的连接器件相连的一种连接方式。

(18) 互连(Interconnect)：不用接插软线或跳线，使用连接器件把一端的电缆、光缆与另一端的电缆、光缆直接相连的一种连接方式。

2. 符号和缩略词

符号和缩略词如表 6-2 所示。

表 6-2　GB50311 对于符号和缩略词的规定

英文缩写	英文名称	中文名称或解释
ACR	Attenuation to Crosstalk Ratio	衰减串音比
BD	Building Distributor	建筑物配线设备
CD	Campus Distributor	建筑群配线设备
CP	Consolidation Point	集合点
dB	dB	电信传输单元：分贝
d.c.	direct current	直流
ELFEXT	Equal Level Far End Crosstalk Attenuation(Loss)	等电平远端串音衰减
FD	Floor Distributor	楼层配线设备
FEXT	Far End Crosstalk Attenuation(Loss)	远端串音衰减(损耗)
IL	Insertion Loss	插入损耗
ISDN	Integrated Services Digital Network	综合业务数字网
LCL	Longitudinal to differential Conversion Loss	纵向对差分转换损耗
OF	Optical Fibre	光纤
PSNEXT	Power Sum NEXT Attenuation(Loss)	近端串音功率和
PSACR	Power Sum ACR	ACR 功率和
PS ELFEXT	Power Sum ELFEXT Attenuation(Loss)	ELFEXT 衰减功率和
RL	Return Loss	回波损耗
SC	Subscriber Connector(Optical Fibre Connector)	用户连接器(光纤连接器)
SFF	Small Form Factor connector	小型连接器
TCL	Transverse Conversion Loss	横向转换损耗
TE	Terminal Equipment	终端设备
Vr.m.s	Vroot.mean.square	电压有效值

任务2　认识综合布线系统的器材和工具

任务展示

在网络综合布线系统工程施工中，我们会用到不同的网络传输介质、网络布线配件和布线工具等。为了能在工程施工中正确使用，我们需要认识这些常用的器材和工具。

任务知识

2.1　网络传输介质

目前，在通信线路上使用的传输介质有双绞线、大对数双绞线、光缆。

1. 双绞线线缆

双绞线(Twisted Pair，TP)是综合布线工程中最常用的一种传输介质。双绞线是由两根具有绝缘保护层的铜导线组成的。把两根具有绝缘保护层的铜导线按一定节距互相绞在一起，可降低信号干扰的程度，每一根导线在传输中辐射出来的电波会被另一根线上发出的电波抵消。

目前，双绞线可分为非屏蔽双绞线(UTP，也称无屏蔽双绞线)和屏蔽双绞线(STP)，STP 屏蔽双绞线电缆的外层有铝箔包裹着，它的价格相对要高一些。网络综合布线工程使用的双绞线的种类如图 6-7 所示。

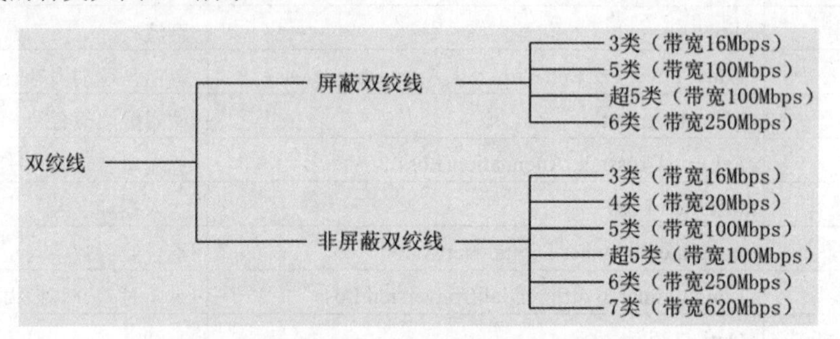

图 6-7　计算机网络工程使用的双绞线种类

(1) 非屏蔽双绞线电缆的优点如下。

① 无屏蔽外套，直径小，节省所占用的空间。

② 质量小、易弯曲、易安装。

③ 将串扰减至最小或加以消除。

④ 具有阻燃性。

⑤ 具有独立性和灵活性，适用于结构化综合布线。

(2) 双绞线的参数说明如下。

① 衰减：衰减(Attenuation)是沿链路的信号损失度量。衰减随频率而变化，所以应测量在应用范围内的全部频率上的衰减。

② 近端串扰：近端串扰 NEXT 损耗(Near-End Crosstalk Loss)是测量一条 UTP 链路中从一对线到另一对线的信号耦合。

③ 直流电阻：直流回路电阻会消耗一部分信号并转变成热量，它是指一对导线电阻的和，ISO/IEC11801 标准规定直流电阻功率不得大于 19.2W，每对间的差异不能太大，应小于 0.1W，否则表示接触不良，必须检查连接点。

④ 特性阻抗：与环路直流电阻不同，特性阻抗包括电阻及频率 1~100MHz 的感抗及容抗，它与一对电线之间的距离及绝缘的电气性能有关。各种电缆有不同的特性阻抗，对双绞线电缆而言，则有 100W、120W 及 150W 几种。

⑤ 衰减串扰比(ACR)：在某些频率范围，串扰与衰减量的比例关系是反映电缆性能的另一个重要参数。ACR 有时也以信噪比(SNR)表示，它由最差的衰减量与 NEXT 量值的差值计算。较大的 ACR 值表示对抗干扰的能力更强，系统要求至少大于 10dB。

⑥ 电缆特性：通信信道的品质是由它的电缆特性——信噪比(SNR)来描述的。SNR 是在考虑到干扰信号的情况下，对数据信号强度的一个度量。如果 SNR 过低，将导致数据信号在被接收时，接收器不能分辨数据信号和噪音信号，最终引起数据错误。因此，为了使数据错误限制在一定范围内，必须定义一个最小的可接收的 SNR。

(3) 在生产制造过程中，以下因素会影响网络双绞线的传输速率和距离。

① 铜棒材料的质量。

② 铜棒拉丝制成线芯的直径、均匀度、同心度。

③ 线芯覆盖绝缘层的厚度和均匀度、同心度。

④ 两芯线绞绕节距和松紧度。

⑤ 4 对绞绕节距和松紧度。

⑥ 生产过程中的张紧拉力。

⑦ 生产过程中的卷轴曲率半径。

(4) 在工程施工过程中，以下因素会影响网络双绞线的传输速率和距离。

① 网络双绞线配线端接工程技术。

② 布线拉力。

③ 布线曲率半径。

④ 布线绑扎技术。

⑤ 电磁干扰。

⑥ 工作温度。

2. 大对数双绞线

(1) 产品类别

按绞线类型(屏蔽型 4 对 8 芯线缆)，电缆可分成三类、五类、超五类、六类等。

按屏蔽层类型可分成：UTP 电缆(非屏蔽)、FTP 电缆(金属箔屏蔽)、SFTP 电缆(双总屏蔽层)、STP 电缆(线对屏蔽和总屏蔽)。

按规格(对数)分，有 25、50、100 对等电缆规格。

(2) 产品应用

根据建筑物防火等级和对材料的耐火要求，综合布线系统应采取相应的措施。在易燃的区域和大楼竖井内布放电缆或光缆，应采用阻燃的电缆和光缆；在大型公共场所宜采用阻燃、低烟、低毒的电缆或光缆；相邻的设备间或交接间应采用阻燃型配线设备。

(3) 产品款式

目前有以下几种类型的产品可供选择。

① LSOH 低烟无卤型，有一定的阻燃能力，会燃烧，释放 CO，但不释放卤素。

② LSHF-FR 低烟无卤阻燃型，不易燃烧，释放 CO 少，低烟，无卤素，危害小。

③ FEP 和 PFA 氟塑料树脂制成的电缆。

(4) 作用

大对数线缆产品主要用于垂直干线系统。应根据工程对综合布线系统传输频率和传输距离的要求，选择线缆的类别(三类、超五类、六类铜芯对绞电缆或光缆)。

(5) 通信电缆的色谱

通信电缆色谱组成分序始终共由 10 种颜色组成，有 5 种主色和 5 种次色，5 种主色和 5 种次色又组成 25 种色谱，不管通信电缆对数多大，通常，大对数通信电缆都是按 25 对色为一小把标识组成。

5 种主色是：白色、红色、黑色、黄色、紫色。

5 种次色是：蓝色、橙色、绿色、棕色、灰色。

(6) 屏蔽大对数线和非屏蔽大对数线

大对数线品种分为屏蔽大对数线和非屏蔽大对数线，如图 6-8 所示。

(a) 屏蔽大对数线

(b) 非屏蔽大对数线

图 6-8 大对数线品种分类

3. 同轴电缆

同轴电缆是由一根空心的外圆柱导体及其所包围的单根内导线所组成的。柱体同导线用绝缘材料隔开，其频率特性比双绞线好，能进行较高速率的传输。由于它的屏蔽性能好，抗干扰能力强，通常多用于基带传输。

同轴电缆根据其直径大小，可以分为粗同轴电缆与细同轴电缆。为了保持同轴电缆的正确电气特性，电缆屏蔽层必须接地。同时，两头要有终端来削弱信号反射作用。无论是粗缆还是细缆，均为总线拓扑结构，即一根缆上接多部机器，这种拓扑适用于机器密集的环境。但是，当一触点发生故障时，故障会串联影响到整根缆上的所有机器，故障的诊断和修复都很麻烦。所以，正逐步被非屏蔽双绞线或光缆取代。

4. 光缆的品种与性能

(1) 光缆

光导纤维是一种传输光束的细而柔韧的媒质。光导纤维电缆由一捆纤维组成，简称为光缆，如图 6-9 所示。光缆是数据传输中最有效的一种传输介质，本部分内容介绍光纤的结构、光纤的种类、光纤通信系统的简述和基本构成。

光纤通常是由石英玻璃制成的横截面积很小的双层同心圆柱体，也称为纤芯，它质地脆、易断裂，由于这一缺点，需要外加一保护层。其结构如图 6-10 所示。

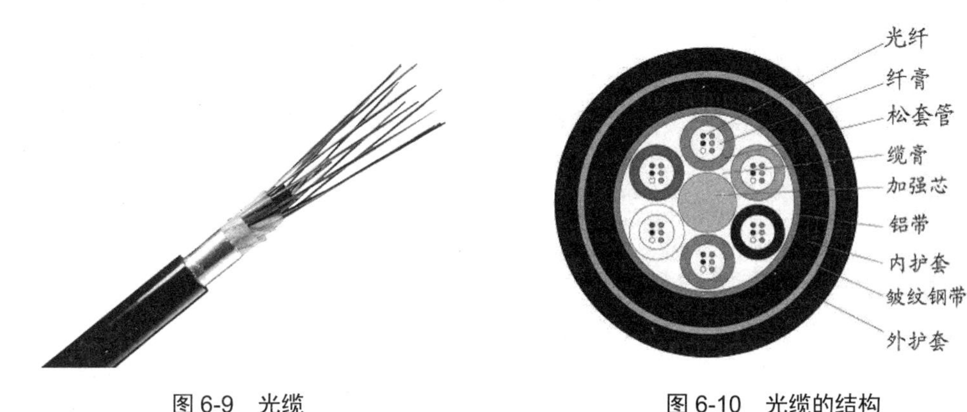

图 6-9　光缆　　　　图 6-10　光缆的结构

光缆是数据传输中最有效的一种传输介质，它有以下几个优点。

① 较宽的频带。

② 电磁绝缘性能好。

③ 衰减较小。

④ 中继器的间隔距离较大，因此，整个通道中继器的数目可以减少，这样可降低成本。而同轴电缆和双绞线在长距离使用中就需要接中继器。

(2) 光纤的种类

光纤主要有两大类，即单模光纤和多模光纤。

① 单模光纤：单模光纤的纤芯直径很小，在给定的工作波长上只能以单一模式传输，传输频带宽，传输容量大。光信号可以沿着光纤的轴向传播，因此，光信号的损耗很小，离散也很小，传播的距离较远。单模光纤 PMD 的规范建议纤芯直径为 8~10μm，包括包层的直径为 125μm。

② 多模光纤：多模光纤是在给定的工作波长上，能以多个模式同时传输的光纤。多模光纤的纤芯直径一般为 50~200μm，而包层直径的变化范围为 125~230μm，计算机网络用纤芯直径为 62.5μm，包层直径为 125μm，也就是通常所说的 62.5μm。与单模光纤相比，多模光纤的传输性能要差。在导入波长上分为单模 1310nm、1550nm，多模 850nm、1300nm。

(3) 纤芯分类

① 按照纤芯直径，可划分为以下几种：

- 50/125(μm)缓变型多模光纤。
- 62.5/125(μm)缓变增强型多模光纤。

- 10/125(μm)缓变型单模光纤。

② 按照光纤芯的折射率分布，可分为以下几种：

- 阶跃型光纤(Step Index Fiber，SIF)。
- 梯度型光纤(Griended Index Fiber，GIF)。
- 环形光纤(RingFiber)。
- W 型光纤。

(4) 光纤通信系统简述

① 光纤通信系统：光纤通信系统是以光波为载体、光导纤维为传输介质的通信方式，起主导作用的是光源、光纤、光发送机和光接收机。光源是光波产生的根源；光纤是传输光波的导体；光发送机负责产生光束，将电信号转变成光信号，再把光信号导入光纤；光接收机负责接收从光纤上传输过来的光信号，并将它转变成电信号，经解码后再做相应的处理。

② 光纤通信系统的主要优点如下：

- 传输频带宽、通信容量大，短距离时可达每秒几千兆位的传输速率。
- 线路损耗低、传输距离远。
- 抗干扰能力强，应用范围广。
- 线径细、质量小。
- 抗化学腐蚀能力强。
- 光纤制造资源丰富。

③ 光端机：光端机是光通信的一个主要设备，其外观如图 6-11 所示。

图 6-11 光端机

主要分两大类：模拟信号光端机和数字信号光端机。作为模拟信号的 FM 光端机，现行市场上主要有以下几种类型：

- 单模光端机/多模光端机。
- 数据/视频/音频光端机。
- 独立式/插卡式/标准式光端机。

在网络工程中，一般使用 62.5μm/125μm 规格的多模光纤，有时使用 50μm/125μm 规格的多模光纤。户外布线大于 2km 时，可选用单模光纤。

(5) 光缆的种类和机械性能

① 单芯互联光缆：主要应用范围包括跳线、内部设备连接、通信柜配线面板、墙上出口到工作站的连接和水平拉线直接端接。

② 双芯互联光缆：主要应用范围包括交连跳线、水平走线、直接端接、光纤到桌、通信柜配线面板和墙上出口到工作站的连接。

③　室外光缆 4~12 芯铠装型与全绝缘型：主要应用范围包括园区中楼宇之间的连接；长距离网络；主干线系统；本地环路和支路网络；严重潮湿、温度变化大的环境；架空连接(与悬缆线一起使用)、地下管道或直埋。

④　室内/室外光缆(单管全绝缘型)：主要应用范围包括不需任何互联情况下的由户外延伸到户内，线缆具有阻燃特性；园区中楼宇之间的连接；本地线路和支路网络；严重潮湿、温度变化大的环境；架空连接时；地下管道或直埋；悬吊缆/服务缆。

(6)　吹光纤铺设技术

吹光纤即预先在建筑群中铺设特制的管道，在实际需要采用光纤进行通信时，再将光纤通过压缩空气吹入管道。

吹光纤系统由微管和微管组、吹光纤、附件和安装设备组成。

①　微管和微管组

吹光纤的微管有两种规格：5 毫米和 8 毫米(外径)管。所有微管外皮均采用阻燃、低烟、不含卤素的材料，在燃烧时不会产生有毒气体，符合国际标准的要求。

在进行楼内或楼间光纤布线时，可先将微管在所需线路上布置，但不将光纤吹入，只有当实际真正需要光纤通信时，才将光纤吹入微管并进行端接。微管路由的变更也是非常简便的，只须将要变更的微管切断，再用微管连接头进行拼接，即可方便地完成对路由的修改、封闭和增加。

②　吹光纤

吹光纤有多模 62.5/125、50/125 和单模三类，每一根微管可最多容纳 4 根不同种类的光纤，由于光纤表面经过特殊处理并且重量极轻，每芯每米只有 0.23 克，因而吹制的灵活性极强。在吹光纤安装时，对于最小弯曲半径 25 毫米的弯度，在允许范围内最多可有 300 个 90℃的弯曲。吹光纤表面采用特殊涂层，在压缩空气进入空管时，光纤可借助空气动力悬浮在空管内向前飘行。另外，由于吹光纤的内层结构与普通光纤相同，因此光纤的端接程序和设备与普通光纤一样。

③　附件

包括 19 英寸光纤配线架、跳线、墙上及地面的光纤出线盒、用于微管间连接的陶瓷接头等。

2.2　线槽规格、品种和器材

在综合布线系统中，使用的线槽主要有以下几种情况。

1. 金属线槽和塑料线槽

(1)　金属槽

金属槽由槽底和槽盖组成，每根槽的长度一般为 2 米，槽与槽连接时，使用相应尺寸的铁板和螺丝固定。槽的外形如图 6-12 所示。

(2)　塑料槽

塑料槽的外形与图 6-12 类似，但它的品种规格更多。与 PVC 槽配套的附件有阳角、阴角、直转角、平三通、左三通、右三通、连接头、终端头、接线盒(暗盒、明盒)等。

(3) 金属管和塑料管

金属管用于分支结构或暗埋的线路，它的规格也有多种，外径以毫米(mm)为单位。管的外形如图 6-13 所示。

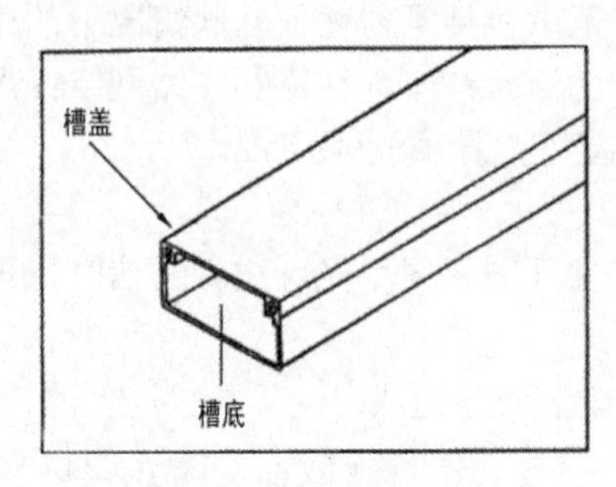

图 6-12 线槽外形

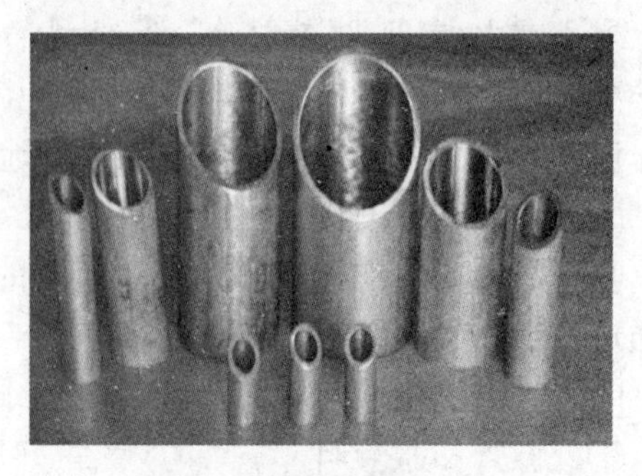

图 6-13 金属管的外形

塑料管产品分为两大类：即 PE 阻燃导管和 PVC 阻燃导管。

与 PVC 管安装配套的附件有接头、螺圈、弯头、弯管弹簧；一通接线盒、二通接线盒、三通接线盒、四通接线盒、开口管卡、专用截管器、PVC 粗合剂等。

(4) 桥架

桥架分为普通型桥架、重型桥架、槽式桥架。在普通桥架中，还可分为普通型桥架，直边普通型桥架。

2000mm 长的桥架外形如图 6-14 所示。

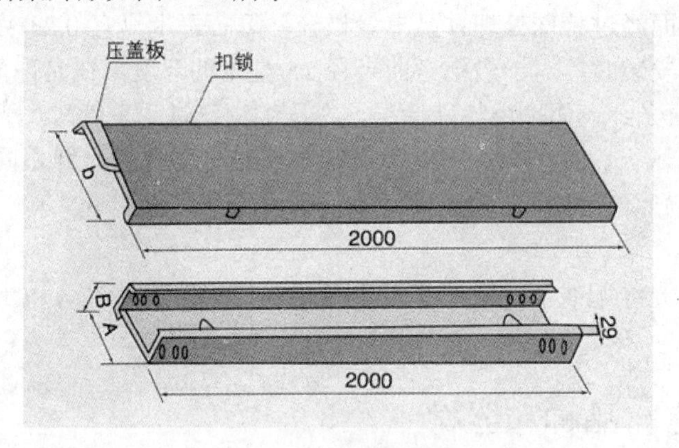

图 6-14 桥架外形

在普通桥架中，有以下主要配件供组合：梯架、弯通、三通、四通、多节二通、凸弯通、凹弯通、托臂、吊杆、接头、封头、调高板、端向联结板等。

桥架及配件如图 6-15 所示。

(5) 线缆的槽、管的铺设方法

槽的线缆敷设一般有 4 种方法。

① 采用电缆桥架或线槽和预埋纲管结合的方式：电缆桥架宜高出地面 2.2m 以上，桥架顶部距顶棚或其他障碍物不应小于 0.3m，桥架宽度不宜小于 0.1m，桥架内横断面的填充率不应超过 50%。

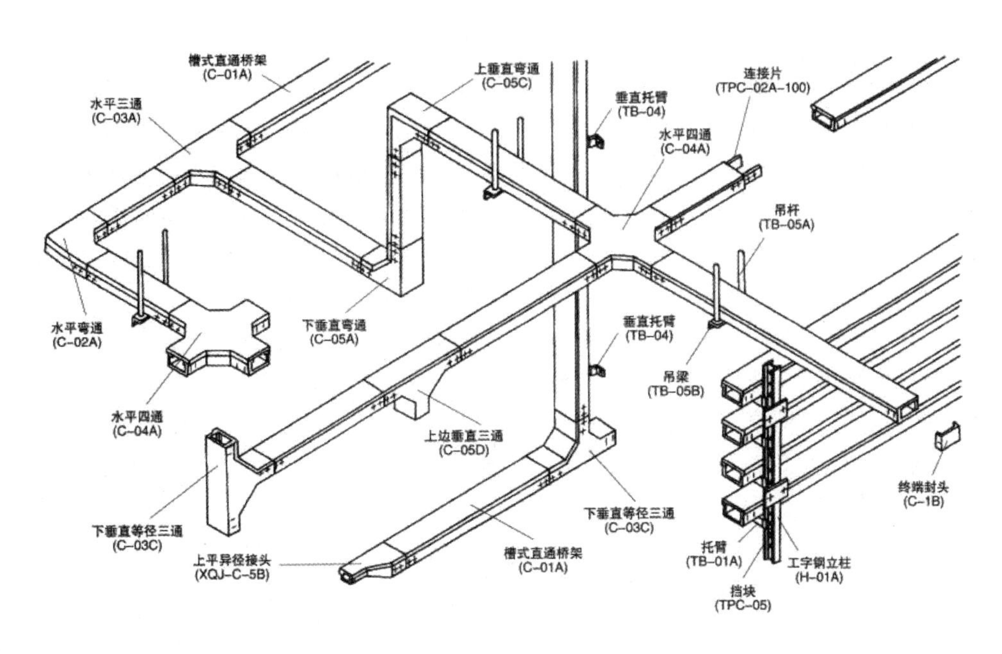

图 6-15　桥架及配件

在电缆桥架内缆线垂直敷设时，在缆线的上端应每间隔 1.5m 左右固定在桥架的支架上；水平敷设时，在缆线的首、尾、拐弯处每间隔 2~3m 处进行固定。

电缆线槽宜高出地面 2.2m。在吊顶内设置时，槽盖开启面应保持 80mm 的垂直净空，线槽截面利用率不应超过 50%。

水平布线时，布放在线槽内的缆线可以不绑扎，槽内缆线应顺直，尽量不交叉，缆线不应溢出线槽，在缆线进出线槽部位的拐弯处应绑扎固定。垂直线槽布放缆线应每间隔 1.5m 固定在缆线支架上。

在水平、垂直桥架和垂直线槽中敷设线时，应对缆线进行绑扎。绑扎间距不宜大于 1.5m，扣间距应均匀，松紧适度。

设置缆线桥架和缆线槽支撑保护的要求如下：

- 桥架水平敷设时，支撑间距一般为 1~1.5m，垂直敷设时，固定在建筑物体上的间距宜小于 1.5m。
- 金属线槽敷设时，在下列情况下设置支架或吊架：线槽接头处；间距为 1~1.5m；离开线槽两端口 0.5m 处；拐弯转角处。
- 塑料线槽槽底固定点间距一般为 0.8~1m。

② 预埋金属线槽支撑保护方式：

- 在建筑物中预埋线槽可视不同尺寸，按一层或两层设置，应至少预埋两根以上，线槽截面高度不宜超过 25mm。
- 线槽直埋长度超过 6m 或在线槽路由交叉、转弯时，宜设置拉线盒，以便于布放缆线和维修。
- 拉线盒盖应能开启，并与地面齐平，盒盖处应采取防水措施。
- 线槽宜采用金属管引入分线盒内。

③ 预埋暗管的支撑保护方式：

- 暗管宜采用金属管，预埋在墙体中间的暗管内径不宜超过 50mm；楼板中的暗管内径宜为 15~25mm。在直线布管 30m 处，应设置暗箱等装置。
- 暗管的转弯角度应大于 90°，在路径上，每根暗管的转弯点不得多于两个，并不应有 S 弯出现。在弯曲布管时，在每间隔 15m 处应设置暗线箱等装置。
- 暗管转弯的曲率半径不应小于该管外径的 6 倍，如暗管外径大于 50mm 时，曲率半径不应小于 10 倍。
- 暗管管口应光滑，并加有绝缘套管，管口伸出部位应为 25~50mm。

④ 格形线槽和沟槽结合的保护方式：

- 沟槽和格形线槽必须勾通。
- 沟槽盖板可开启，并与地面齐平，盖板和插座出口处应采取防水措施。
- 沟槽的宽度宜小于 600mm。
- 铺设活动地板、敷设缆线时，活动地板内净空不应小于 150mm，活动地板内如果作为通风系统的风道使用，地板内净高不应小于 300mm。
- 采用公用立柱作为吊顶支撑时，可在立柱中布放缆线，立柱支撑点宜避开沟槽和线槽位置，支撑应牢固。
- 不同种类的缆线布线在金属槽内时，应同槽分隔(用金属板隔开)布放。金属线槽接地应符合设计要求。
- 干线子系统缆线敷设支撑保护应符合下列要求：缆线不得布放在电梯或管道竖井中；干线通道间应沟通；竖井中缆线穿过每层楼板的孔洞宜为矩形或圆形。矩形孔洞尺寸不宜小于 300mm×100mm；圆形孔洞处应至少安装三根圆形钢管，管径不宜小于 100mm。
- 在工作区的信息点位置和缆线敷设方式未定的情况下，或在工作区采用地毯下布放缆线时，在工作区宜设置交接箱，每个交接箱的服务面积约为 $80cm^2$。

2. 信息模块

信息模块分为六类、超五类(见图 6-16)、三类，且有屏蔽和非屏蔽之分。

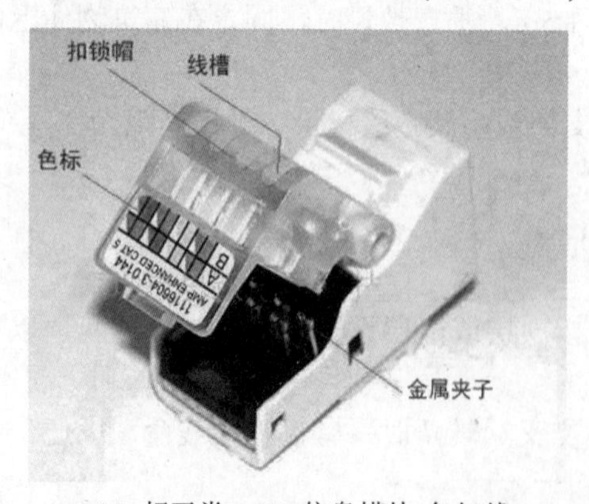

(a) 超五类 RJ45 信息模块(免打线)

(b) 超五类 RJ45 信息模块(非免打线)

图 6-16　超五类信息模块

信息模块满足 T-568A 超五类传输标准，符合 T568A 和 T568B 线序，适用于设备间与工作区的通信插座连接。芯针触点材料为 50μm 的镀金层，耐用性为 1500 次插拔。打线柱外壳材料为聚碳酸酯，IDC 打线柱夹子为磷青铜。适用于 22、24 及 26AWG(0.64、0.5 及 0.4mm)线缆，耐用性为 350 次插拔。

3. 面板、底盒

(1) 面板

常用面板分为单口面板和双口面板，面板外形尺寸符合国标 86 型、120 型。

86 型面板的宽度和长度分别是 86 毫米，通常采用高强度塑料材料制成，适合安装在墙面，具有防尘功能。RJ45 底盒面板如图 6-17 所示。

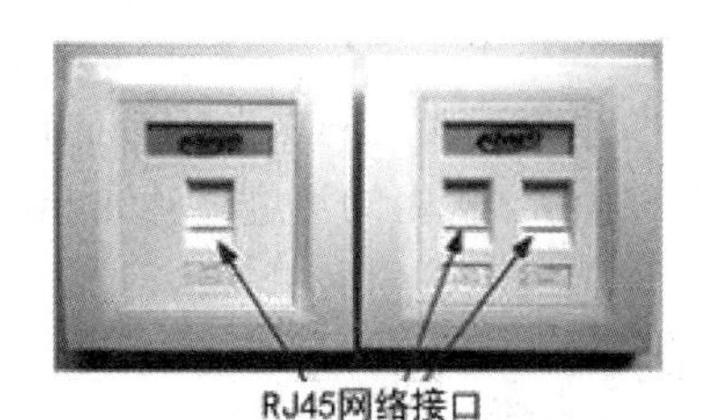

图 6-17　RJ45 底盒面板

120 型面板的宽度和长度是 120 毫米，通常采用铜等金属材料制成，适合安装在地面，具有防尘、防水功能。

(2) 底盒

常用底盒分为明装底盒和暗装底盒，如图 6-18 所示。

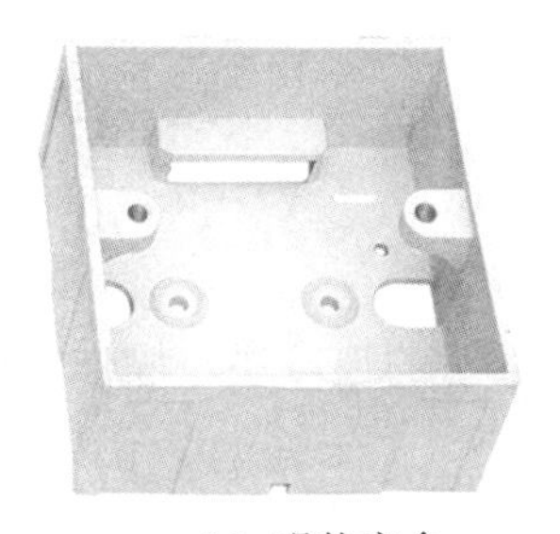

(a) 明装底盒

(b) 暗装底盒

图 6-18　常用底盒

4. 配线架

配线架是实现垂直干线和水平布线两个子系统交叉连接的枢纽，一般放置在管理区和设备间的机柜中。

在网络工程中，常用的配线架有双绞线配线架和光纤配线架。双绞线配线架的作用是在管理子系统中将双绞线进行交叉连接，用于主配线间和各分配线间。光纤配线架的作用是在管理子系统中对光缆进行连接，通常在主配线间和各分配线间进行。双绞线配线架如

图 6-19 所示。

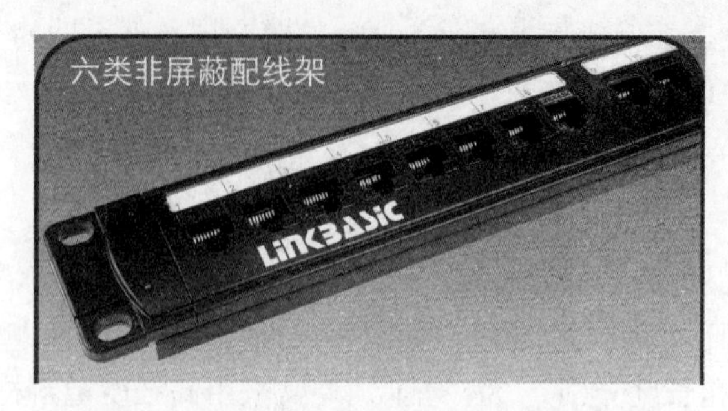

图 6-19　双绞线配线架(六类非屏蔽配线架)

5. 机柜

机柜是存放设备和线缆交接的地方。机柜以 U 为单元区分(1U=44.45mm)。标准的机柜为：高度为 19in，宽度为 600mm，一般情况下，服务器机柜的深度≥800mm，而网络机柜的深度≤800mm。机柜实物如图 6-20 所示。

图 6-20　机柜实物

2.3　布线工具

1. 五对 110 型打线工具

110 型连接端子打线工具。一次最多可以接五对的连接块，操作简单，省时省力。其外形与符号如图 6-21 所示。

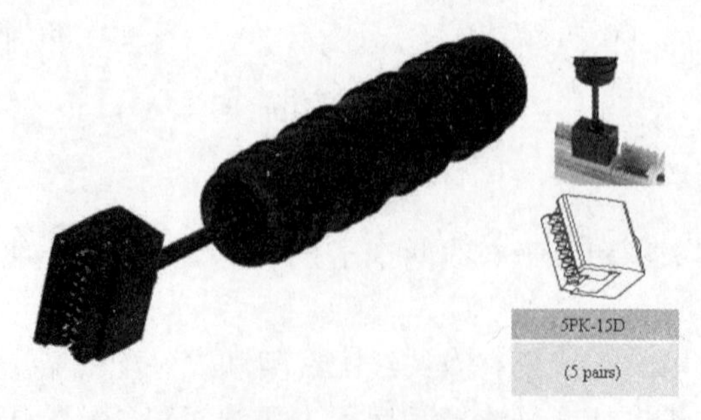

图 6-21　五对打线工具

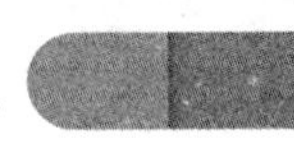

2. 单对 110 型打线工具

单对打线工具适用于线缆、110 型模块及配线架的连接作业，如图 6-22 所示。使用时，只需要简单地在手柄上推一下，就能将导线卡接在模块中，完成端接过程。

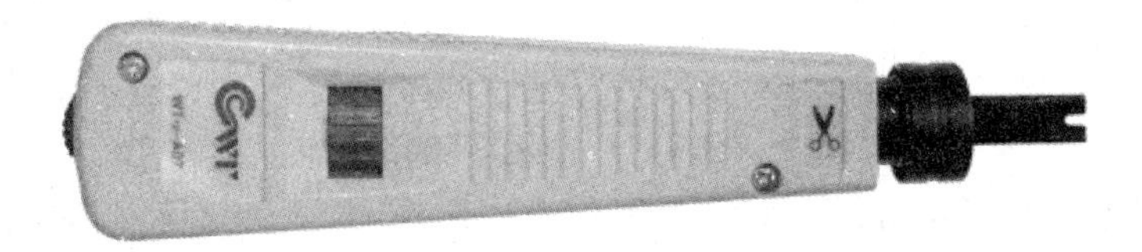

图 6-22　单对打线工具

使用打线工具时，必须注意以下事项。

(1) 用手在压线口按照线序把线芯整理好，然后开始压接，压接时，必须保证打线钳的方向正确，有刀口的一边必须在线端方向，正确压接后，刀口会将多余线芯剪断，否则，会将要用的网线铜芯剪断或者损伤。

(2) 打线钳必须保证垂直，突然用力向下压，听到“咔嚓”声，配线架中的刀片会划破线芯的外包绝缘外套，与铜线芯接触。

(3) 如果打接时不突然用力，而是均匀用力时，不容易一次将线压接好，可能会出现半接触状态。

(4) 如果打线钳不垂直，就容易损坏压线口的塑料芽，而且不容易将线压接好。

3. RJ45 + RJ11 双用压接工具

这种工具适用于 RJ45、RJ11 水晶头的压接，如图 6-23 所示。

4. RJ45 单用压接工具

此工具一把钳子包括了双绞线切割、剥离外护套、水晶头压接等多种功能。

5. 剥线器

剥线器实物如图 6-24 所示。

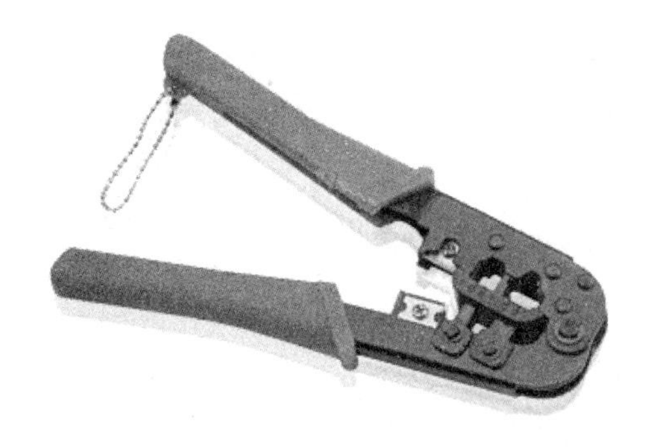

图 6-23　RJ45、RJ11 双用压接工具

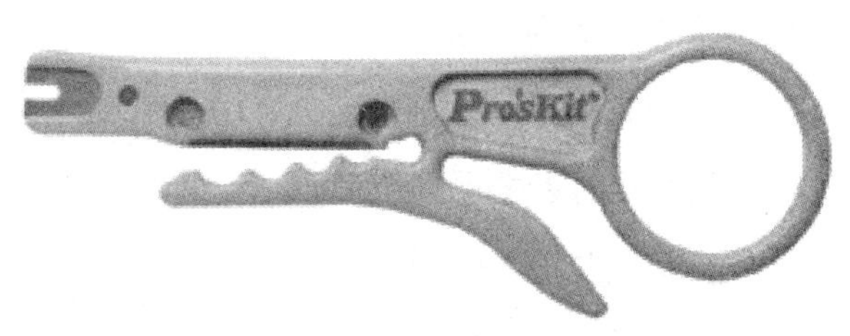

图 6-24　剥线器

任务3　网络综合布线系统的设计与实施

任务展示

某网络公司有 24 名员工，公司在软件科技园四层租用了 8 个房间，分别为经理室、财务室、办公室、工程部、项目部、维修部、商务部和仓库。入住前，需要进行网络综合布线，要求能够满足电话、计算机和监控等信号的传输。楼层平面结构如图 6-25 所示。

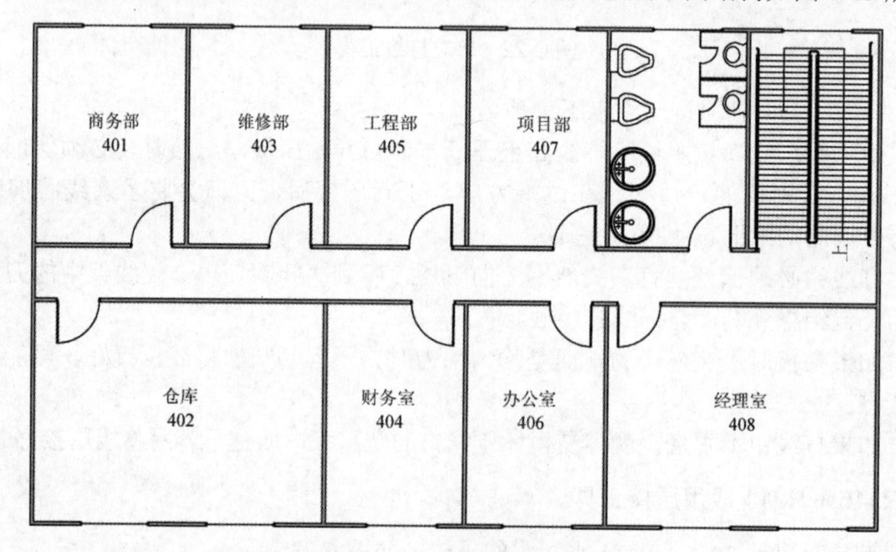

图 6-25　楼层的平面结构

任务知识

3.1　工作区子系统的设计与施工

1. 国家相关标准

在《综合布线系统工程设计规范》(GB50311-2007)中，要求每个工作区至少应配置一个 220V 交流电源插座，应选带保护接地的单相电源插座，保护接地与零线应严格分开。

2. 工作区的划分原则

一个工作区的服务面积可按 5~10m^2 估算，也可按不同的应用环境调整面积的大小。

3. 工作区适配器的选用原则

选择适当的适配器，可使综合布线系统的输出与用户终端设备保持完整的电器兼容。

4. 工作区子系统的设计要点

(1) 工作区内线槽要布置得合理、美观。

(2) 信息插座要在距离地面 30cm 以上的位置。

(3) 信息插座与计算机设备的距离保持在 5m 范围内。

(4) 确定信息点数量。工作区信息点数量主要根据用户的具体需求来确定。

在用户不能明确信息点数量的情况下，应根据工作区设计规范来确定，即一个 $5\sim10m^2$ 面积的工作区应配置一个语音信息点，或一个计算机信息点，或一个语音信息点和一个计算机信息点。

(5) 确定信息插座的数量：

N = Ceiling(M/A)　(N 为信息插座数量；M 为信息点数量；A 为信息插座插孔数)

其中，Ceiling()为取整函数。P = N+N×3%(P 为信息插座的总量，N 为信息插座数量，N×3%为富余量)。

(6) 确定信息插座的安装方式。工作区的信息插座分为暗埋式和明装式两种安装方式，暗埋方式的插座底盒嵌入墙面，明装方式的插座底盒直接在墙面上安装。

(7) 确定 RJ45 接头的数量。

m = n×4 + n×4×15%　(m 为总需求量，n 为信息点的总量，n×4×15%为余量)

5. 信息插座连接的技术要求

(1) 信息插座与终端的连接形式

每个工作区至少要配置一个插座盒。对于难以再增加插座盒的工作区，要至少安装两个分离的插座盒。信息插座是终端(工作站)与配线子系统连接的接口。其中最常用的为 RJ45 信息插座，即 RJ45 连接器。

(2) 信息插座与连接器的接法

对于 RJ45 连接器与 RJ45 信息插座，与 4 对双绞线的接法主要有两种，一种是 568A 标准，另一种是 568B 的标准。

6. RJ45 接头的端接原理

RJ45 接头的端接原理为：利用压线钳的机械压力使 RJ45 接头中的刀片首先压破线芯绝缘护套，然后再压入铜线芯中，实现刀片与线芯的电气连接。每个 RJ45 接头中有 8 个刀片，每个刀片与一个线芯连接。利用压线钳的压力将 8 根线逐一压接到模块的 8 个接线口，同时裁剪掉多余的线头。在压接过程中，刀片首先快速划破线芯绝缘护套，与铜线芯紧密接触，实现刀片与线芯的电气连接，8 个刀片通过电路板与 RJ45 接口的 8 个弹簧连接。

7. 跳线的分类

双绞线的连接方法也主要有两种：直通缆线和交叉缆线。直通缆线的水晶头两端都遵循 568A 或 568B 标准，它主要用于不同网络设备之间的连接。而交叉缆线的水晶头一端遵循 568A，另一端则采用 568B 标准，主要用于同种设备之间的连接。

8. 屏蔽线接地

屏蔽综合布线系统在施工的质量、工期和投资等方面要求，比非屏蔽综合布线系统高很多，屏蔽 FTP 电缆对屏蔽层的处理要求很高，除了要求链路的屏蔽层不能有断点外，还要求屏蔽通路必须是完整的全过程屏蔽。通常要达到最佳的屏蔽性能，应采用单端接地的方式。

3.2 配线子系统的设计与施工

1. 国家相关标准

配线子系统缆线宜采用吊顶、墙体内穿管或设置金属密封线槽及开放式(电缆桥架和吊挂环等)敷设，当缆线在地面布放时，应根据环境条件，选用地板下线槽、网络地板、高架(活动)地板布线等安装方式。

2. 线缆的选择原则

(1) 系统应用方面的要求

① 同一布线信道及链路的缆线与连接器件应保持系统等级和阻抗的一致性。

② 综合布线系统工程的产品类别及链路、信道等级确定应综合考虑建筑物的功能、应用网络、业务终端类型、业务的需求及发展、性能和价格、现场安装条件等因素。

③ 综合布线系统光纤信道应采用标称波长为 850nm 和 1300nm 的多模光纤及标称波长为 1310nm 和 1550nm 的单模光纤。

④ 楼内宜采用多模光缆，建筑物之间宜采用多模或单模光缆，需直接与电信业务经营者相连时，宜采用单模光缆。

⑤ 工作区信息点为电端口时，应采用 8 位模块通用插座(RJ45)，光端口宜采用 SFF 小型光纤连接器件及适配器。

(2) 屏蔽布线系统的要求

① 综合布线区域内的电磁干扰场强高于 3V/m 时，宜采用屏蔽布线系统进行防护。

② 用户对电磁兼容性有较高的要求(电磁干扰和防信息泄漏)时，或有网络安全保密的需要，宜采用屏蔽布线系统。

③ 屏蔽布线系统采用的电缆、连接器件、跳线、设备电缆等都应是屏蔽的，并应保持屏蔽层的连续性。

3. 配线子系统布线距离的计算

在 GB50311-2007 中，规定配线子系统永久链路的长度不能超过 90m。每个楼层用线量的计算公式如下：$C=[0.55(F+N)+6]\times M_1$。其中，C 为每个楼层的用线量，F 为最远的信息插座离楼层管理间的距离，N 为最近的信息插座离楼层管理间的距离，M_1 为每层楼的信息插座的数量，6 为端对容差(主要考虑到施工时缆线的损耗、缆线布设长度误差等因素)。整座楼的用线量为 $S=M_2C$。其中，M_2 为楼层数，C 为每个楼层的用线量。

4. 配线子系统缆线布线距离的规定

配线子系统各缆线长度应符合图 6-26 的划分，并应符合下列要求。

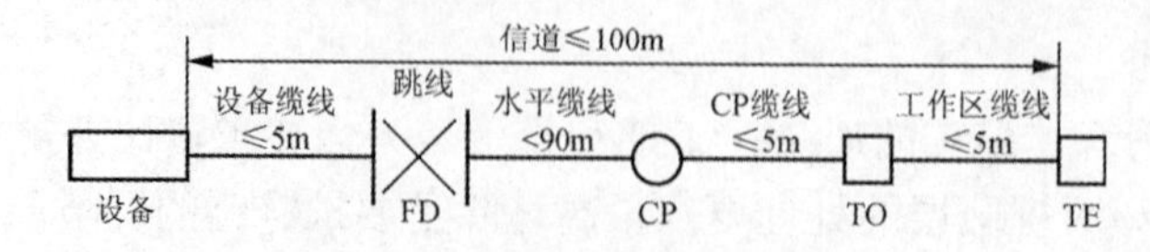

图 6-26 配线子系统缆线长度划分

5. 管道缆线的布放根数

在建筑物墙或者地面内暗设布线时，一般选择线管，不允许使用线槽。在建筑物墙明装布线时，一般选择线槽，很少使用线管。

缆线布放在管与线槽内的管径与截面利用率，应根据不同类型的缆线做不同的选择。管内穿放大对数电缆或 4 芯以上光缆时，直线管路的管径利用率应为 50% ~ 60%，弯管路的管径利用率应为 40% ~ 50%。管内穿放 4 对对绞电缆或 4 芯光缆时，截面利用率应为 25% ~ 35%。布放缆线在线槽内的截面利用率应为 30% ~ 50%。

6. 布线弯曲半径要求

管线敷设允许的弯曲半径如表 6-3 所示。

表 6-3　管线敷设允许的弯曲半径

缆线类型	弯曲半径
4 对非屏蔽电缆	不小于电缆外径的 4 倍
4 对屏蔽电缆	不小于电缆外径的 8 倍
大对数主干电缆	不小于电缆外径的 10 倍
2 芯或 4 芯室内光缆	大于 25mm
其他芯数和主干室内光缆	不小于光缆外径的 10 倍
室外光缆、电缆	不小于缆线外径的 20 倍

如图 6-27、6-28 所示，以在直径 20mm 的 PVC 管内穿线为例，进行计算和说明曲率半径的重要性。

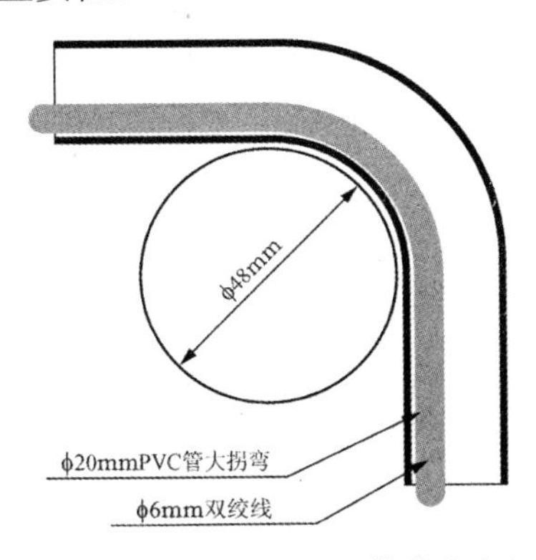

图 6-27　20mm 的 PVC 管曲率半径

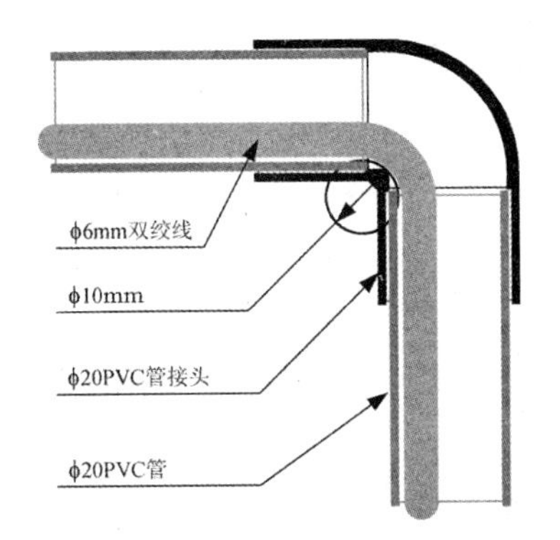

图 6-28　20mm 的电气穿线管曲率半径

按照 GB50311-2007 的规定，非屏蔽双绞线的拐弯曲率半径不小于电缆外径的 4 倍。电缆外径按照 6mm 计算，拐弯半径必须大于 24mm。

拐弯连接处不宜使用市场上购买的弯头。目前，市场上没有适合网络综合布线使用的大拐弯 PVC 弯头，只有适合电气和水管使用的 90° 弯头。

7. 网络缆线与其他设施的间距

(1) 网络缆线与电力电缆的间距见表 6-4。

表 6-4　综合布线电缆与电力电缆的间距

类　别	与综合布线接近状况	最小间距(mm)
380V 以下电力电缆，小于 2kVA	与缆线平行敷设	130
	有一方在接地的金属线槽或钢管中	70
	双方都在接地的金属线槽或钢管中	10
380V 电力电缆，2~5kVA	与缆线平行敷设	300
	有一方在接地的金属线槽或钢管中	150
	双方都在接地的金属线槽或钢管中	80
380V 电力电缆，大于 5kVA	与缆线平行敷设	600
	有一方在接地的金属线槽或钢管中	300
	双方都在接地的金属线槽或钢管中	150

(2)　缆线与电器设备的间距见表 6-5。

表 6-5　综合布线系统缆线与电气设备的最小净距

名　称	最小净距(m)	名　称	最小净距(m)
配电箱	1	电梯机房	2
变电室	2	空调机房	2

(3)　缆线与其他管线的间距见表 6-6。

表 6-6　综合布线系统缆线及管线与其他管线的间距

其他管线	平行净距(mm)	垂直交叉净距(mm)
避雷引下线	1000	300
保护地线	50	20
给水管	150	20
压缩空气管	150	20
热力管(不包封)	500	500
热力管(包封)	300	300
煤气管	300	20

8. 缆线敷设拉力标准

拉力过大，缆线变形，会破坏电缆对绞的匀称性，将引起缆线传输性能下降。缆线最大允许拉力如下。

- 一根 4 对线电缆：拉力为 100N。
- 二根 4 对线电缆：拉力为 150N。
- 三根 4 对线电缆：拉力为 200N。
- n 根 4 对线电缆：拉力为(n×5+50)N。

不管多少根线对电缆，最大拉力不能超过 400N。

9. 配线间安装工艺要求

(1) 配线间的数量应按所服务的楼层范围及工作区面积来确定。如果该层信息点数量不大于 400 个，水平缆线长度在 90m 范围以内，宜设置一个配线间。当超出这一范围时，宜设两个或多个配线间。每层的信息点数量较少，且水平缆线长度不大于 90m 的情况下，应当几个楼层合设一个配线间。

(2) 配线间应与强电间分开设置，配线间内或其紧邻处应设置缆线竖井。

(3) 配线间的使用面积不应小于 $5m^2$，也可根据工程中配线设备和网络设备的容量进行调整。

(4) 配线间应提供不少于两个 220V 带保护接地的单相电源插座，但不作为设备供电电源。

(5) 配线间应采用外开丙级防火门，门宽大于 0.7m。配线间内温度应为 10~35℃，相对湿度宜为 20%～80%。在安装信息网络设备时，应符合相应的设计要求。

10. 施工安全注意事项

在综合布线施工过程中，使用电动工具的情况比较多，如使用电锤打过墙洞、开孔安装线管等工作。在使用电锤之前，必须先检查一下工具的情况，在施工过程中，不能用身体顶住电锤。在打过墙洞或开孔时，一定要先确定是否是梁，必须错过梁的位置，否则打不通，导致延误工期。同时，要确定墙面内是否有其他线路，如强电线路等。

在施工中使用的高凳、梯子、人字梯、高架车等，使用前必须认真检查其牢固性。梯外端应采取防滑措施，并不得垫高使用。在通道处使用梯子，应有人监护或设围栏。人字梯距梯脚 40~60cm 处要设拉绳，施工中，不准站在梯子的最上一层工作，且严禁在上面放置工具和材料。

安全生产领导小组负责现场施工技术安全的检查和督促工作，并做好记录。

3.3　干线子系统的施工

1. 国家相关标准

GB50311-2007 的第 6 章安装工艺要求中，对干线子系统的安装工艺提出了具体要求。干线子系统垂直通道穿过楼板时，宜采用电缆竖井方式，也可采用电缆孔、管槽的方式，电缆竖井的位置应上下对齐。

2. 干线子系统的设计要点

(1) 底盒安装

干线子系统缆线主要有铜缆和光缆两种类型，具体要根据布线环境的限制和用户对综合布线系统设计等级来选择。计算机网络系统的主干缆线可以选用 4 对双绞线电缆或 25 对大对数电缆或光缆，电话语音系统的主干电缆可以选用三类大对数双绞线电缆，有线电视系统的主干电缆一般采用 75Ω同轴电缆。主干电缆的线对要根据水平布线缆线对数以及应用系统类型来确定。

(2) 干线子系统路径的选择

干线子系统的主干缆线应选择最短、最安全和最经济的路由。路由的选择要根据建筑物的结构以及建筑物内预留的电缆孔、电缆井等通道位置而决定。建筑物内有两大类型的通道：封闭型和开放型，宜选择带门的封闭型通道敷设干线缆线。封闭型通道是指一连串上下对齐的空间，每层楼都有一间，电缆竖井、电缆孔、管道电缆、电缆桥架等穿过这些房间的地板层。开放型通道是指从建筑物的地下室到楼顶的一个开放空间，中间没有任何楼板隔开。主干电缆宜采用点对点端接，也可采用分支递减端接。

(3) 缆线容量配置

主干电缆和光缆所需的容量要求及配置应符合以下规定。

① 对语音业务，大对数主干电缆的对数应按每一个电话 8 位模块通用插座配置一对线，并在总需求线对的基础上至少预留约 10%的备用线对。

② 对于数据业务，应以集线器或交换机群(按 4 个集线器或交换机组成一群)；或以每个集线器或交换机设备设置一个主干端口配置。每一群网络设备或每 4 个网络设备宜考虑一个备份端口。主干端口为电端口时，应按 4 对线容量；为光端口时，则按 2 芯光纤容量配置。

③ 当工作区至电信间的水平光缆延伸至设备间的光配线设备(BD/CD)时，主干光缆的容量应包括所延伸的水平光缆光纤的容量在内。

(4) 干线子系统缆线敷设保护方式的要求

① 缆线不得布放在电梯或供水、供气、供暖管道竖井中，缆线不应布放在强电竖井中。

② 电信间、设备间、进线间之间干线通道应沟通。

(5) 干线子系统干线缆线的交接

为了便于综合布线的路由管理，干线电缆、干线光缆布线的交接不应多于两次。从楼层配线架到建筑群配线架之间只应通过一个配线架连接，即建筑物配线架(在设备间内)。当综合布线只用一级干线布线进行配线时，放置干线配线架的二级交接间可以并入楼层配线间。

(6) 干线子系统干线缆线的端接

干线电缆可以采用点对点端接，也可以采用分支递减端接，以及采用电缆直接连接，如图 6-29、6-30 所示。

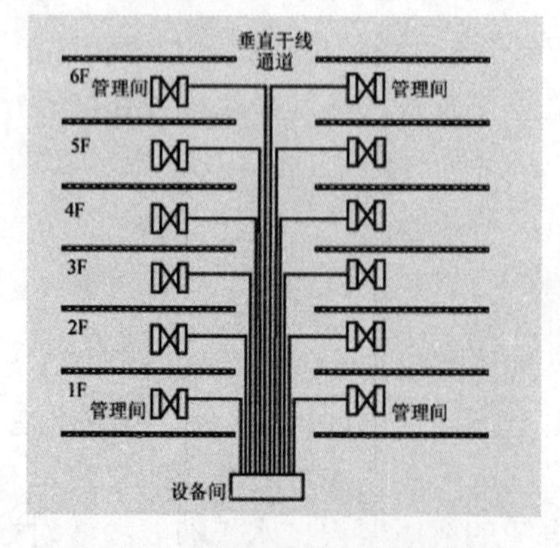

图 6-29 干线电缆点至点端接方式

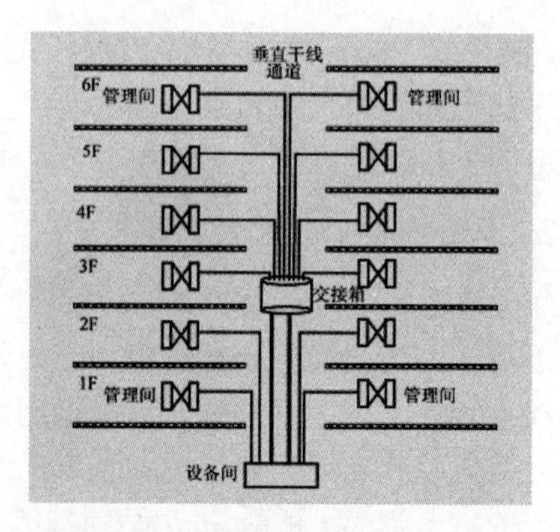

图 6-30 干线电缆分支接合方式

(7) 确定干线子系统通道的规模

垂直干线子系统是建筑物内的主干电缆。在大型建筑物内，通常使用的干线子系统通道是由一连串穿过配线间地板且垂直对准的通道组成的。穿过弱电间地板的缆线井和缆线孔如图 6-31 所示。如果同一幢大楼的配线间上下不对齐，则可采用大小合适的缆线管道系统将其连通。

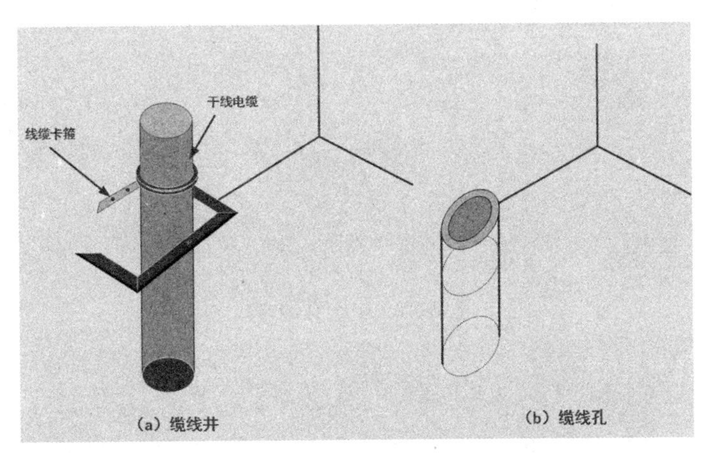

图 6-31　穿过弱电间地板的缆线井和缆线孔

(8) 干线子系统布线缆线的选择

根据建筑物的结构特点以及应用系统的类型，决定选用干线缆线的类型，在干线子系统设计时，常用以下几种缆线：

- 4 对双绞线电缆(UTP 或 STP)。
- 100 对大对数对绞电缆(UTF 或 STP)。
- 62.5/125μm 多模光缆。
- 8.3/125μm 单模光缆。
- 75Ω有线电视同轴电缆。

垂直缆线布线路由的选择主要依据建筑的结构以及建筑物内预埋的管道而定。目前垂直型的干线布线路由主要采用电缆孔和电缆井两种方法。对于单层平面建筑物，水平型的干线布线路由，主要用金属管道和电缆托架两种方法。

(9) 干线子系统布线通道的选择

干线子系统垂直通道有下列三种方式可供选择。

① 电缆孔的方式：通道中所用的电缆孔是很短的管道，通常用一根或数根外径 63~102mm 的金属管预埋在楼板内，金属管高出地面 25~50mm，也可直接在地板中预留一个大小适当的孔洞。电缆一般捆在钢绳上，而钢绳则固定在墙上已铆好的金属条上。当楼层配线间上下都对齐时，一般可采用电缆孔的方式，如图 6-32 所示。

② 管道方式：管道方式包括明管或暗管敷设。

③ 电缆竖井的方式：在新建工程中，推荐使用电缆竖井的方式。电缆井是指在每层楼板上开出一些方孔，一般宽度为 30cm，并有 2.5cm 高的井栏，具体大小要根据所布线的干线电缆数量而定，如图 6-33 所示。

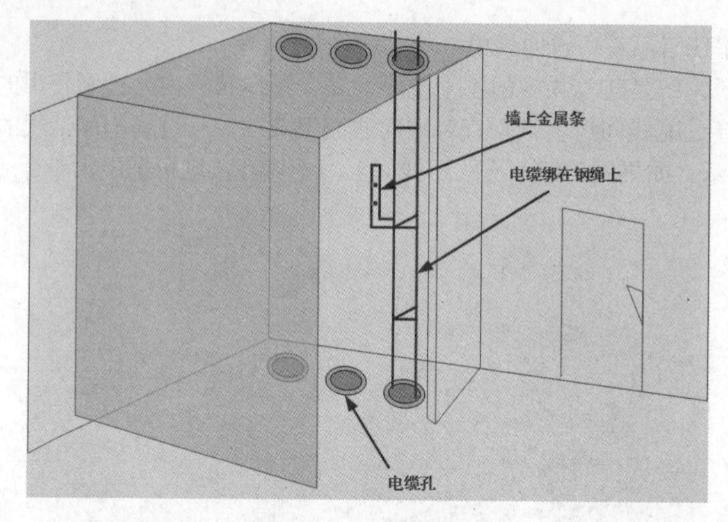

图 6-32　电缆孔的方式

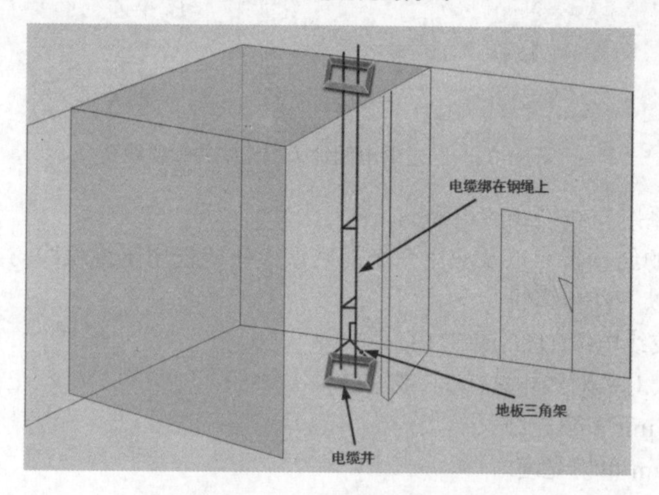

图 6-33　电缆竖井的方式

电缆井比电缆孔更为灵活，可以让各种粗细不一的电缆以任何方式布设通过。但在建筑物内开电缆井造价较高，而且不使用的电缆井很难防火。

(10) 干线子系统缆线容量的计算

在确定干线缆线容量时，都要根据楼层配线子系统所有的语音、数据、图像等信息插座的数量来进行计算，具体的计算原则如下。

① 语音干线可按一个电话信息插座至少配一个线对的原则进行计算。

② 计算机网络干线线对容量计算原则是电缆干线按 24 个信息插座配两对对绞线。每一个交换机或交换机群配 4 对对绞线，光缆干线按每 48 个信息插座配 2 芯光纤。

③ 当楼层信息插座较少时，在规定的长度范围内，可以多个楼层共用交换机，并合并计算光纤芯数。

④ 如有光纤到用户桌面的情况，光缆直接从设备间引至用户桌面，干线光缆芯数应不包含这种情况下的光缆芯数。

⑤ 主干系统应留有足够的余量，以作为主干链路的备份，确保主干系统的可靠性。

3.4　设备间的施工

1. 国家相关标准

GB50311-2007 对设备间的设置要求如下：每幢建筑物内应至少设置 1 个设备间，如果电话交换机与计算机网络设备分别安装在不同的场地(或根据安全需要)也可设置两个或两个以上的设备间，以满足不同业务的设备安装需要。

2. 设备间子系统设计要点

设备间子系统的设计，主要考虑设备间的位置以及设备间的环境要求，具体设计要点可参考下列内容。

(1)　设备间的位置

设备间的位置及大小应根据建筑物的结构、综合布线规模、管理方式以及应用系统设备的数量等方面进行综合考虑，择优选取。

一般而言，设备间应尽量建在建筑平面及其综合布线干线综合体的中间位置。在高层建筑内，设备间也可以设置在 1 层或 2 层。

确定设备间的位置时，可以参考以下设计规范。

①　应尽量建在综合布线干线子系统的中间位置，并尽可能靠近建筑物电缆引入区和网络接口，以方便干线缆线的进出。

②　应尽量避免设在建筑物的高层或地下室以及用水设备的下层。

③　应尽量远离强振动源和强噪声源。

④　应尽量避开强电磁场的干扰。

⑤　应尽量远离有害气体源以及易腐蚀、易燃、易爆物。

⑥　应便于接地装置的安装。

(2)　设备间的面积

设备间最小使用面积不得小于 $20m^2$。具体面积可用以下两种方法得到。

①　方法一：已知 Sb 为与综合布线有关的并安装在设备间内的设备所占面积，单位为 m^2；S 为设备间的使用总面积，单位为 m^2，那么 $S=(5\sim7)\sum Sb$ 。

②　方法二：当设备尚未选型时，则设备间使用总面积 S 为 S=KA。其中，A 为设备间的所有设备总台(架)数，单位为 m^2；K 为系数，取值为 $4.5\sim5.5m^2$/台(架)。

(3)　建筑结构

设备间的建筑结构主要依据设备大小、设备搬运以及设备重量等因素而设计。设备间的高度一般为 2.5~3.2m。设备间门的大小至少为高 2.1m、宽 1.5m。设备间的楼板承重设计一般分为两级：A 级≥$500kg/m^2$；B 级≥$300kg/m^2$。

(4)　设备间的环境要求

①　温湿度：设备间的温湿度控制可以通过安装降温或加温、加湿或除湿功能的空调设备来实现控制。温湿度标准如表 6-7 所示。

②　尘埃：要降低设备间的尘埃度，关键在于定期清扫灰尘，工作人员进入设备间应更换干净的鞋具。尘埃控制标准见表 6-8。

表 6-7　设备间的温湿度标准

项　目	A　级	B　级	C　级
温度(℃)	夏季：22±4	12～30	8～35
	冬季：18±4		
相对湿度	40%～65%	35%～70%	20%～80%

表 6-8　尘埃控制标准

项　目	A　级	B　级
粒度(μm)	大于 0.5	大于 0.5
个数(粒/dm^3)	小于 10000	小于 18000

③　空气：空气成分控制标准见表 6-9。

表 6-9　空气成分控制标准

有害气体(mg/m^3)	二氧化硫(SO_2)	硫化氢(H_2S)	二氧化氮(NO_2)	氨(NH_3)	氯(Cl_2)
平均限值	0.2	0.006	0.04	0.05	0.01
最大限值	1.5	0.03	0.15	0.15	0.3

④　照明：为了方便工作人员在设备间内操作设备和维护相关的综合布线器件，设备间内必须安装足够照明度的照明系统，并配置应急照明系统。设备间内，距地面 0.8m 处，照明度不应低于 200lx。设备间配备的事故应急照明，在距地面 0.8m 处，照明度不应低于 5lx。

⑤　噪声：为了保证工作人员的身体健康，设备间内的噪声应小于 70dB。

⑥　电磁场干扰：设备间无线电干扰的频率应在 0.15~1000MHz 范围内，噪声不大于 120dB，磁场干扰场强不大于 800A/m。

⑦　供电系统：设备间供电电源应满足以下要求。频率为 50Hz；电压为 220V/380V；相数为三相五线制或三相四线制/单相三线制。根据设备间内设备的使用要求，设备要求的供电方式分为三类：

- 需要建立不间断供电系统。
- 需建立带备用的供电系统。
- 按一般用途供电考虑。

(5)　设备间的设备管理

设备间内的设备种类繁多，而且缆线布设复杂。为了管理好各种设备及缆线，设备间内的设备应分类分区安装，设备间内所有进出线装置或设备应采用不同的色标，以区别各类用途的配线区，方便线路的维护和管理。

(6)　结构防火

为了保证设备使用安全，设备间应安装相应的消防系统，配备防火防盗门。

①　安全级别为 A 类的设备间，其耐火等级必须符合《高层民用建筑设计防火规范》

(GB 50045-95(2005 年版))中规定的一级耐火等级。

② 安全级别为 B 类的设备间，其耐火等级必须符合《高层民用建筑设计防火规范》(GB 50045-95(2005 年版))中规定的二级耐火等级。

③ 安全级别为 C 类的设备间，其耐火等级要求应符合《建筑设计防火规范》(GBJ16-1987)中规定的二级耐火等级。

(7) 火灾报警及灭火设施

安全级别为 A、B 类的设备间内应设置火灾报警装置。在机房内、基本工作房间、活动地板下、吊顶上方及易燃物附近，都应设置烟感和温感探测器。

在 A 类设备间内，应设置二氧化碳(CO_2)自动灭火系统，并备有手提式二氧化碳(CO_2)灭火器。

在 B 类设备间内，在条件许可的情况下，应设置二氧化碳自动灭火系统，并备有手提式二氧化碳灭火器。

C 类设备间内应备有手提式二氧化碳灭火器。

(8) 接地要求

在设备间设备安装过程中，必须考虑设备的接地。根据综合布线相关规范的要求，接地标准如下。

① 直流工作接地电阻一般要求不大于 4，交流工作接地电阻也不应大于 4，防雷保护接地电阻不应大于 10。

② 建筑物内部应设有一套网状接地网络，保证所有设备共同的参考等电位。如果综合布线系统单独设置接地系统，且能保证与其他接地系统之间有足够的距离，则接地电阻值规定为小于等于 4。

③ 为了获得良好的接地，推荐采用联合接地方式。所谓联合接地方式，就是将防雷接地、交流工作接地、直流工作接地等统一接到共用的接地装置上。当综合布线采用联合接地系统时，通常利用建筑钢筋作为防雷接地引下线，而接地体一般利用建筑物基础内的钢筋网作为自然接地体，使整幢建筑的接地系统组成一个笼式的均压整体。联合接地电阻要求小于或等于 1。

(9) 内部装饰

设备间装修材料使用符合《建筑设计防火规范》(TJ16-1987)中规定的难燃材料或阻燃材料，应能防潮、吸音、不起尘、抗静电等。

① 地面：为了方便敷设电缆线和电源线，设备间的地面最好采用抗静电活动地板。

② 墙面：墙面应选择不易产生灰尘，也不易吸附灰尘的材料。目前，大多数是在平滑的墙壁上涂阻燃漆，或在墙面上覆盖耐火的胶合板。

③ 顶棚：为了吸音及布置照明灯具，一般在设备间顶棚下加装一层吊顶。吊顶材料应满足防火要求。目前，我国大多数情况下都采用铝合金或轻钢作为龙骨，安装吸音铝合金板、阻燃铝塑板、喷塑石英板等。

④ 隔断：根据设备间放置的设备及工作需要，可用玻璃将设备间隔成若干个房间。隔断可以选用防火的铝合金或轻钢作为龙骨，安装 10mm 厚的玻璃。或从地板面至 1.2m 处安装难燃双塑板，在 1.2m 以上安装 10mm 厚的玻璃。

3. 设备间内的缆线敷设

设备间内的缆线敷设有如下一些方式：

- 活动地板方式。
- 地板或墙壁内沟槽方式。
- 预埋管路方式。
- 机架走线架方式。

4. 设备间机柜的安装要求

设备间机柜的安装要求见表 6-10。

表 6-10　设备间机柜安装要求

	标　准
安装位置	应符合设计要求，机柜应离墙 1m，便于安装和施工。所有安装螺丝不得有松动，保护橡皮垫应安装牢固
底　座	安装应牢固，应按设计图的防震要求进行施工
安　放	安放应竖直，柜面水平，垂直偏差≤1‰，水平偏差≤3mm，机柜之间缝隙≤1mm
表　面	完整，无损伤，螺栓坚固，每平方米表面凹凸度应<1mm
接　线	接线应符合设计要求，接线端子的各种标志应齐全，保持良好
配线设备	接地体，保护接地，导线截面、颜色应符合设计要求
接　地	应设接地端子，并良好连接，接入楼宇接地端排
缆线预留	对于固定安装的机柜，在机柜内不应有预留线长，预留线应预留在可以隐蔽的地方，长度在 1~1.5m 之间。 对于可移动的机柜，连入机柜的全部缆线在连入机柜的入口处，应至少预留 1m，同时，各种缆线的预留长度相互之间的差别应不超过 0.5m
布　线	机柜内的走线应全部固定，并要求横平竖直

5. 配电要求

设备间供电由大楼市电提供电源，进入设备间专用的配电柜。设备间设置设备专用的 UPS 地板下插座，为了便于维护，在墙面上安装维修插座。其他房间根据设备的数量安装相应的维修插座。配电柜除了满足设备间设备的供电外，还要留出一定的余量，以备以后的扩容。

6. 防雷基本原理

所谓雷击防护，就是通过合理、有效的手段，将雷电流的能量尽可能地引入大地，防止其进入被保护的电子设备，其方式是疏导，而不是堵雷或消雷。

感应雷的防护措施就是在被保护设备前端并联一个参数匹配的防雷器。在雷电流的冲击下，防雷器在极短时间内与地网形成通路，使雷电流在到达设备之前，通过防雷器和地网泄放入地。当雷电流脉冲泄放完成后，防雷器自恢复为正常的高阻状态，使被保护设备可以继续工作。

直击雷的防护已经是一个很早就被重视的问题。现在的直击雷防护基本上采用有效的避雷针、避雷带或避雷网作为接闪器，通过引下线，使直击雷的能量泄放入地。

7. 防静电措施

为了防止静电带来的危害，更好地保护机房设备，更好地利用布线空间，应在中央机房等关键的房间内安装高架防静电地板。

8. 设备系统接地

设备间的防雷接地可单独接地或与大楼接地系统共同接地。接地要求每个配线架都应单独引线至接地体，保护地线的接地电阻值。单独设置接地体时，阻抗不应大于 2Ω；采用与大楼共同接地体时，接地电阻不应大于 1Ω。设备间电源应具有过压过流保护功能，以防止对设备的不良影响和冲击。

9. 设备间的安装工艺要求

(1) 设备间位置应根据设备的数量、规模、网络构成等因素，综合考虑确定。

(2) 每幢建筑物内应至少设置一个设备间，如果电话交换机与计算机网络设备分别安装在不同的场地(或根据安全需要)，也可设置两个或两个以上设备间，以满足不同业务的设备安装需要。

(3) 建筑物综合布线系统与外部配线网连接时，应遵循相应的接口标准要求。

(4) 设备间的设计应符合下列规定。

① 设备间宜处于干线子系统的中间位置，并考虑主干缆线的传输距离和数量。

② 设备间宜尽可能靠近建筑物缆线竖井位置，有利于主干缆线的引入。

③ 设备间的位置宜便于设备接地。

④ 设备间应尽量远离高低压变配电、电机、X 射线和无线电发射等有干扰源存在的场地。

⑤ 设备间的室温应为 10～35℃，相对湿度应为 20%～80%，并应有良好的通风。

⑥ 设备间内应有足够的设备安装空间，其使用面积不应小于 $10m^2$，该面积不包括程控用户交换机、计算机网络设备等设施所需的面积在内。

⑦ 设备间梁下净高不应小于 2.5m，采用外开双扇门，门宽不应小于 1.5m。

(5) 设备安装宜符合下列规定。

① 机架或机柜前面的净空不应小于 800mm，后面的净空不应小于 600mm。

② 壁挂式配线设备底部离地面的高度不宜小于 300mm。

(6) 设备间应当提供不少于两个 220V 带保护接地的单相电源插座，但是，不作为设备的供电电源。

3.5 管理间子系统的施工

1. 管理间子系统的划分原则

管理间(电信间)是主要为楼层安装配线设备(机柜、机架、机箱等安装方式)和楼层计算机网络设备(集线器或交换机)的场地，并可考虑在该场地设置缆线竖井、等电位接地体、电源插座、UPS 配电箱等设施。

如果综合布线系统与弱电系统设备合设于同一场地，从建筑的角度出发，一般也称为弱电间。用户可以在管理间子系统中更改、增加、交接、扩展缆线，从而改变缆线路由。管理间子系统中，以配线架为主要设备，配线设备可直接安装在 19 英寸机架或机柜上。

管理间房间面积的大小一般根据信息点的多少安排和确定，如果信息点多，就应该考虑用一个单独的房间来放置，如果信息点很少时，也可采取在墙面安装机柜的方式。

2. 阅读建筑物图纸和管理间编号

在管理间的位置确定前，通过阅读建筑物图纸掌握建筑物的土建结构、强电路径、弱电路径，特别是主要电器管理和电源插座的安装位置，重点掌握管理间附近的电器管理、电源插座、暗埋管线等。

管理间的命名和编号从项目设计开始到竣工验收及后续维护必须保持一致。

管理子系统的缆线、管理器件及跳线都必须做好标记，以标明位置、用途等信息。

完整的标记应包含以下的信息：建筑物名称、位置、区号、起始点和功能。

电缆和光缆的两端应采用不易脱落和磨损的不干胶条标明相同的编号。

综合布线使用三种标记：电缆标记、场标记和插入标记，其中，插入标记用途最广。

(1) 电缆标记

电缆标记主要用来标明电缆的来源和去处，在电缆连接设备前，电缆的起始端和终端都应做好电缆标记。电缆标记由背面为不干胶的白色材料制成，可以直接贴到各种电缆表面上，其规格尺寸和形状根据需要而定。例如，一根电缆从三楼的 311 房的第 1 个计算机网络信息点拉至楼层管理间，则该电缆的两端应标记上 311-D1 的标记，其中，D 表示数据信息点。

(2) 场标记

场标记又称为区域标记，一般用于设备间、配线间和二级交接间的管理器件上，以区分管理器件连接缆线的区域范围。它也是由背面为不干胶的材料制成，可贴在设备醒目的平整表面上。

(3) 插入标记

插入标记一般用于管理器件，如 110 配线架、BIX 安装架等。插入标记是硬纸片，可以插在 12.7mm×203.2mm 的透明塑料夹里，这些塑料夹可安装在两个 110 接线块或两根 BIX 条之间。每个插入标记都用色标来指明所连接电缆的源发地，这些电缆端接于设备间和配线间的管理场。

对于插入标记的色标，综合布线系统有较为统一的规定，如表 6-11 所示。

3. 管理间子系统设计要点

(1) 管理间数量的确定

每个楼层一般应至少设置 1 个管理间(电信间)。特殊情况下，每层信息点数量较少，且水平缆线长度不大于 90m，可以几个楼层合设一个管理间。同样道理，若一个楼层信息点太多时，也可考虑一个楼层设置多个管理间。

表 6-11　综合布线色标规定

色　别	设 备 间	配 线 间	二级交接间
蓝	设备间至工作区或用户终端线路	连接配线间与工作区的线路	自交换间连接工作区线路
橙	网络接口、多路复用器引来的线路	来自配线间多路复用器的输出线路	来自配线间多路复用器的输出线路
绿	来自电信局的输入中继线或网络接口的设备侧		
黄	交换机的用户引出线或辅助装置的连接线路		
灰		至二级交接间的连接电缆	来自配线间的连接电缆端接
紫	来自系统公用设备(如程控交换机或网络设备)连接线路	来自系统公用设备(如程控交换机或网络设备)的连接线路	来自系统公用设备(如程控交换机或网络设备)的连接线路
白	干线电缆和建筑群间的连接电缆	来自设备间干线电缆的端接点	来自设备间干线电缆的点到点端接

(2)　管理间的面积

GB50311-2007 中规定，管理间的使用面积不应小于 $5m^2$。管理间安装落地式机柜时，机柜前面的净空不应小于 800mm，后面的净空不应小于 600mm，以便于施工和维修。安装壁挂式机柜时，一般在楼道的安装高度不小于 1.8m。

(3)　管理间电源的要求

管理间应提供不少于两个 220V 带保护接地的单相电源插座。管理间如果安装电信管理或其他信息网络管理时，管理供电应符合相应的设计要求。

(4)　管理间门的要求

管理间应采用外开丙级防火门，门宽大于 0.7m。

(5)　管理间环境的要求

管理间内，温度应为 10~35℃，相对湿度应为 20% ～ 80%。一般应该考虑网络交换机等设备发热对管理间温度的影响，在夏季必须保持管理间温度不超过 35℃。

4. 管理间子系统的连接器件

管理间子系统的连接器件根据综合布线所用介质类型，分为两大类，即铜缆连接器件和光纤连接器件。铜缆连接器件主要有配线架、机柜及缆线相关附件。配线架主要有 110 系列配线架和 RJ45 模块化配线架两类。光纤连接器件根据光缆布线场合要求，分为两类，即光纤配线架和光纤接线箱。

(1)　110 系列配线架

110 系列配线架分为两大类，即 110A 和 110P。110A 配线架采用夹跳接线连接方式，110P 配线架采用接插软线连接方式。110A 配线架有 100 对和 300 对两种规格，可以根据系统安装要求，使用这两种规格的配线架进行现场组合。

(2) RJ45 模块化配线架

RJ45 模块化配线架主要用于网络综合布线系统，配线架一般宽度为 19 英寸，高度为 1U~4U，主要安装于 19 英寸机柜。

(3) BIX 交叉连接系统

BIX 交叉连接系统是 IBDN 智能化大厦解决方案中常用的管理器件，可以用于计算机网络、电话语音、安保等弱电布线系统。

(4) 光纤连接器件

光纤连接器件根据光缆布线场合要求分为两类，即光纤配线架和光纤接线箱。光纤配线架又分为机架式光纤配线架和墙装式光纤配线架两种。常见的光纤接头有两类：ST 型和 SC 型。光纤耦合器分为 ST 型、SC 型和 FC 型。

5. 管理间子系统的安装方式

(1) 建筑物竖井内的安装方式

在竖井管理间中安装网络机柜，这样便于设备的统一维修和管理。

(2) 建筑物楼道明装方式

在学校宿舍信息点比较集中、数量相对较多的情况下，可以考虑将网络机柜安装在楼道的两侧。

(3) 建筑物楼道半嵌墙安装方式

在特殊情况下，需要将管理间机柜半嵌墙安装。

(4) 住宅楼改造增加综合布线系统

需要在已有住宅楼中增加网络综合布线系统时，往往把网络管理间机柜设计安装在该单元的中间楼层。

6. 配线架、交换机端口的冗余

有些工程在施工中没有考虑交换机端口的冗余，在使用过程中，某些端口突然出现故障时，无法迅速解决问题，会给用户造成不必要的麻烦和损失。所以，为了便于日后维护和增加信息点，必须在机柜内配线架和交换机端口做相应的冗余，需要增加用户或设备时，只须简单接入网络即可。

3.6 进线间和建筑群子系统的施工

1. 国家标准

GB50311-2007 第 6.5.3 条规定，建筑群之间的缆线宜采用地下管道或电缆沟敷设方式，并应符合相关规范的规定。

建筑物子系统的布线距离主要是通过两栋建筑物之间的距离来确定的，一般在每个室外接线井里预留 1m 的缆线。

2. 进线间子系统的设计要点

(1) 进线间的位置

一般一个建筑物设置一个进线间，同时提供给多家电信运营商和业务提供商使用，通

常设于地下一层。

对于不具备设置单独进线间或入楼电、光缆数量及入口设施较少的建筑物，也可以在入口处采用挖地沟或使用较小的空间完成缆线的成端与盘长。

(2) 进线间面积的确定

进线间因涉及因素较多，难以统一要求具体所需面积，可根据建筑物的实际情况，并参照通信行业和国家的现行标准要求进行设计。

进线间应满足缆线的敷设路由、成端位置及数量、光缆的盘长空间和缆线的弯曲半径、充气维护设备、配线设备安装所需要的场地空间和面积。

(3) 缆线配置要求

建筑群主干电缆和光缆、公用网和专用网电缆、光缆及天线馈线等室外缆线进入建筑物时，应在进线间成端转换成室内电缆、光缆，并在缆线的终端处可由多家电信业务经营者设置入口设施，入口设施中的配线设备应按引入的电、光缆容量配置。

(4) 入口管孔数量

进线间应设置管道入口。进线间缆线入口处的管孔数量建议留有 2~4 孔的余量，同时注意防火和防水的处理。

(5) 进线间的设计

进线间宜靠近外墙和在地下设置，以便于缆线引入。

① 进线间设计应符合下列规定：

- 进线间应防止渗水，应设有抽排水装置。
- 进线间应与布线系统以垂直竖井沟通。
- 进线间应采用相应防火级别的防火门，门向外开，宽度不小于 1000mm。
- 进线间应设置防备有害气体的措施和通风装置，排风量按每小时不小于 5 次容积计算。
- 进线间如安装配线设备和信息通信设施时，应符合设备安装设计的要求。
- 与进线间无关的管道不宜通过。

② 建筑群子系统在设计过程中，应该考虑以下几点因素：

- 环境美化要求。
- 建筑群未来发展的需要。
- 缆线路由的选择。
- 电缆引入要求。干线电缆引入建筑物时，应以地下引入为主，如果采用架空方式，应尽量采取隐蔽方式引入。
- 建筑群的干线电缆、主干光缆布线的交接不应多于两次。
- 建筑群子系统布线缆线的选择。一般来说，计算机网络系统常采用光缆作为建筑物布线缆线，在网络工程中，经常使用 62.5/125μm(62.5 是光纤纤芯直径，125 是纤芯包层的直径)规格的多模光缆，有时也用 50/125 和 100/140 规格的多模光纤。电话系统常采用三类大对数双绞线作为布线缆线。有线电视系统常采用同轴电缆或光缆作为干线电缆。
- 电缆线的保护。当电缆从一建筑物到另一建筑物时，要考虑易受到雷击、电源碰地、电源感应电压或地电压上升等因素，必须采取措施保护这些电缆。

(6) 建筑群子系统的缆线敷设方法

建筑群子系统的缆线布设方式有 4 种：架空布线法、直埋布线法、地下管道布线法和隧道内电缆布线，下面将详细介绍这 4 种方法。

① 架空布线法

架空布线法通常应用于有现成电杆，对电缆的走线方式无特殊要求的场合，如图 6-34 所示。

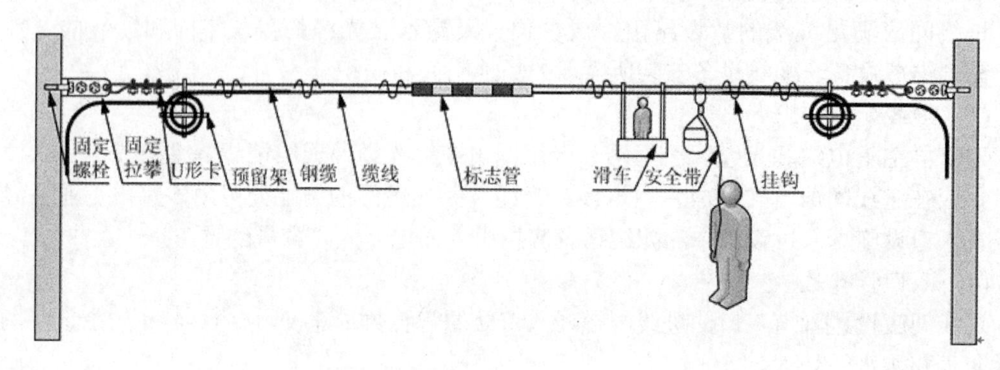

图 6-34 架空布线法

② 直埋布线法

直埋布线法根据选定的布线路由，在地面上挖沟，然后将缆线直接埋在沟内。

直埋电缆通常应埋在距地面 0.6m 以下的地方，或按照当地城管等部门的有关法规去施工，如图 6-35 所示。

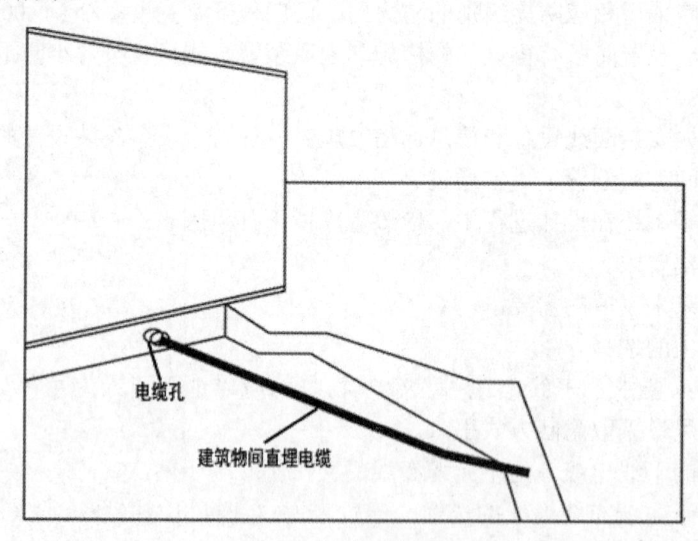

图 6-35 直埋布线法

③ 地下管道布线法

地下管道布线是一种由管道和入孔组成的地下系统，它对建筑群的各个建筑物进行互连。管道埋设的深度一般在 0.8~1.2m，或符合当地城管等部门有关法规规定的深度。为了方便日后的布线，管道安装时应预埋 1 根拉线，每间隔 50~180m 设立一个接合井，供以后的布线使用，如图 6-36 所示。

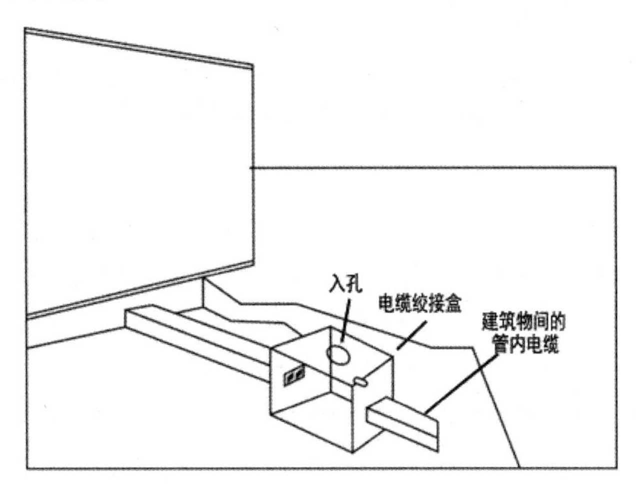

图 6-36　地下管道布线法

④　隧道内电缆布线

在建筑物之间，通常有地下通道，大多是供暖、供水的，利用这些通道来敷设电缆不仅成本低，而且可以利用原有的安全设施。

任务实施

1. 工作区子系统的施工

(1)　项目描述

在进行工作区子系统施工时，我们需要确认以下信息：

- 在施工的建筑中，总共有多少个工作区？工作区的应用分别是什么？用户要使用到哪些内容的应用(电话、计算机与监控等)？
- 各个工作区内的设计标准是什么？具体安装各类信息点的数量是多少？
- 确定各区域信息点的位置和数量。
- 各个工作区采用何种类型缆线，需要什么材料的模块、面板？数量是多少？
- 终端跳线采用成品跳线还是自制跳线？

针对以上需求，设计者到公司现场调研，确认如下信息。

①　经理室安装两个信息点，其中包含一个数据点和一个语音点。

②　仓库需要安装摄像头进行安全监控，因此安装两个信息点，其中包含一个数据点和一个语音点；财务室、办公室、工程部、项目部、维修部、商务部每个屋安装 4 个信息点，其中包含两个数据点和两个语音点。

③　信息点、语音点采用 86 型双口信息面板，敷设超五类双绞线。监控部分采用数字监控，使用六类屏蔽双绞线进行施工。

④　在本项目中，涉及的工作区子系统设计施工就是指每个办公室使用信息点的布线情况。

⑤ 在工作区子系统施工时，要充分考虑线槽、缆线、面板等设计施工是否规范，用户使用维护是否安全、方便等因素。

⑥ 要完成此项任务的施工，主要涉及以下几项技能：信息点的统计、预算表的编制，掌握水晶头端接、信息模块端接、信息插座安装及跳线测试等。

(2) 项目实施

① 统计信息点

一个工程项目在进行具体施工前，必须先根据项目需求分析，得出项目的信息点分布情况，然后可以通过 Excel 表格进行统计。表 6-12 是本项目的统计结果。信息点的统计主要内容应该包含信息点的类型、信息点的具体位置、信息点的分布数量及总数量等内容。

表 6-12 信息点统计表

房间号 / 信息号类型	401	402	403	404	405	406	407	408	总计
数据点	2	1	2	2	2	2	2	1	14
语音点	2	1	2	2	2	2	2	1	14

② 预算材料

根据信息点的统计结果，我们可以对项目材料进行预算编制，表 6-13 是依据本项目信息点统计得出的材料预算，主要统计主要耗材的具体规格、数量和价格。

表 6-13 预算材料表

材料名称	材料规格	数 量	单价(元)	合计(元)
插座底盒	明口，86 系列塑料	14 个	3	42
插座面板	双口，86 系列塑料	14 个	5	70
网络模块	RJ45	14 个	15	210
语音模块	RJ11	14 个	5	70
水晶头	RJ45	60 个	1	60
双绞线	超五类	1 箱(305m)	550	550

③ 端接 RJ45 连接器

在工作区子系统施工时，经常要使用到跳线。跳线有成品跳线和自己制作跳线两种。

本项目中的所有跳线采用自制跳线，因为共有 14 个信息点，经过与公司相关人员确认，最后需要 1m 跳线两根、3m 跳线 10 根和 5m 跳线两根。以下给出 RJ45 连接器端的端接步骤。

剥开外绝缘护套：剥离长度一般为 2~3cm。在剥护套过程中，不能对线芯的绝缘护套或者线芯造成损伤或者破坏。

剥开 4 对双绞线：拆开 4 对单绞线时，不能强行拆散或者硬折线对。

剥开单绞线：双绞线的接头处反缠绕开的线段的距离不应超过 2cm，过长会引起较大的近端串扰。

8 根线排好线序：最常使用的布线标准有 T568A 和 T568B。

剪齐线端：将 8 根线端头一次剪掉，留 14mm 长度，从线头开始，至少 10mm 导线之间不应有交叉。

插入 RJ45 水晶头：判断双绞线是否插到底的依据是，眼睛直视水晶头的顶部，可以清晰地看到 8 个双绞线铜芯的白点。

压接：将插好的水晶头放入压线钳对应的接口中，使用适中的力量进行压接。

④　测试跳线

在本项目中，使用网线测试仪简单测试通断即可。

测试：把双绞线两端的水晶头分别插入网线测试仪的端口，开启测试仪的电源开关。

结果分析：如果测试仪上 8 个指示灯都依次一对一闪过，证明网线制作成功。如果出现任何一个灯不对称或者不亮，证明存在断路、接触不良和线序出错的状况。仔细检查两个水晶头的制作工艺，重新压接处理。

⑤　端接网络模块

模块的端接方式有两种：压接和免压接。其中压接型是指模块的端接必须借助专用打线器来完成，而免压接模块则是模块出厂时已经设计好，施工时，只要用手工就可以完成模块的端接。

本项目包含 14 个网络模块、14 个语音模块需要压接。网络模块对双绞线的 8 芯线都需要压接，而语音模块只需要压接其中的 4 芯缆线，但是压接步骤相同。下面主要介绍通过工具压接网络模块的步骤。

剥开外绝缘护套，拆开 4 对双绞线，拆开单绞线。

放线。查看网络模块两边的线序说明，按照 568B 线序标准将对应单绞线放入端接口，特别注意，不能用大力将线直接压入接口缝隙中。

压接和剪线。使用打线器，将 8 芯单绞线分别加入模块中，缆线被正确压接的标志是缆线平躺于模块的缝隙底部。

盖好防尘帽。

⑥　安装信息插座

一个完整的信息插座应该包含信息模块、面板和底座。在工程中，一个信息点的工程实现就是通过安装信息插座来体现的。

本项目需要安装 14 个信息插座，下面分别介绍安装信息插座各个部件的具体步骤。

底盒安装

各种底盒安装时，一般按照下列步骤。

目视检查产品的外观。特别检查底盒上的螺孔，必须正常，如果其中有一个螺孔损坏，就坚决不能使用。

取掉底盒挡板。根据进出线方向和位置，取掉底盒预设孔中的挡板。

固定底盒。明装底盒按照设计要求用膨胀螺钉直接固定在墙面。暗装底盒首先使用专门的管接头把线管和底盒连接起来。这种专用接头的管口有圆弧，既方便穿线，又能保护缆线不会划伤或者损坏。然后用膨胀螺钉或者水泥砂浆固定底盒。

成品保护。一般做法是在底盒螺孔和管口塞纸团，也有用胶带纸保护螺孔的做法。

信息模块安装

信息模块一般包含网络数据模块和电话语音模块两大类，两者的安装方法基本相同，主要步骤为：准备材料和工具→清理和标记→剪掉多余线头→剥线→压线→压防尘盖。

安装模块前，首先清理底盒内堆积的水泥砂浆或者垃圾，然后将双绞线从底盒内轻轻取出，清理表面的灰尘，重新做编号标记，标记位置距离管口约 60~80mm。注意，做好新标记后，才能取消原来的标记。

面板安装

模块压接完成后，将模块卡接在面板中，然后立即安装面板。如果压接模块后不能及时安装面板，必须对模块进行保护，一般做法是在模块上套一个塑料袋，避免土建墙面施工污染。

2. 配线子系统的施工

(1) 任务分析

在进行配线子系统施工时，我们需要确认以下信息：

- 在建筑楼层的每个房间中，信息点的数量是多少？具体位置在哪里？
- 楼层的配线间位置在哪里？
- 所有施工内容中选用哪种缆线类型？
- 房间内缆线的敷设方式如何。采用管，还是槽？是暗埋还是明敷？
- 房间外缆线的敷设方式如何。采用管，还是槽？是暗埋还是明敷？
- 所有信息点距离配线间的最长距离是否超过 90m？超过的话如何处理？
- 配线架端接信息点采用哪种类型的端接设备？

针对以上需求，依据项目描述中给出的内容，经现场调研，确认了如下信息。

① 该网络公司的 401、403、405、407 四个房间的信息点位置距离北墙 2m 处；402、404、406 三个房间的信息点位置距离南墙 4m 处；408 房间的信息点位置距离南墙 2m 处。

② 配线间位于经理室内，采用在东北角处放置一个 42U 机柜来实现，距东墙、北墙各 0.5m。

③ 项目中所有的数据和语音信息点都采用超五类双绞线；监控部分采用数字监控，使用六类屏蔽双绞线进行施工。

④ 房间内因为原有建筑已经预埋好了暗管，直通到走廊处，所以，房间内的布线都采用暗管敷设。

⑤ 房间外走廊的水平走线采用 200×100 金属桥架进行敷设。

⑥ 在该工程中最长的信息点为 401 房间信息点距离：6+36+0.5=42.5m，再加上机柜和信息模块处端接的距离，假设给定总共 3m 的预留，总共 45.5m，远远小于水平布线 90m 的极限值，所以，所有信息点的设计可以考虑从信息点直达机柜。

⑦ 该项目的信息点数量总共为 28 个，其中语音点 14 个、数据点 14 个，所以考虑使用一个 110 语音配线架和一个网络配线架进行端接。

⑧ 在水平区子系统施工时，要充分考虑线槽、缆线等设计施工是否规范，用户使用维护是否安全、方便等因素。

⑨ 要完成此项任务的施工，主要涉及以下几项技能：双绞线缆线的敷设、桥架的安装、墙面暗管的敷设、墙面明槽管的敷设和吊顶的敷设等。

(2) 项目实施

根据前面项目分析的内容，本项目涉及的施工内容主要有：根据建筑的平面图结果，

实地规划好缆线的路由路径，然后进行相关材料预算，最后对各房间内的缆线进行敷设施工、对走廊内的缆线进行桥架敷设施工、对配线间内/机柜内的配线架做安装与端接，最后对敷设完的线路进行检测和纠错。下面分别讲解相关的施工技能点。

① 规划缆线路由

在配线子系统施工前，必须根据给定的设计平面图，到施工现场确定具体的路由线路。本项目中，施工人员到现场确定桥架的安装高度和支架的固定位置，在各房间内确定暗管的可用性。楼层垂直走线采用竖井内 200×100 金属槽道；走廊水平走线采用 200×100 金属桥架相连接；各分配线间内使用 24×14PVC 线槽。

② 敷设墙面暗埋管缆线

在设计配线子系统的埋管图时，一定要根据设计信息点的数量确定埋管规格。本任务中，公司的商务部为暗管结构，如图 6-37 所示。房间墙面上安装两个信息插座。

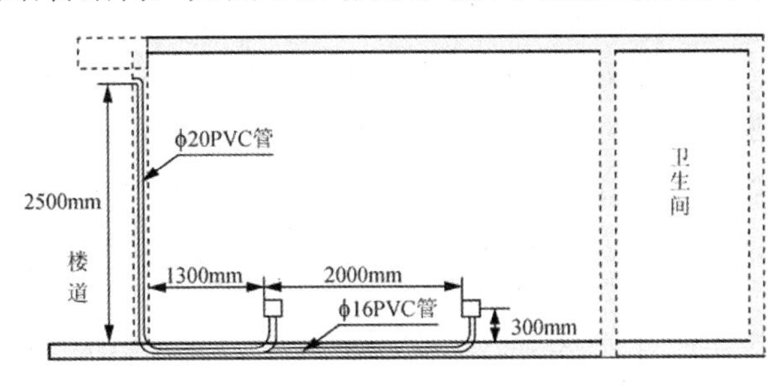

图 6-37　墙面暗埋管线施工图

注意，预埋在墙体中间暗管的最大管外径不宜超过 50mm，楼板中暗管的最大管外径不宜超过 25mm，室外管道进入建筑物的最大管外径不宜超过 100mm。

据以上设计，对房间内暗埋缆线进行施工，具体程序是：土建埋管→穿钢丝→安装底盒→穿线→标记→压接模块→标记。

在施工过程中，需要注意以下几点：

- 墙内暗埋管一般使用 16 毫米或 20 毫米的穿线管，16 毫米管内最多穿两条网络双绞线，20 毫米管内最多穿 3 条网络双绞线。
- 金属管一般使用专门的弯管器成型。在钢管现场截断和安装施工中，必须清理干净截断时出现的毛刺。
- 缆线敷设时，注意拉缆线的速度和缆线的曲率半径。
- 如果遇到缆线距离很长或拐弯很多，可以将缆线的端头捆扎在穿线器端头或铁丝上，用力拉穿线器或铁丝。缆线穿好后，将受过捆扎部分的缆线剪掉。
- 穿线时，一般从信息点向楼道或楼层机柜穿线，一端拉线，另一端必须有专人放线和护线。

③ 敷设墙面明装线槽缆线

在本项目中，因为配线间设计在经理室房间，机柜位置不在原有暗管敷设出口处，所以经理室的信息插座采用明装线槽方式进行敷设。图 6-38 为经理室墙面明装线槽施工图。根据施工图实施线槽的安装，具体程序是：信息插座安装底盒→钉线槽→布线→装线槽盖板→压接模块→标记。

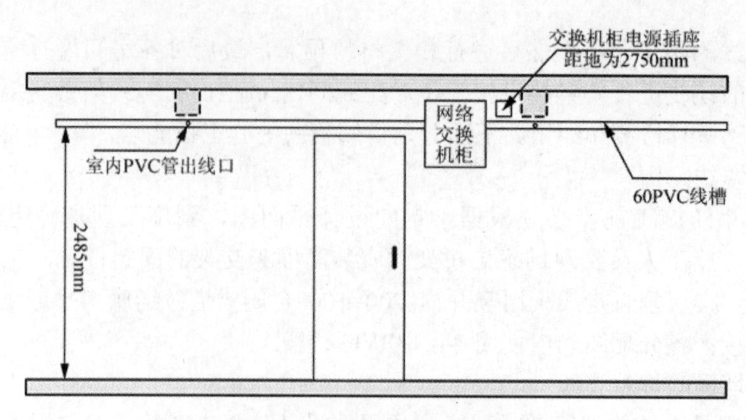

图 6-38　墙面明装线槽施工图

在施工过程中，需要注意以下几点：

- 配线子系统明装线槽安装时要保持线槽的水平，必须确定统一的高度。
- 保证拐弯处曲率半径符合标准。在项目中，布线弯曲半径与双绞线外径的最大倍数为 45/6=7.5 倍。
- 缆线敷设时，拐弯处宜使用 90°弯头或三通，线槽端头安装专门的堵头。
- 线槽布线时，先将缆线布放到线槽中，边布线边装盖板。
- 安装线槽时，用水泥钉或者自攻螺钉把线槽固定在墙面上，固定距离为 300mm 左右，必须保证长期牢固。
- 在完成配线子系统布线后，扣线槽盖板时，在敷设线槽有拐弯的地方，需要使用相应规格的阴角、阳角，线槽两端需要使用堵头，使其美观。

④　敷设地面线槽缆线

本项目的配线间在经理室内，为了方便以后缆线的敷设，所有其他房间的缆线进入到该房间后，都通过地面线槽敷设方式进入到机柜中。也就是说，从本项目其他所有信息插座的缆线由机柜统一引出后，走地面线槽到地面出线盒，或由分线盒引出的支管到墙上的信息出口，如图 6-39 所示。

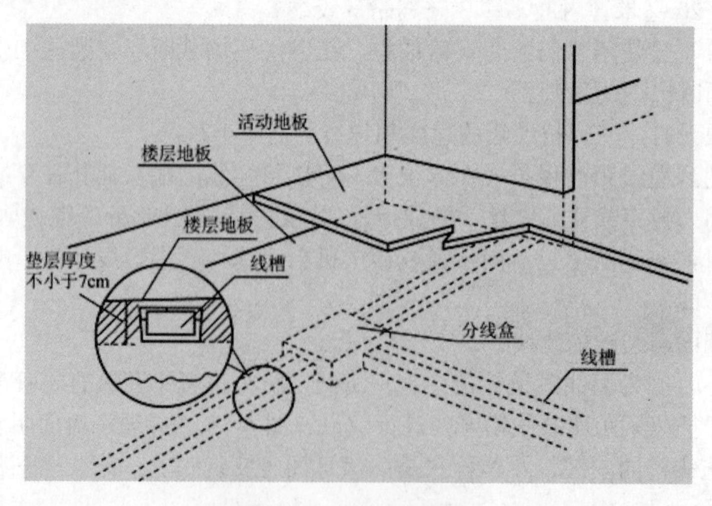

图 6-39　地面线槽敷设

⑤　敷设楼道架空和吊顶线槽缆线

楼道桥架布线如图 6-40 所示，主要应用于楼间距离较短且要求采用架空的方式布放干线缆线的场合。本项目正好适合该种建筑结构，所以所有信息插座的缆线在走出各房间后统一采用走廊桥架方式进行缆线敷设，具体程序是：画线确定位置→装支架(吊杆)→装桥架→布线→装桥架盖板→压接模块→标记。

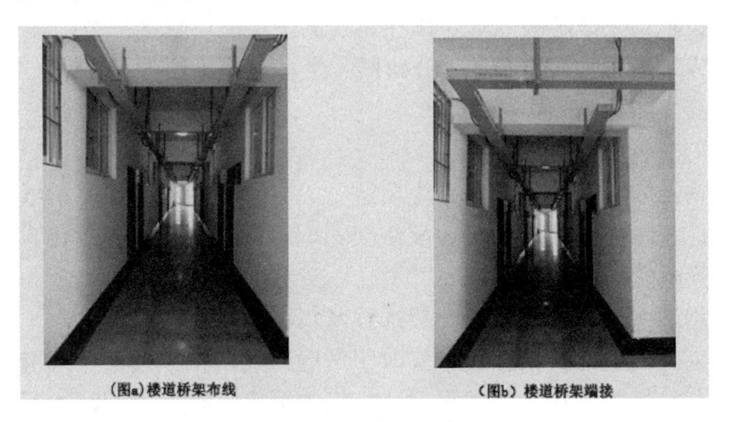

图 6-40　楼道桥架布线

在施工过程中，需要注意以下几点：

- 配线子系统在楼道墙面适合安装比较大的塑料线槽，例如宽度 60mm、100mm 或者 150mm 的白色 PVC 塑料线槽。
- 在楼道墙面安装金属桥架时，安装方法是确定楼道桥架安装高度并且画线，其次先安装 L 形支架或者三角形支架，每米 2~3 个。支架安装完毕后，用螺栓将桥架固定在每个支架上，并且在桥架对应的管出口处开孔，如图 6-41 所示。
- 在楼板吊装桥架时，首先确定桥架安装高度和位置，并且安装膨胀螺栓和吊杆，其次，是安装挂板和桥架，同时，将桥架固定在挂板上，最后在桥架开孔和布线，如图 6-42 所示。
- 缆线引入桥架时，必须穿保护管，并且保持比较大的曲率半径。

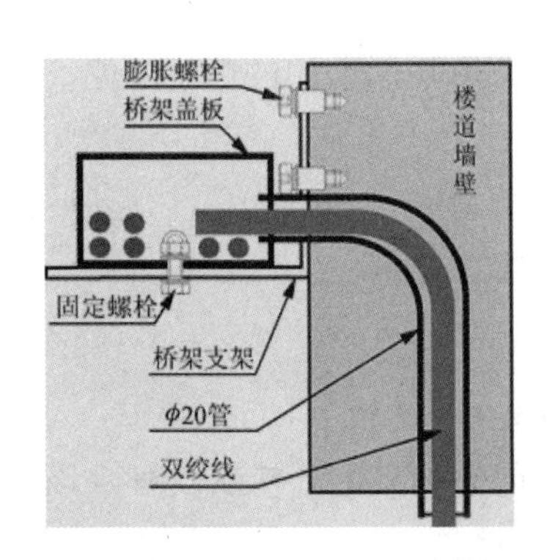

图 6-41　楼道墙面安装金属桥架

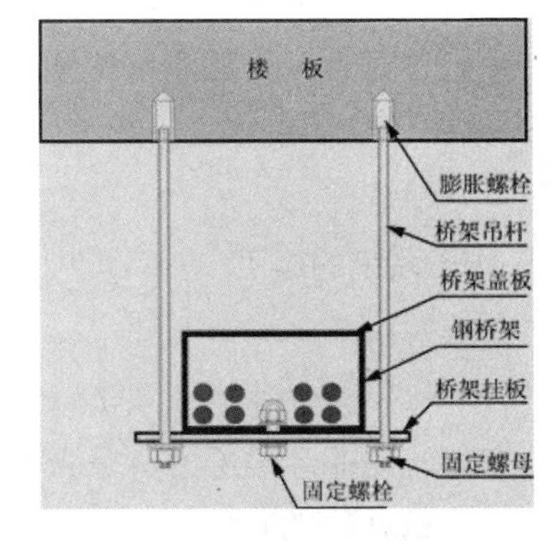

图 6-42　楼板吊装桥架

⑥　安装通信跳线架

通信跳线架主要是用于语音配线系统，一般采用 110 跳线架，主要是上级程控交换机过来的接线与到桌面终端的语音信息点连接线之间的连接和跳接部分，便于管理、维护和测试。通信跳线架的安装步骤如下。

取出 110 跳线架和附带的螺栓。

利用十字螺钉旋具把 110 跳线架用螺栓直接固定在网络机柜的立柱上。

理线。

按打线标准，把每个线芯按照顺序压在跳线架下层模块端接口中。

把 5 对连接模块用力垂直压接在 110 跳线架上，完成下层端接。

⑦ 安装网络配线架

网络配线架的安装要求如下：

- 在机柜内部安装配线架前，首先要进行设备位置规划或按照图纸规定确定位置，统一考虑机柜内部的跳线架、配线架、理线环、交换机等设备。同时，考虑配线架与交换机之间跳线方便。
- 缆线采用地面出线方式时，一般缆线从机柜底部穿入机柜内部，配线架宜安装在机柜下部。而采取桥架出线方式时，一般缆线从机柜顶部穿入机柜内部，配线架宜安装在机柜的上部。缆线采取从机柜侧面穿入机柜内部时，配线架宜安装在机柜的中部。
- 配线架应该安装在左右对应的孔中，水平误差不大于 2mm，更不允许左右孔错位安装。

⑧ 安装理线架

在配线子系统施工时，理线架总是伴随配线架存在的，主要用途是帮助缆线的整理。机柜内设备之间的安装距离至少留 1U 的空间，便于设备的散热。理线架直接固定安装在网络机柜的立柱上。

⑨ 弯管成型线管

弯管成型线管的具体制作步骤如下。

将与管规格相配套的弯管弹簧插入管内。

将弯管弹簧插入到需要弯曲的部位，如果管路长度大于弯管弹簧的长度，可用铁丝拴牢弹簧的一端，拉到合适的位置。

用两手抓住弯管弹簧的两端位置，用力弯管子或使用膝盖顶住被弯曲部位，逐渐弯出所需要的弯度。

取出弯管器。

3. 干线子系统的施工

(1) 任务分析

在进行干线子系统施工时，我们需要确认以下信息：

- 在建筑物的各楼层中，是否都设置了分配线间？如果部分楼层没有，该楼层的缆线汇总点在哪里？
- 该建筑物的设备间位置在哪里？
- 所有施工内容中选用哪种缆线类型？
- 各分配线间与设备间的缆线路由是什么？采用竖井，还是电缆孔、电缆井？

- 如果采用竖井，是否与强电合用？
- 如果采用电缆孔或者电缆井，楼层切割位置是否合理？
- 所有信息点距离配线间的最长距离是否超过 90m？超过的话如何处理？
- 配线架端接信息点采用哪种类型的端接设备？

针对以上需求，依据项目描述中给出的内容，确认了如下信息。

① 该公司总共 4 个楼层，每个楼层都有自己的分配线间：分别位于 101、201、301、401 四个房间内，在每个房间的靠走廊的位置放置一个墙柜，用于汇总本楼层所有的信息点线路。

② 该公司所在大楼的设备间位于大楼的一楼 108 房间，以一个 42U 立式机柜方式汇集所有分配线间线路。

③ 根据设计内容，在分配线间与设备间的缆线采用超五类 25 对大对数线进行敷设，监控缆线采用屏蔽 6 类线敷设。

④ 该大楼有竖井，竖井中有强电线路，需要一起并用。

⑤ 房间外走廊水平走线采用 200mm×100mm 金属桥架进行敷设。

⑥ 该楼楼层高 4m，按 4 层计算，在同一楼层测量分配线间到设备间的缆线距离为 38m，所以在这 4 个楼层中，最远的分配线间到设备间的缆线距离为 16+38=54m，小于超五类线的最远支持传输距离为 100m。

⑦ 该项目的信息点数量总共为 136 个，其中，语音点 68 个，数据点 68 个，所以考虑使用 3 个 110 语音配线架和 3 个网络配线架进行端接。

⑧ 在干线子系统施工时，要充分考虑线槽、缆线等设计施工是否规范，用户使用维护是否安全、方便等因素。

⑨ 规划缆线路由。

在干线子系统施工前，必须根据给定的系统结构图，到施工现场确定具体的路由线路。本项目中，施工人员到现场确定竖井内管槽的位置，因为竖井中有强电线路，所以用于敷设大对数线的管槽要与强电管槽保持一定的距离，避免强电的干扰。由于 25 对大对数线的线径较粗，一般房间内的暗管无法敷设，所以一般采用墙面明装管槽的方式进行敷设。在大楼的设备间，所有缆线一般通过地面线槽方式敷设。

(2) 项目实施

① 敷设竖井通道缆线

垂直干线是建筑物的主要缆线，它为从设备间到每层楼上的管理间之间传输信号提供通路。干线子系统的布线方式有垂直型的，也有水平型的，这主要根据建筑的结构而定。大多数建筑物都是垂直向高空发展的，因此，很多情况下会采用垂直型的布线方式。但是，也有很多建筑物是横向发展的，如飞机场候机厅、工厂仓库等建筑，这时，也会采用水平型的主干布线方式。因此，主干缆线的布线路由既可能是垂直型的，也可能是水平型的，或是两者的综合。

在本项目中，根据图 6-43 所示的结构可以看出，既有垂直路由线路，也有水平路由线路，其中，垂直干线部分利用竖井通道进行敷设。

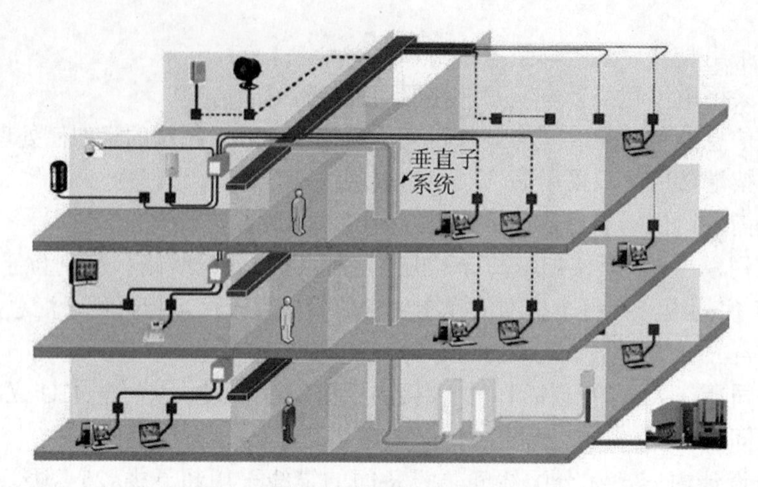

图 6-43　干线示意图

本项目中，竖井位置图纸的设计如图 6-44(a)、(b)所示。

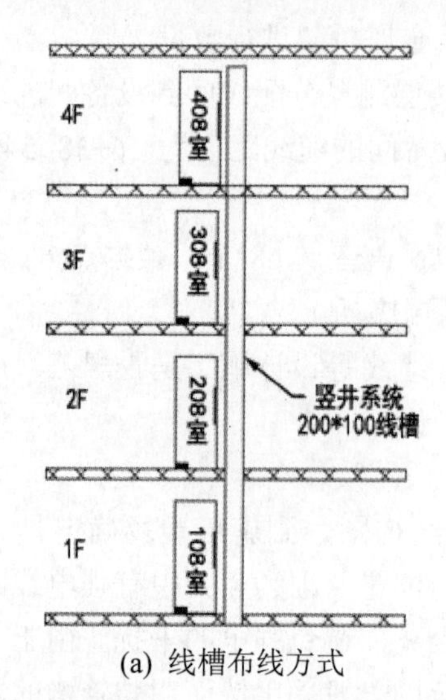

(a) 线槽布线方式

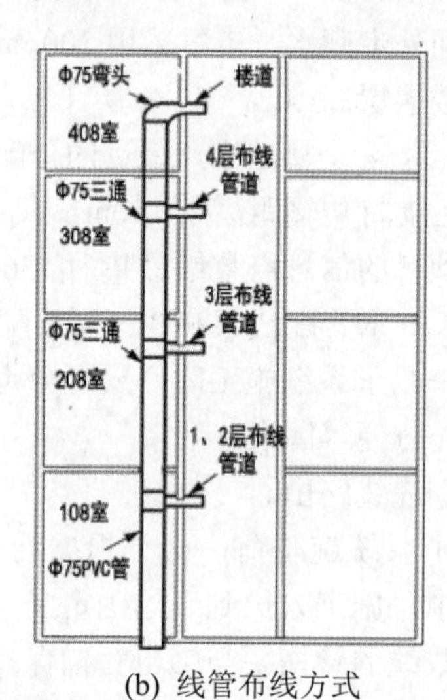

(b) 线管布线方式

图 6-44　竖井位置图纸的设计

在竖井中敷设垂直干线一般有两种方式：向下垂放电缆和向上牵引电缆。相比较而言，向下垂放比向上牵引容易。下面就两种方式的步骤进行说明。

向下垂放缆线的一般步骤

把缆线卷轴放到最顶层。

在离房子的开口(孔洞处)3~4m 处安装缆线卷轴，并从卷轴顶部馈线。

在缆线卷轴处安排所需的布线施工人员(人数视卷轴尺寸及缆线质量而定)，另外，每层楼上要有一个工人，以便牵引下垂的缆线。

旋转卷轴，将缆线从卷轴上拉出。

将拉出的缆线引导进竖井中的孔洞。在此之前，先在孔洞中安放一个塑料的套状保护物，以防止孔洞不光滑的边缘擦破缆线的外皮。

慢慢地从卷轴上放缆线，并进入孔洞向下垂放，注意速度不要过快。

继续放线，直到下一层布线人员将缆线引到下一个孔洞。

按前面的步骤继续慢慢地放线，并将缆线引入各层的孔洞，直至缆线到达指定楼层，进入横向通道。

向上牵引缆线的一般步骤

向上牵引缆线需要使用电动牵引绞车，其主要步骤如下。

按照缆线的质量，选定绞车型号，并按绞车制造厂家的说明书进行操作，先往绞车中穿一条绳子。

启动绞车，并往下垂放一条拉绳(确认此拉绳的强度能保护牵引缆线)，直到安放缆线的底层。

如果缆线上有一个拉眼，则将绳子连接到此拉眼上。

启动绞车，慢慢地将缆线通过各层的孔向上牵引。

缆线的末端到达顶层时，停止绞车。

在地板孔边沿上用夹具将缆线固定。

当所有连接制作好之后，从绞车上释放缆线的末端。

②　绑扎缆线

干线子系统敷设缆线时，由于缆线量大，应对缆线进行绑扎。

本项目中，由于我们采用的是 25 对大对数缆线，数量不多，可以不用进行绑扎。但是，在规模较大的干线子系统项目施工中，绑扎是必须进行的，所以在此说明绑扎时的一些注意事项：

- 在绑扎缆线的时候，应该按照楼层进行分组绑扎。
- 对绞电缆、光缆及其他信号电缆应根据缆线的类别、数量、缆径、缆线芯数分束绑扎。
- 绑扎间距不宜大于 1.5m，间距应均匀，防止缆线因重量产生拉力，造成缆线变形，并且不宜绑扎过紧，或使缆线受到挤压。

4. 设备间的施工

(1)　任务分析

在进行设备间子系统施工时，我们需要确认以下信息：

- 该建筑物的设备间位置在哪儿？
- 该建筑物是否有专门的进线间？
- 设备间是否在电梯附近？设备间与该建筑物的竖井距离多远？
- 设备间内需要敷设哪些类型的应用系统线路？各种缆线敷设采用什么方式？
- 设备间的接地、防火、防雷、防水、防尘、防静电设计如何？
- 设备间的温度和湿度控制措施如何？

针对以上需求，依据项目描述中给出的内容，确认了以下信息。

①　该中心设备间设在四层网络中心机房内。

②　该中心所在大楼由于建设年限较早，没有设计专门的进线间，所以，所有应用系统的总线是沿该楼的竖井敷设到设备间的。

③　设备间正好在电梯附近，有竖井直接到设备间。

④ 该大楼是以商业写字楼用途进行设计的，所以主要应用系统为网络和电话业务。由于整个大楼的数据点和语音点不多，整个大楼的各楼层没有单独设计楼层配线间，所有工作区信息插座直接汇总到设备间，缆线统一采用超五类双绞线，在设备间为了缆线的维护，采用了开放式桥架敷设模式。

⑤ 设备间的接地、防火、防雷、防水、防尘、防静电设计遵循国家相关标准实施。

⑥ 设备间配置两台精密空调用于温度的控制，配置两台加湿器用于湿度的控制。

⑦ 在设备间子系统施工时，要充分考虑线槽、缆线等设计施工是否规范，用户使用维护是否安全、方便等因素。

(2) 项目实施

进场设备

在安装之前，必须对设备间的建筑和环境条件进行检查，具备下列条件方可开工。

① 设备间的土建工程已全部竣工，室内墙壁已充分干燥。设备间门的高度和宽度应不妨碍设备的搬运，房门锁和钥匙齐全。

② 设备间地面应平整、光洁，预留暗管、地槽和孔洞的数量、位置、尺寸均应符合工艺设计要求。

③ 电源已经接入设备间，应满足施工需要。

④ 设备间的通风管道应清扫干净，空气调节设备应安装完毕，性能良好。

⑤ 在铺设活动地板的设备间内，应对活动地板进行专门检查，地板板块铺设严密、坚固，符合安装要求，每平米水平误差应不大于 2mm，地板应接地良好，接地电阻和防静电措施应符合要求。

在本子系统的布线系统中，机房内的布线技能与配线子系统和干线子系统中缆线的敷设技能相同，具体步骤可参考另外两个子系统的缆线施工内容。

设计防雷措施

依据 GB50057-2010 第 6 章第 6.3.4 条、第 6.4.5 条、第 6.4.7 条和图 6.4.5-1，以及 GA 371-2001 中的有关规定，对计算机网络中心设备间电源系统采用三级防雷设计。

第一、二级电源防雷：防止从室外窜入的雷电过电压、防止开关操作过电压、感应过电压、反射波效应过电压。

第三级电源防雷：防止开关操作过电压、感应过电压，如图 6-45 所示。

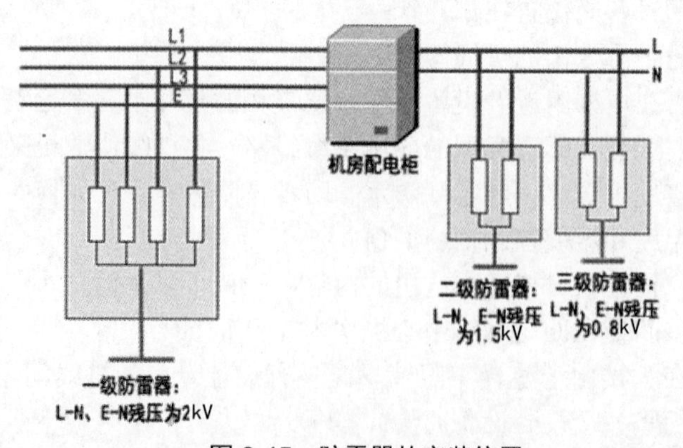

图 6-45 防雷器的安装位置

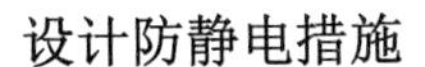

设计防静电措施

本项目以钢结构防静电地板为例进行设计，在进行高架防静电地板安装时的注意事项如下。

① 清洁地面。

② 画地板网格线和缆线管槽路径标识线，确保地板横平竖直。

③ 支架及线槽系统的接地保护。

5. 管理间的施工

(1) 任务分析

在进行管理间子系统施工时，我们需要确认以下信息：

- 该建筑物是否每个楼层都设置管理间，位置在哪里？
- 依据缆线数量的不同，管理间使用墙柜还是立式机柜端接线路？
- 管理间子系统内的缆线类型有哪些？需要什么类型的端接设备？
- 管理间子系统附近的电源插座、电力电缆、电器管理等情况如何？

针对以上需求，依据项目引入中给出的内容，确认了如下信息。

① 该办公楼每层都设有管理间，并且处于每层相同的位置：电梯旁边的房间。

② 由于办公楼用于办公，线路较多，采用立式机柜端接线路。

③ 管理间正好在电梯附近，有竖井直接到管理间，所有缆线都从竖井引入引出。

④ 该办公楼的数据信息点缆线都采用超五类双绞线进行敷设，语音信息点采用三类双绞线进行敷设，所以端接设备需要网络配线架和通信跳线架两类。

⑤ 该办公楼所有管理间内的电源插座、电力电缆、电器管理设施在土建工程中已合格施工完毕。

⑥ 在管理间子系统施工时，要充分考虑线槽、缆线等设计施工是否规范，用户使用维护是否安全、方便等因素。

本项目涉及的施工内容主要有：机柜的安装、通信配线架的端接、网络配线架的端接、交换机的安装、标记的制作和配线架端口线路标示表的制作等。其中，机柜的安装、通信配线架的端接、网络配线架的端接等内容，可参考其他项目的内容。

(2) 项目实施

安装交换机

交换机安装前，首先检查产品外包装是否完整，并开箱检查产品，收集和保存配套资料。一般包括交换机、两个支架、4 个橡皮脚垫和 4 个螺钉、一根电源线和一个管理电缆，然后准备安装交换机，一般步骤如下。

① 从包装箱内取出交换机设备。

② 给交换机安装两个支架，安装时，要注意支架的方向。

③ 将交换机放到机柜中提前设计好的位置，用螺钉固定到机柜立柱上，一般交换机上下要留一些空间，用于空气流通和设备散热。

④ 将交换机外壳接地，把电源线拿出来，插在交换机后面的电源接口。

⑤ 完成上面几步操作后，就可以打开交换机电源了，开启状态下查看交换机是否出现抖动现象，如果出现，请检查脚垫高低或机柜上的固定螺钉松紧情况。

制作标签

管理间经常用到的标签有插入式标签和缆线标签，其中，插入式标签用于标识配线架的端口信息，一般配线设备都有附带，书写相关内容后，直接插入就可以了。而缆线标签则需要自己额外制作，本项目中，采用专用标签打印机 brother PT-3600 进行制作，具体步骤如下。

① 在任何一台计算机上编辑一个 Excel 文档，将标签内容编辑好，然后，保存文档为 note.xls。

② 安装 Brother PT-3600 编辑程序 P-touch Editor，运行该程序。

③ 选择“文件”→“数据库”→“连接”→“note.xls”菜单命令，打开方式选择“连接为只读”。

④ 用鼠标直接将“文档标题”拖曳到标签编辑框中，选择“文本”类型。

⑤ 通过编辑对话框，可以编辑标签的尺寸和标签文字的大小，编辑完成后，将结果保存到 note.lbl。

⑥ 给标签打印机接通电源，然后用 USB 线将标签打印机与计算机连接起来，按“功能”+“On/Off”键开机。

⑦ 选择“文件”→“转换模板”菜单命令，可以看到编辑文档的模板和数据库文件，对数据库文件更改“PF 键”值，对应打印机上的 PF1 ~ PF9，然后，同时选中模板和数据库文件，单击“发送”按钮，就可以将文档发送到标签打印机中。

⑧ 在标签打印机上按 on/off 键两次，重新正常开机，然后按“功能”+“PF 值”键，就可以选中该文档了。

⑨ 在标签打印机上，选择标签类型后，就可以按顺序打印所需的标签了。

对于没有专用标签打印机的工程，推荐另外一种简单实用的方法：在计算机上编辑好标签文档，然后使用大张的标签粘贴纸进行打印。将打印好的标签进行裁剪，分离出各小标签。使用窄带型透明胶，将标签固定在中间，也可以保证标签的耐用性。

制作配线架端口表

在管理间的施工中，除了制作相关设备的标签外，各个设备之间的信息点连接关系也必须制作相关文档保存，一般采用表格方式进行书写。

表 6-14 是交换机与配线架信息点的一个对应表格，描述了配线架端口与交换机端口的对应关系。

表 6-14　交换机与配线架信息点的对应关系

	SW2-1	SW2-2	SW2-3	SW2-4	SW2-5	SW2-6
配线架	HD2-1	HD2-2	HD2-3	HD2-4	HD2-5	HD2-6
信息点	3F01D	3F02D	3F03D	3F04D	3F05D	3F06D
房间号	301	301	301	302	302	302

SW2-1 标识第 2 台交换机的第 1 个端口；HD2-1 标识第 2 个配线架的第 1 个端口；3F01D 标识信息点的标号；301 标识 301 房间号。

6. 进线间和建筑群子系统的施工

(1) 任务分析

在进行进线间和建筑群子系统施工时，我们需要确认以下信息：

- 所有建筑物是否都设置了进线间？
- 确定需要布线的建筑之间的距离和布线路径。
- 确定建筑物之间的布线方式和布线材料。
- 确定建筑物室外的强电线路、给(排)水管道、煤气管道、道路和绿化等现状。

针对以上情况，依据项目引入中给出的内容，确认了如下信息。

① 该办公大楼建设年代较早，没有设置单独的进线间，所以，所有缆线必须考虑缆线进入大楼的敷设路由。

② 根据大楼之间的距离情况，统一采用光缆作为各建筑大楼之间的传输介质。

③ 办公大楼和其他建筑有预埋的管道，所以，这些楼间的光缆敷设直接采用管道布线，楼间室外水泥路面的面积太大，不利于路面开挖，所以采用架空方式敷设。

④ 在进线间和建筑群子系统施工时，要充分考虑线槽、缆线等设计施工是否规范，用户使用维护是否安全、方便等因素。

(2) 项目实施

敷设光缆管道

一般管道的建设是在建筑土建时完成的，在室外每隔 50m 或者更远的距离设置一个弱电井，以供缆线的敷设。光缆的敷设步骤如下。

① 打开弱电井盖。

② 一个施工人员将光缆沿预留的管道插入，另一个施工人员在邻近的弱电井中负责引出。

③ 如此反复，将光缆沿预留管道路径敷设即可。

在光缆敷设时，应注意以下两点：

- 避开动力线，谨防线路短路。
- 管道容量预留，敷设室外管道时，要采用较大的直径，要留有余量，特别注意转弯半径。

敷设架空光缆

为防止意外破坏，架空高度在 4m 以上，而且一定要固定在墙上或电线杆上，切勿搭架在电杆上、电线上、墙头上，甚至门框、窗框上。

架空缆线敷设时，一般步骤如下。

① 电杆以 30~50m 的间隔距离为宜。

② 根据缆线的质量选择钢丝绳，一般选 8 芯钢丝绳。

③ 接好钢丝绳。

④ 架设缆线。

⑤ 每隔 0.5m 架一个挂钩。

端接光缆

在本项目中，敷设的缆线全部采用光缆，光缆的端接是光缆敷设的必需步骤。以下是光缆端接的具体步骤。

① 开剥光缆并将光缆固定到接续盒内。

使用专用开剥工具，将光缆外护套开剥 1m 左右。如遇铠装光缆时，用老虎钳将铠装光缆护套里的护缆钢丝夹住，利用钢丝缆线外护套开剥。

② 分纤。

将光纤分别穿过热缩管。将不同束管、不同颜色的光纤分开，穿过热缩管。

③ 准备熔接机。

打开熔接机电源，采用预置的程序进行熔接，一般都选用自动熔接程序。

④ 制作对接光纤端面。

用光纤熔接机配置的光纤专用剥线钳剥去光纤纤芯上的涂覆层，再用蘸酒精的清洁棉在裸纤上擦拭几次，用力要适度。然后用精密光纤切割刀切割光纤，切割长度一般为15~18mm。

⑤ 放置光纤。

将光纤放在熔接机的 V 形槽中，压上光纤压板和光纤夹具，要根据光纤切割长度设置光纤在压板中的位置，一般将对接的光纤的切割面基本都靠近电极尖端位置。关上防风罩，按 SET 键，即可自动完成熔接。需要的时间一般根据使用的熔接机而不同，一般需要8~10 秒。

⑥ 移出光纤并用加热炉加热热缩管。

打开防风罩，把光纤从熔接机上取出，再将热缩管放在裸纤中间，然后放到加热炉中加热。

⑦ 盘纤固定。

将接续好的光纤盘到光纤收容盘内。

⑧ 密封和挂起。

进行野外熔接时，接续盒一定要密封好，防止进水。

项目小结

本项目系统地介绍了网络综合布线的相关知识，并结合实例，详细讲解了综合布线系统的各个组成部分的设计与施工，希望读者重点关注每个任务中提示注意的内容，并在综合布线设计与施工的实践中，严格执行相关的国家标准。

项目检测

一、选择题

(1) 现代世界科技发展的一个主要标志是 4C 技术，下列哪项不属于 4C 技术？(　　)

A. Computer　　B. Communication

C. Control　　D. Cooperation

(2) 我国的《智能建筑设计标准》(GB/T50314-2000)是规范建筑智能化工程设计的准则。其中对智能办公楼、智能小区等大体上分为 5 部分内容，包括建筑设备自动化系统、通信网络系统、办公自动化系统、(　　)、建筑智能化系统集成。

A. 系统集成中心　　　　B. 综合布线系统

C. 通信自动化系统　　　D. 办公自动化系统

(3) 综合布线一般采用什么类型的拓扑结构？(　　)

A. 总线型　　B. 扩展树型　　C. 环型　　D. 分层星型

(4) 万兆铜缆以太网 10GBase-T 标准，对现布线系统支持的目标，请问下面哪个是错误的？(　　)

A. 4 连接器双绞线铜缆系统信道　　B. 100m 长度 F 级(七类)布线信道

C. 100m 长度 E 级(六类)布线信道　D. 100m 长度新型 E 级(六类)布线信道

(5) 下列哪种不属于智能小区的类型？(　　)

A. 住宅智能小区　　B. 商住智能小区

C. 校园智能小区　　D. 医院智能小区

(6) 下列哪项不是综合布线系统工程中用户需求分析必须遵循的基本要求？(　　)

A. 确定工作区数量和性质　　B. 主要考虑近期需求，兼顾长远发展需要

C. 制订详细的设计方案　　　D. 多方征求意见

(7) 以下标准中，哪项不属于综合布线系统工程常用的标准？(　　)

A. 日本标准　　B. 国际标准　　C. 北美标准　　D. 中国国家标准

(8) 在工作区子系统的设计中，关于信息模块的类型、对应速率和应用，错误的描述是(　　)。

A. 三类信息模块支持 16Mbps 信息传输，适合语音应用

B. 超五类信息模块支持 1000Mbps 信息传输，适合语音、数据和视频应用

C. 超五类信息模块支持 100Mbps 信息传输，适合语音、数据和视频应用

D. 六类信息模块支持 1000Mbps 信息传输，适合语音、数据和视频应用

(9) 下列关于水平子系统布线距离的描述，正确的是(　　)。

A. 水平电缆最大长度为 80 米，配线架跳接至交换机、信息插座跳接至计算机的总长度不超过 20 米，通信通道总长度不超过 100 米

B. 水平电缆最大长度为 90 米，配线架跳接至交换机、信息插座跳接至计算机的总长度不超过 10 米，通信通道总长度不超过 100 米

C. 水平电缆最大长度为 80 米，配线架跳接至交换机、信息插座跳接至计算机的总长度不超过 10 米，通信通道的总长度不超过 90 米

D. 水平电缆的最大长度为 90 米，配线架跳接至交换机、信息插座跳接至计算机的总长度不超过 20 米，通信通道的总长度不超过 110 米

(10) 下列关于垂直干线子系统设计的描述，错误的是(　　)。

A. 干线子系统的设计主要确定垂直路由的多少和位置、垂直部分的建筑方式和垂直干线系统的连接方式

B. 综合布线干线子系统的线缆并非一定是垂直分布的

C. 干线子系统垂直通道分为电缆孔、管道、电缆竖井三种方式

D. 无论是电缆还是光缆，干线子系统都不受最大布线距离的限制

(11) 根据管理方式和交连方式的不同，交接管理在管理子系统中常采用下列一些方

式，其中错误的是(　　)。

A. 单点管理单交连　　B. 单点管理双交连
C. 双点管理单交连　　D. 双点管理双交连

(12) 下列关于防静电活动地板的描述，哪项是错误的？(　　)

A. 缆线敷设和拆除均简单、方便，能适应线路增减变化
B. 地板下空间大，电缆容量和条数多，路由自由短接，节省电缆费用
C. 不改变建筑结构，即可以实现灵活布线
D. 价格便宜，且不会影响房屋的净高

(13) 综合布线的标准中，属于中国的标准是(　　)。

A. TIA/EIA568　　B. GB/T50311-2000
C. EN50173　　D. ISO/IEC1l801

(14) 4 对双绞线中，第 1 对的色标是(　　)。

A. 白-蓝/蓝　　B. 白-橙/橙　　C. 白-棕/棕　　D. 白-绿/绿

(15) 同轴电缆中，细缆网络结构的最大干线段长度为(　　)。

A. 100 米　　B. 150 米　　C. 185 米　　D. 200 米

(16) 屏蔽每对双绞线对的双绞线称为(　　)。

A. UTP　　B. FTP　　C. ScTP　　D. STP

(17) 根据布线标准. 建筑物内主干光缆的长度要小于(　　)。

A. 100 米　　B. 200 米　　C. 500 米　　D. 1500 米

(18) 信息插座与周边电源插座应保持的距离为(　　)。

A. 15cm　　B. 20cm　　C. 25cm　　D. 30cm

(19) 18U 的机柜高度为(　　)。

A. 1.0 米　　B. 1.2 米　　C. 1.4 米　　D. 1.6 米

(20) 布放电缆时，对 2 根 4 对双绞线的最大牵引力不能大于(　　)。

A. 15kg　　B. 20kg　　C. 25kg　　D. 30kg

(21) 根据 TIA/EIA568A 规定，多模光纤在 1300mm 的最大损耗为(　　)。

A. 1.5dB　　B. 2.0dB　　C. 3.0dB　　D. 3.75dB

(22) 根据综合布线系统的设计等级，增强型系统要求每一个工作区应至少有(　　)信息插座。

A. 1 个　　B. 2 个　　C. 3 个　　D. 4 个

(23) 综合布线工程施工一般来说都是分阶段进行的，下列有关施工过程阶段的描述错误的是(　　)。

A. 施工准备阶段　B. 施工阶段　　C. 设备安装　　D. 工程验收

(24) 下列有关认证测试模型的类型，错误的是(　　)。

A. 基本链路模型　　B. 永久链路模型
C. 通道模型　　D. 虚拟链路模型

(25) 综合布线工程验收的 4 个阶段中，对隐蔽工程进行验收的是(　　)。

A. 开工检查阶段　　B. 随工验收阶段
C. 初步验收阶段　　D. 竣工验收阶段

项目 7

网络工程项目管理与验收

项目描述

组建网络系统是一项工程，它也是一类项目，因此，必须采用项目管理的思想和方法来管理网络工程项目。网络工程项目的失败有多方面原因，包括技术方面的问题、费用超支问题、进度拖延问题。虽然即使采用了项目管理的方法来建设网络系统，也不一定能够成功，但项目管理不当或根本就没有项目管理意识的话，网络系统建设却必然会失败。

本项目要完成以下任务：

- 了解网络工程项目质量管理的相关内容。
- 网络工程项目成本及效益分析。
- 网络故障的诊断与排除。
- 网络工程项目的验收。
- 网络工程项目的评估。

任务1　了解网络工程项目质量管理的相关内容

任务展示

作为一项投资较大的网络工程项目，必须有严格的管理制度和质量监督体系，才能保证工程进度和工程质量。

在网络系统建设过程中，应当组织有效的管理机构，明确职责和任务，编制详细可行的质量管理手册，建立质量监督队伍，科学有效地进行工程管理和质量保证活动。

任务知识

1.1　ISO9001 质量管理

ISO9000 标准是国际标准化组织(International Organization of Standard，ISO)于 1987 年颁布的在全世界范围内通用的关于质量管理和质量保证方面的系列标准，后经不断修改完善，于 1994 年正式颁布实施了 ISO9000 族系列标准，即 94 版。在广泛征求意见的基础上，后来又启动了修订战略的第二阶段，即“彻底修改”。

1999 年 11 月提出了 2000 版 ISO/DIS9000、ISO/DIS9001 和 ISO/DIS9004 国际标准草案。此草案经充分讨论并修改后，于 2000 年 12 月 15 日正式发布实施。ISO 规定自正式发布之日起三年内，94 版标准和 2000 版标准将同步执行，同时鼓励需要认证的组织，从 2001 年开始，可按 2000 版申请认证。

1. ISO9001 标准的主要变化

(1) 思路和结构上的变化

① 把过去三个外部保证模式 ISO9001、ISO9002、ISO9003 合并为 ISO9001 标准，允许通过裁剪，适用于不同类型的组织，同时，对裁剪也提出了明确而严格的要求。

② 把过去按 20 个要素排列，改为按过程模式重新组建结构，其标准分为管理职责；资源管理；产品实现；测量、分析和改进四大部分。

③ 引入 PDCA 循环管理模式，使持续改进的思想贯穿整个标准，要求质量管理体系及各个部分都按 PDCA 循环，建立实施持续改进结构。

④ 适应组织管理一体化的需要。

(2) 新增加的内容

① 以顾客为关注焦点。

② 持续改进。

③ 质量方针与目标要细化、要分解落实。

④ 强化了最高管理者的管理职责。

⑤ 增加了内外沟通。

⑥ 增加了数据分析。

⑦ 强化了过程的测量与监控。

2. 特点

(1) 通用性强。94 版 ISO9001 标准主要针对硬件制造业，新标准还同时适用于硬件、软件、流程性材料和服务等行业。

(2) 更先进、更科学，总结补充了组织质量管理中一些好的经验，突出了八项质量管理原则。

(3) 对 94 版标准进行了简化，简单好用。

(4) 提高了同其他管理的相容性，例如同环境管理、财务管理的兼容。

(5) ISO9001 标准和 IS09004 标准作为一套标准，互相对应，协调一致。

3. 组织通过 ISO9001 质量管理体系认证的意义

(1) 可以完善组织内部管理，使质量管理制度化、体系化和法制化，提高产品质量，并确保产品质量的稳定性。

(2) 表明尊重消费者权益和对社会负责，增强消费者的信赖，使消费者放心，从而放心地采用其生产的产品，提高产品的市场竞争力，并可借此机会树立组织的形象，提高组织的知名度，形成名牌企业。

(3) ISO9001 质量管理体系认证有利于发展外向型经济，扩大市场占有率，是政府采购等招投标项目的入场券，是组织向海外市场进军的准入证，是消除贸易壁垒的强有力的武器。

(4) 通过 ISO9001 质量管理体系的建立，可以举一反三地建立健全其他管理制度。

(5) 通过 ISO9001 认证，可以一举数得，非一般广告投资、策划投资、管理投资或培训可比，具有综合效益。还可享受国家的优惠政策及对获证单位的重点扶持。

1.2 网络工程项目质量控制环节

在网络系统集成过程中，应组织有效的机构层次，明确职责和任务，编制详细可行的质量管理手册，科学有效地进行质量、成本、进度等工程管理活动。在预算成本和有限资源内，按照进度要求，在相关技术及质量指标下实现项目目标，使客户满意，并确保网络集成商可获得自己应有的利润。项目质量控制环节是：按照基准方案启动实施，在实施过程中，与实际情况进行比较和分析，必要时修改项目计划，并按照新的计划执行。

项目控制是一个动态的过程，就是不断地对项目中出现的各种偏差加以调整的过程，如图 7-1 所示。

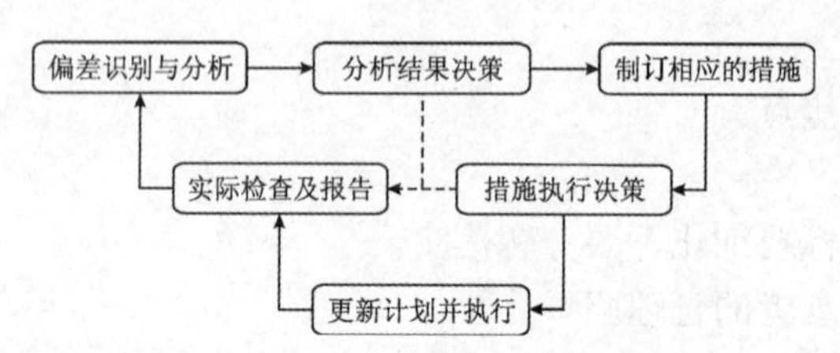

图 7-1　项目质量控制的基本过程

项目控制的主要内容包括项目进度控制、项目变更控制、项目质量控制、项目费用控制。项目控制除以上以计划为依据的基本内容外，还包括对未来情况的预测、对当时情况的衡量、预测情况和当时情况的比较，以及及时制订实现目标、进度或预算的修正方案。

此外，对项目团队的不同层次，其控制的内容也不同。对于上层，如项目总监，可能只是强调大的里程碑，对于一个项目经理，则强调具体活动，而项目管理层必须清楚所控制项目的主要事件，当然，不同层次的控制力度需要根据项目的大小、复杂程序等因素而定，不能一概而论。

1.3　网络工程项目质量指标体系

网络工程项目的质量是比较难管理的。难管理的重要原因之一，就是网络项目的质量标准的定义，即使能够定义，也较难度量。网络项目的质量指标主要是运行网络的性能指标和网络运行的应用软件的功能指标。网络系统集成质量指标和软件质量的指标及其度量有较多的研究成果可以借鉴。

在这里，介绍一种从管理角度对网络项目质量的度量，表 7-1 列出了网络系统质量因素的简明定义。

表 7-1　网络系统质量因素的定义

质量因素	定　义
正确性	网络系统满足规格说明和用户目标的程度，即在预定环境下能正确地完成预期功能的程度
健壮性(冗余性)	在硬件(如磁盘)发生故障时、在输入数据无效或操作系统错误等意外情况下，系统能做出适当响应(热插拔更换故障盘)的程度
效率	为了完成预定的功能，系统需要的计算机网络资源的多少
完整性(安全性)	对未经授权的人使用有权限的网络系统或数据的企图，系统能够控制(禁止)的程度
可用性	网络系统在完成预定应该完成的功能时，令人满意的程度
风险性	按预定的成本和进度完成系统的实施，并且为用户所满意的概率

续表

质量因素	定　义
可理解性	理解和使用该系统的容易程度
可维修性	运行现场出现错误的诊断和改正，所需要的工作量的大小
灵活性(适应性)	修改或改进正在运行的系统，所需要的工作量的多少
可测试性	系统容易测试的程度
可移植性	把程序从一种硬件配置和(或)软件系统环境转移到另一种配置环境时，需要的工作量
可重用性	在其他应用中，该系统可以被再次使用的程度(或范围)
互运行性	把该系统与另一个系统结合起来需要的工作量的多少

1.4　网络工程项目质量控制方法

(1) 严格遵守基准计划，必要时进行调整。

(2) 由专人负责相关的变更沟通。

(3) 项目沟通要及时、准确。

(4) 不断地监督项目各项工作。

(5) 确认项目变更唯一的批准授权人及相关责任。

(6) 确认和批准的程序应尽可能简洁。

(7) 项目团队所有成员都应该清楚变更程序的步骤和要求。

(8) 变更程序应包含在特殊情况下无法实现变更评审程序而实施变更的原则与步骤。

(9) 变更文件及相关备忘录应由变更主体各方签字确认才生效。

(10) 保证项目团队的团结协作精神。

虽然项目控制在项目的实施过程中显得尤为突出和重要，但是，也只是项目和管理过程整体控制的一部分。及早地进行项目计划和控制，可降低项目的实施风险，便于执行项目和实现项目目标。在理想情况下，如果项目控制得当，项目实施过程应该完全遵循项目计划轨迹发展，但现实却并非如此。

1.5　网络工程项目监理

网络工程监理是一种基于 IT 专业评估、过程控制、系统评测和技术调研的服务模式。贯穿网络信息工程项目的投资决策、设计、施工、验收和维护等各个环节。网络工程监理的主要工作内容如下。

(1) 促成领导班子的决策

工程督导监理人员应向企业领导班子提出系统决策的重要性，说服企业领导下决心去建设工程，并提出积极的、有建设性的意见供领导决策。

(2) 帮助用户做好系统需求分析

明确可行的建设目标是网络工程的关键要素。建设目标包括企业的经营管理模式、业务方向、今后的发展目标、工程能提供的功能、解决的问题等。系统需求的切实提出，是建设网络工程的成败关键。工程督导应深入了解企业的各个方面，与企业各级人员共同探讨，提出切实的系统需求。

(3) 帮助用户选择系统集成商

系统集成涉及多方面的技术，需要各种专业人员，企业一般无法独立完成。而各企业的业务领域、管理方式不同，企业的规模大小、可投入的资金和网络系统的规模也不同，因此，根据实际情况选择合适的系统集成商，成为网络工程建设成败的又一关键。合格的系统集成商应具有下列特点：

- 有较强的经济实力和技术实力。
- 有丰富的服务体系。
- 有完备的服务体系。
- 有良好的信誉。

(4) 帮助用户控制工程进度

系统集成的另一关键因素，是对网络工程建设进度的监督和控制，这也是检验工程督导和监理人员水平的标准。督导和监理人员应严格掌握工程进度，按期分段对工程验收，保证工程按期、高质量地完成。

(5) 严把工程质量关

这是系统投入运行使用能否有效、健康、持久的保证。工程督导监理人员应分阶段对工程验收，对工程每一环节的质量进行把关。

工程监理人员应该在以下环节上严把质量关：

- 系统集成方案是否合理，所选设备质量是否合格，能否达到企业要求。
- 基础建设是否完成，结构化布线是否合理。
- 信息系统硬件平台环境是否合理，可扩充性如何，软件平台是否统一、合理。
- 应用软件能否实现相应的功能，是否便于使用、管理和维护。
- 培训教材、时间、内容是否合适。

(6) 帮助用户做好各项测试工作

工程监理人员应严格遵循相关的标准，对信息系统进行包括布线、网络等各方面的测试工作。

任务 2　网络工程项目成本及效益分析

任务展示

工程项目管理是对工程建设全过程的管理，它包括从质量管理、工期管理、安全管理、成本管理到合同管理、信息管理、组织协调等方面的管理，而成本管理体现于工程项目管理的全过程，成本项目收入占工程造价的 80%以上，成本管理在企业经济管理中有着至关重要的作用。企业在推行项目经济承包过程中，只有以工程项目成本为中心，加强项目成本管理，才能提高经济效益。

随着市场竞争的日趋激烈，网络工程质量、文明施工要求不断提高，加之网络设备与综合布线材料的价格波动起伏，以及其他种种不确定因素的影响，使得网络工程项目运作处于较为严峻的环境中。因此，如何做好项目成本管理是决定企业能否在激烈的市场竞争中站稳脚跟，企业经营能否长期良性循环的关键环节。

网络工程项目管理是企业参与市场竞争的一个重要途径和手段，是企业转换经营机制的基础和核心。

任务知识

2.1　网络工程项目的成本测算

工程测算是任何工程中必有的一个环节，是指在初步设计阶段、扩大初步设计阶段和施工图纸设计阶段确定工程项目费用，计算工程造价。

企业都是追求赢利的经济实体，企业的投资如果不会带来利润和效益，企业决策阶层就会放弃这项投资。企业网络建设是要投入的，决策者必然要求网络设计人员提供网络建设的成本估计，所以，作为网络工程的组织人员或设计人员，应该掌握有关工程测算的相关知识。

成本测算是对企业未来经营中可能出现的各种状况、结果等进行充分预计，它是控制企业经营活动的依据，是保证企业目标实现的重要手段。网络工程项目成本预算是通过货币形式来评价和反映网络工程的经济效益，是工程招投标报价和确定工程造价的主要依据。网络工程项目的成本预算从大的方面分为直接费用、间接费用、计划利润和税金四个部分。其中，直接费用包括设备材料购置费用、人工费用、辅助材料费、仪器工具费、赔补费用和其他直接费用等；间接费用包括管理费、劳保费等费用；计划利润应为竞争性利润率，在编制设计任务书投资估算、初步设计概算、设计预算及招标工程标底时，可按规定的设计利润率计入工程造价。

另外，设备材料费用包括购买构成网络工程实体结构所需的材料、设备、软件等原料的费用和运输的费用；人工费用包括技术工人的费用和普通工人的费用；辅助材料费是指购买不构成网络工程实体结构，但在设备安装、调试施工中又必然使用的材料的费用；仪器工具费是指网络工程中必须使用的一些较为昂贵的仪器工具费用；赔补费用是指建设网络工程对建筑物或环境所造成损坏的补偿费用；其他直接费是指网络工程测算定额和间接费用定额以外的按照国家规定构成工程成本的费用，如夜间施工增加费，高层施工增加费等。

在网络工程项目成本预算中，硬件成本和通用软件成本容易确定，难确定的是系统集成中的软件开发成本。下面我们主要介绍工程预算的一些固定的表格，这些表格将有利于我们计算各种费用。

1. 主表

主表主要包括布线材料总费用、施工费(人工费用、机械费用、赔补费用)、网络设备费和集成费(含合理的利润)等。

主表中每一项数值都是由不同的附加表合计而来。

表 7-2 就是一个主表的例子。

表 7-2　预算表总表

建设项目名称：	×××× 工程					
单项工程名称：	×××× 工程	建设单位名称：	×××× 公司			编号

网络工程材料报价表　单位：人民币元

序　号	材料名称	单　位	数　量	单　价	合　价	备注
1	非屏蔽超五类双绞线	箱				AVAYA
2	信息插座、面板	套			—	AMP
3	超五类配线架	个			—	APM
4	五类配线架	个			—	AMP
5	1.9 米机柜	台			—	电管
6	1.6 米机柜	台			—	电管
7	0.5 米机柜	台			—	电管
8	4 芯室外光纤	米			—	
9	ST 头	个			—	
10	ST 耦合器	个			—	
11	光纤接线盒	个			—	4 口
12	光纤接线盒	个			—	12 口
13	光纤跳线 ST-SC(3M)	根			—	
14	光纤制作配件	套			—	可租用
15	钢丝绳	米			—	
16	挂钩	个			—	
17	托架	个			—	
18	U 型夹	个			—	
	电线杆	根			—	
	桥架	米			—	200×100
	PVC 槽 80×50	米			—	
	PVC 槽 40×30	米			—	
	PVC 槽 25×12.5	米			—	
	PVC 槽 12×0.6	米			—	
	RJ45 头	个			—	
	RJ11 头	个			—	
	小件消耗品	视工程需要			—	涨塞、螺钉、双面胶
	小计	—				
网络布线施工费						

续表

序　号	分项工程名称	单　位	数　量	单　价	合　价	备　注
1	PVC 槽敷设	米			—	
2	双绞线敷设	米			—	
3	跳线制作	条			—	
4	配线架安装	个			—	
5	机柜安装	台			—	
6	信息插座安装	套			—	
7	竖井打洞	个			—	
8	光纤敷设	米			—	
9	光纤 ST 头制作	个			—	
10	小计	—				
网络布线工程费						
1	设计费	(施工费+材料费)×5%				
2	督导费	(施工费+材料费)×3%				
3	测试费	(施工费+材料费)×5%				
4	小计					
设计负责人:	××××	审核人:	××××		编制日期:	×年×月×日

2. 附加表

附加表的内容主要，是网络工程建设项目中各个细节的详细描述，附加表内的数据之间有一定的联系，这要在表中加以描述和体现，附加表的汇总值是主表的一个分项。

表 7-3 和 7-4 就是附加表的例子。

表 7-3　附加表 - 网络设备和软件报价单

序　号	名　称	型　号	配置说明	数量	单位	单价	合价
1	服务器 1				台		
2	服务器 2				台		
3	服务器 3				台		
4	工作站				台		
5	硬盘 1				个		
6	硬盘 2				个		
7	UPS 电源				个		
8	主交换机				台		
9	辅交换机				台		
10	其他交换机				台		
11	RJ45-ST				台		

续表

序号	名称	型号	配置说明	数量	单位	单价	合价
12	网卡 1				块		
13	网卡 2				块		
14	路由器				台		
15	磁带机				台		
16	矩阵				台		
17	光盘塔				台		
18	中文 Windows				套		
19	中文 Office				套		
20	网管软件				套		
21	数据库软件				套		
22	MIS 软件				套		
23	小计						
24	网络系统集成费	本区小计×2%					

表 7-4　附加表 - 建筑行业(新楼)的材料费与工程费、直接费、规定收费

1. 材料费与工程费

序号	定额编号	分项工程名单	单位	数量	单价	合价	人工费	合价	备注
1	2-145	管槽内穿 8 芯线	米			—	0.80	—	
2	主材	超五类双绞线	米			—		—	
3		配线架安装 24 口	个			—	80.00	—	
4	9-82	信息插座安装	个			—	6.00	—	
5	主材	信息面板	个			—	3.00	—	
6	主材	信息面板	个			—	3.00	—	
7		机柜安装大	台			—	150.00	—	
8		机柜安装中	台			—	100.00	—	
9		机柜安装小	台			—	50.00	—	
10	主材	RJ45 头	个			—	0.20	—	
11		跳线制作	条			—	1.00	—	
12		工作间连线	条			—	1.00	—	
13		链路测试	条			—	8.00	—	
14	主材	打线工具	把			—		—	
15	主材	压线工具	把			—		—	
16	主材	转刀	把			—		—	
17	6-126	PVC 槽敷设 15×15	米			—	2.00	—	

续表

18	6-126	PVC 槽敷设 50×50	米			—	3.00	—	
19	6-126	PVC 槽敷设 200×200	米			—	6.00	—	
20	主材	竖井钻洞	个			—	50.00	—	
21	主材	金属软管	米			—	2.00	—	
22	主材	光缆敷设	米			—	2.00	—	
23	主材	19 寸光配线面板	个			—	200.00	—	
24	主材	19 寸光配线架	个			—	500.00	—	
25	主材	6 孔光配线面板	个			—		—	
26		ST 接头	个			—	80.00	—	
27		ST 耦合器	个			—	9.00	—	
28		光跳线	条			—	20.00	—	
29		ST-MIC 光跳线	条			—	20.00	—	
30		MIC-MIC 光跳线	条			—	20.00	—	
31		光收发器	台			—	40.00	—	
32		光纤接续消耗品	袋			—		—	
33		19 寸冗线器	台			—	20.00	—	
34		小件消耗品	涨塞、螺钉、双面胶带、压线卡、捆线带等						
小计						—		—	
2. 直接费									
35	13-1	临时设施费	(人工费+其他直接费)×14.7%					—	
36	13-7	现场经费	(人工费+其他直接费)×18.8%					—	
直接费小计								—	
3. 各项规定取费									
37	直接费							—	
38	企业管理费	人工费×103%						—	
39	利润	人工费×46%						—	
40	税金	[(1)+(2)+(3)×3.4]%						—	
41	小计	(1)+(2)+(3)+(4)						—	
42	建筑行业劳保统筹基金		5×1%					—	
43	建材发展补充基金		5×2%					—	
44	工程造价		(5)+(6)+(7)					—	
45	设计费		工程造价×10%					—	
46	合计		(8)+(9)					—	

2.2 网络工程项目时间的估算

对一个网络系统集成项目所需的时间进行估算时，需要分别估计项目包含的每一种活动所需的时间，然后根据活动的先后顺序来估计整个项目所需的时间。

1. 制定网络项目进度时间表

一般来说，网络项目进度时间表包括以下几项内容。

(1) 网络系统集成的各项工作内容及其时间安排。

(2) 月度和年度工作内容及其时间安排。

(3) 网络系统集成工作人员的工作内容及其时间安排。

(4) 网络系统集成工作人员讨论交流会时间安排。

时间表制订好以后，就可以照它正式开始网络系统集成了。在计划的具体实施中，还应该保持一定的灵活性。因为网络技术和产品是飞速变化的，所以要主动调整自己的策略，以适应这种变化，否则就很难避免失败的命运了。

网络系统集成与其他项目一样，通常也会出现一些意料之外的费用和时间拖延。因此，在进行费用预算时，应该留有余量。网络系统集成的经验越少，所留余量应该越大。

2. 活动时间的影响因素

项目活动时间是一个随环境、条件变化的量，无法在事前确知活动实际进行需要的时间，只能做近似的估算。时间估算也就是尽可能地使项目进度安排接近现实，以便于项目的正常实施。同时，在项目计划和实施阶段，也要随着时间的推移和经验的增多，不断对活动时间估算更新，以便随时掌握项目的进度和以后工作需要的时间，避免项目失去控制，造成延期和迟滞。值得注意的是，无论采用何种估算方法，实际所花费的时间和事前估算的结果总是会有所不同的。多种因素会对项目实际完成时间产生影响，其中，主要有下列几种。

(1) 参与人员的熟练程度。一般活动时间估算均是以典型的工作或者工作人员熟练程度为基础进行的。在实际工作中，事情不会正好如此，网络工程技术人员完成工序的时间既可能比计划时间长，也可能比计划时间短。

(2) 突发事件。在项目实际进行中，总是会遇到一些意料不到的突发事件，对项目工期较长的更是如此。大到地震、数日连雨，小到工程人员生病，这些突发事件均会对活动实际需要的时间产生影响。在计划和估算阶段考虑所有可能突发事件是不可能的，也是不必要的。但是，在项目实际进行时，需要对此有心理准备，并进行相对的调整。

(3) 工作效率。参与项目工作的人员不可能永远保持同样的工作效率。如果一个人的工作被打断，继续进行时，就需要一定时间才能达到原来的工作速度。而干扰无时不在，无法预知，也无法完全消除。它的影响也因人而异，事前无法确定。

(4) 误解和错误。尽管做计划时尽可能详尽，但总是无法避免实施过程中的误解和失误，需要随时加以控制。出现错误时予以纠正，而这又会使得实际工作所需的时间和预期计划的不尽相同，从而造成一定程度的延误。

由于以上因素的影响，任何估算都不太可能完全符合实际。而另一方面，由于这些因素的存在，在对时间进行估算时，也要对这些因素适当地加以考虑。

3. 有效工作时间

由于以上所述因素的影响，在进行时间估算(或者计划)时，需要考虑到真正有效的工作时间与自然流逝的时间之间的差异。例如，某楼宇一个设备间的安装，需要一个人 10 小时不间断地有效工作，那么，完成这一任务实际上会需要多少时间？如果被指派的人能够完全有效地连续工作，当然 10 小就可以完成；但客观上，一个人不可能长时间地保持高效率，所以，进行估算时，需要加以宽限。

一般而言，时间短的工作的平均效率更高一些，而时间长的工作的平均效率则要低一些，进行时间估算时，需要考虑到这一点。同时，这是没有打断工作的情况发生的估算，而工作中断的情况在现实中很常见，所以，在此基础上要修正估算。

另外，很少有工作人员被完全赋予一项工作而不管其他任何事，更常见的是连续工作常常被一些特殊事件打断。例如，给予其他人或者客户的技术支持和咨询、工作电话、工具故障等，这些未计划的活动，常常耗费比预想的多得多的时间。这种时间耗费因工作性质的不同，差异很大，有的工作岗位任务比较单纯，耗费的时间少；而有的岗位则处于众多的干扰之中，很难保持连接有效的工作时间。对这种情况的估计，可以通过对经验的回顾，或者直接通过统计调查而获得。在上例中，假设从经验中得知，工程人员往往要花费三分之一的时间在未计划的活动上，结合 75%工作效率的经验可知，10 小时工作量的工作正常情况下往往需要 20 小时才能完成。

4. 活动时间估算方法

正如以上所述的各种原因，对活动所需的时间进行精确估算是不容易的。对于比较熟悉的业务，可获得相对比较准确的估计，而在缺乏经验时估算，就带有相当大的不确定性。在项目进行中，可以获得新的经验和认识，从而给出更准确的估算，这样就需要进行重新计划与安排剩余的工作。进行时间估算的方法主要有以下几种，需要根据具体情况，决定采用其中的哪一种。

(1) 经验类比。对于一个有经验的工作人员来说，当前进行时间估算的活动可能与以往所参加过项目中的某些活动较为相似，借助于这些经验，可以得到一种具有现实根据的估计。当然，经历过完全相同的活动在现实中比较少见，往往还需要附加一些推测，但无论如何，经验类比提供了一种可以接受的估算。

(2) 历史数据。很多文献资料中存在相关行业的大量信息，这些信息可以作为估算的基础，其中不仅包括杂志、报刊、学术刊物等正式出版物，也包括各种各样非正式的印刷品。往往更为重要的是，正规成熟的公司企业一般均有(也应该有)关于以往所完成的项目的资料记载，从中也可以获得真实有效的信息。

(3) 专家意见。当项目涉及新技术的采用或者某种不熟悉的业务时，工作人员往往缺少做出较好估算所需的专业技能和知识，这时，就需要借助专家的意见和判断。最好是得到多个专家的意见，在此基础上，采用一定的方法，来获得更为可信的估计结果。

5. 时间估算的作用

网络系统集成项目的时间估算，在项目管理中起到很重要的作用。在此基础上，可以进行工作计划的制订与控制，并给各种活动分配相应的资源(人力和物力)；还要考虑到项目成本与完成项目所需的时间紧密相关。只有比较准确地估算出项目的时间结构，才能够对项目各方面的工作有比较全面的了解，实现有效的项目管理。

2.3 网络工程项目的效益与风险

任何企业都是追求赢利的经济实体，投资如果不会带来利润和效益，决策阶层就会放弃此项目，企业当然不愿意做这种赔本生意。因此，成本/效益分析是企业网络需求分析中的一个重要组成部分，其目的是帮助网络设计和实施人员、企业决策者从经济角度分析建立一个企业网络是否合算。

设计任何网络系统时都不可能达到完美无缺，这里有人为主观的因素，也有客观的因素。如果大部分业务都是在网络上完成的，那么，进行网络风险分析就变得非常必要了。

可以从两个角度进行风险分析，一是技术风险分析，二是商业风险分析。

(1) 技术风险分析是分析网络系统外的危险，首先要调查网络安装环境。如网络布线环境是否安全；如果一段网络系统线路中断了，会引起什么后果等。其次是考虑网络的安全性，如何防止网络数据被窃听，网络上传输的数据是否需要加密。若数据已经加密，要分析加密方案是否可靠。还要分析网络系统的稳定性和容错能力。如果数据丢失了，网络系统是否可以恢复这些数据；如果联网设备失效了，是否有后备，能实现容错功能；如果网络断电了，是否有 UPS(不间断电源)作为后备电源等。

(2) 商业风险分析比技术风险分析复杂得多。如果企业使用网络反而降低了企业的生产力或生产效率，那么，这个企业网络就是不成功的。虽然精确地定义了用户需求，网络设计也达到了商业需求，而且选用了最合适和最好的网络设备，但是，由于组网是一个复杂的工程项目，目标系统还是可能与企业的经营需求存在偏差。与技术风险分析类似，商业风险分析得是否深入、细致，与公司的体系及企业网络功能有关。

任务 3 网络故障的诊断与排除

任务展示

在项目 2 中，若公司网络近日出现下列故障现象，应及时诊断并排除：计算机无法登录到服务器；计算机在网上邻居中看不到自己，也无法在网络中访问其他计算机，不能使用其他计算机上的共享资源和共享打印机；计算机虽然在网上邻居中能够看到自己和其他成员，但无法访问其他计算机；计算机无法通过局域网访问 Internet。

任务知识

3.1 网络故障概述

在现行的网络管理体制中，由于网络故障的多样性和复杂性，网络故障分类方法也不尽相同。

根据网络故障的性质，可以可分物理故障与逻辑故障，还可以根据网络故障的对象分为线路故障、路由器故障和主机故障。

1. 按网络故障的性质划分

(1) 物理故障

物理故障是指设备或线路损坏、插头松动、线路受到严重磁干扰等情况。比如说，网络中某条线路突然中断，如果已安装了网络监控软件，就能够从监控界面上发现该路流量突然掉下，或系统弹出报警界面，更直接的反映就是处于该线路端口上的无线电管理信息系统无法使用。

另一种常见的物理故障就是网络插头误接。这种情况经常是没有搞清网络插头规范或没有弄清网络拓扑结构导致的。

还有一种情况，比如两个路由器直接连接，这时，应该让一台路由器的出口连接另一路由器的入口，而这台路由器的入口连接另一路由器的出口才行，这时制作的网线就应该满足这一特性，否则也会导致网络误接。不过，像这种网络连接，故障显得很隐蔽，要诊断这种故障，没有什么特别好的工具，只有依靠网络管理的经验来解决。

(2) 逻辑故障

逻辑故障中的一种常见情况就是配置错误，即因为网络设备的配置错误而导致的网络异常或故障。配置错误可能是路由器端口参数设定有误，或路由器路由配置错误，以至于路由循环或找不到远端地址，或者是网络掩码设置错误等。比如，同样是网络中某条线路故障，发现该线路没有流量，但又可以 Ping 通线路两端的端口，这时，很可能就是路由配置错误，导致循环了。

逻辑故障中，另一类故障就是一些重要进程和端口关闭，或者系统的负载过高。比如，路由器的 SNMP 进程意外关闭，这时，网络管理系统将不能从路由器中采集到任何数据，因此，网络管理系统失去了对该路由器的控制。或者线路中断，没有流量，这时，用 Ping 命令会发现线路近端的端口 Ping 不通。

此外，还有一种常见情况，是路由器的负载过高，表现为路由器 CPU 温度太高、CPU 利用率太高，以及内存余量太小等，虽然这种故障不能直接影响网络的连通，但却影响到网络提供服务的质量，而且也容易导致硬件设备的损害。

2. 按网络故障的对象划分

(1) 线路故障

线路故障最常见的情况就是线路不通，诊断这种故障可用 Ping 检查线路远端的路由器端口是否还能响应，或检测该线路上的流量是否还存在。一旦发现远端路由器端口不通，或该线路没有流量，则该线路可能出现了故障。这时，有几种处理方法。首先是 Ping 线路两端路由器端口，检查两端的端口是否关闭了。如果其中一端端口没有响应，则可能是路由器端口故障。如果是近端端口关闭，则可检查端口插头是否松动，路由器端口是否处于 down 的状态；如果是远端端口关闭，则要通知线路对方进行检查。进行这些故障处理之后，线路往往就畅通了。如果线路仍然不通，一种可能就是线路本身的问题，看是否线路中间被切断；另一种可能，就是路由器配置出错，比如路由出现循环，即远端端口路由又指向了线路的近端，这样，线路远端连接的网络用户就不通了，这种故障可以用 trace route 来诊断。解决路由循环的方法，就是重新配置路由器端口的静态路由器或动态路由。

(2) 路由器故障

事实上，线路故障中很多情况都涉及到路由器，因此，也可以把一些线路故障归结为路由器故障。但线路涉及到两端的路由器，因此在考虑线路故障时，要涉及到多个路由器。有些路由器故障仅仅涉及到它本身，这些故障比较典型的就是路由器 CPU 温度过高、CPU 利用率过高和路由器内存余量太小。其中最危险的是路由器 CPU 温度过高，因为这可能导致路由器烧毁。而路由器 CPU 利用率过高和路由器内存余量太小将直接影响到网络服务的质量，比如路由器上丢包率会随内存余量的下降而上升。

检测这种类型的故障时，需要利用 MIB 变量浏览器这种工具，从路由器 MIB 变量中读出有关的数据。通常情况下，网络管理系统有专门的管理进程不断地检测路由器的关键数据，并及时给出报警。而处理这种故障，只有对路由器进行升级、扩充内存等，或重新规划网络的拓扑结构。

另一种路由器故障就是自身的配置错误。比如配置的协议类型不对，配置的端口不对等。这种故障比较少见，在使用初期配置好路由器后，基本上就不会出现了。

(3) 主机故障

主机故障常见的现象就是主机的配置不当。比如，主机配置的 IP 地址与其他主机冲突或 IP 地址根本就不在子网范围内，这将导致该主机不能连通。还有一些服务设置的故障。比如 E-mail 服务器设置不当，导致不能收发 E-mail，或者域名服务器设置不当，将导致不能解析域名。主机故障的另一种可能，是主机安全故障。比如，主机没有控制其上的 Finger、RPC、Rlogin 等多余服务。而恶意攻击者可以通过这些多余进程的正常服务或 bug 攻击该主机，甚至得到该主机的超级用户权限等。

另外，还有一些主机的其他故障，比如不当地共享本机硬盘等，将导致恶意攻击者非法利用该主机的资源。发现主机故障是一件困难的事情，特别是别人恶意的攻击。一般可以通过监视主机的流量或扫描主机端口和服务来防止可能的漏洞。当发现主机受到攻击之后，应立即分析可能的漏洞，并加以预防，同时，通知网络管理人员注意。现在，各主机都安装了防火墙，如果防火墙地址权限设置不当，也会造成网络的连接故障，只要在设置使用防时火墙时加以注意，这种故障就能得到处理。

3.2 网络故障诊断和排除的基本思路

1. 望

所谓望，就是观察，通过观察 PC 机和路由器的初始化信息、网络设备的指示灯信息、操作系统或应用软件运行速度，来实现网络故障诊断和排除的目的。

(1) 初始化信息

计算机或网络设备在刚开机时，都有一段初始化信息，这段信息通常表示了计算机或网络设备的基本配置情况，例如 CPU、主板、内存、硬盘、显卡、声卡、网卡的配置情况等，通过观察这些信息，可以初步判断硬件故障的位置，对网络故障诊断和排除是很有帮助的。

(2) 网络设备的指示灯

计算机已经开始工作时，还可以观察网卡、Hub、Modem、路由器面板上的 LED 指示灯。正常情况下，绿灯表示连接正常，红灯表示连接故障，不亮表示无连接或线路不通。根据数据流量的大小，指示灯会时快时慢地闪烁。

(3) 操作系统或应用软件的运行速度

观察系统启动速度或应用软件运行速度是否突然变慢，如果系统在没有同时开很多窗口和进行多任务处理的情况下，启动或处理文件的速度突然大幅度下降，尤其是显示软件版权的画面有明显停顿的现象出现，这往往意味着病毒的侵袭。

2. 闻

所谓闻，就是听声音、闻气味。计算机和网络设备正常工作时，风扇和磁盘读取数据的声音是有规律的，当听有异常声响时，就要采取紧急措施，如关闭电源等。正常工作的机房或机箱内是不会发出异味的，当发出塑料的焦糊味时，往往是电源出了问题，或者芯片烧毁了。

3. 问

所谓问，就是网络出现故障时，应该向网络管理者或当事人询问以下问题。

(1) 故障什么时候出现？

(2) 故障表现是什么？是连续故障，还是间断故障？

(3) 当被记录的关注现象发生时，操作者正在对计算机进行什么操作，即正在运行什么程序或命令，这个程序或命令以前运行成功过吗？

(4) 网络结构发生变化了吗？如新增路由器、交换机、集线器，以及将大网络分成小网络。

(5) 网络用户组发生变化了吗？如由于工作关系，一组用户变为另一组用户。

(6) 是否新增或删除了广域网路由？

(7) 安装新协议了吗？

(8) 是否安装了新服务器？

带着这些疑问了解问题，往往能够对症下药，排除网络故障。

4. 切

所谓切，就是借助于网络故障诊断工具，进行网络故障诊断和排除。

3.3　网络故障诊断和排除的方法

网络故障现象可以说形形色色，几乎没有任何单一的检测方法或工具可以诊断出所有网络问题，而分层法、分段法、替换法是网络故障诊断和排除最常用三种方法。

1. 分层法

分层法就是对网络协议的物理层、数据链路层、网络层、传输层和应用层进行诊断，可以把故障定位到具体某一层，然后就可以分析该层可能会出现哪些问题，进行有针对性的排除。

物理层主要故障有以下几个方面：在线缆方面，如电缆测试中存在不连通、开路、短路衰减等问题，光缆测试中存在熔接或光缆弯曲等问题；在端口设置方面，存在两端设备对应的端口类型不统一问题；在端口自身或中间设备方面，有集线器等硬件设备的故障等；在电源方面，故障现象表现为掉电、超载、欠压等。排查工具和措施包括使用专门的线缆测试仪，以及对网络设备信号灯进行目测。

数据链路层故障主要有数据帧的错发、重发、丢帧和帧碰撞等，以及流量控制问题，链路层地址的设置问题，链路协议建立的问题，同步通信的时钟问题，或数据端设备链路层驱动程序的加载问题。排查工具和措施：对于 TCP/IP 网络，可以使用简单的 ARP 命令检查 MAC 地址和 IP 地址之间的映射问题。

网络层故障主要有：路由协议没有加载或路由设置错误，IP 地址或子网掩码设置错误，以及 IP 和 DNS 不正确的绑定等。路由配置错误时，可通过 route 命令来测试路由是否正确；或用 ping 命令来测试连通性。

传输层故障主要有数据包的重发、通信拥塞或上层协议在网络层协议上的捆绑问题，防火墙、路由器访问列表配置有误，过滤限制了服务连接等。排查工具和措施：使用协议分析器(如微软公司提供的网络监视器)对数据通信进行分析。

应用层故障主要有操作系统的系统资源(如 CPU、内存、I/O、核心进程等)运行状况不正常，应用服务未开启，服务器配置不合理，安全管理、用户管理存在问题等。排查工具和措施：对操作系统或应用程序本身的功能进行测试。

2. 分段法

分段法是对网络源端到目的端所经过的网络路径及网络设备进行分段处理，将网络故障定位到某一段的设备或相应的连接线缆及附件上，从而可以有针对性地进行故障排除。分段法通常有迭代分段法和子网分段法。

迭代分段法是从源端开始，检查源端到网络节点 2 是否正常工作，如正常，再检查源端到网络节点 3 是否正常工作，以此类推，直到检查出源端到目的端点不正常。在检查过程中，也就把网络故障定位到那一段网络，然后进行故障分析和排除。

子网分段法是用在不同的子网互连时诊断和排除网络故障的方法。例如，有一种故障是当两个子网连接在一起时就出现问题，但断开其中一个子网，网络又工作正常。这时候，可以分别断开不同的子网，将故障范围缩小到一个子网内，来诊断和排除。

3. 替换法

替换法是检查硬件问题最常用的方法。当怀疑是网线问题时，更换一根确定是好的网线试一试；当怀疑是接口模块有问题时，更换接口模块试一试。因此，在确认故障是由线路的某一段引起之后，可以采取设备替换法快速准确地定位引起故障的具体位置。利用一台新的路由器、交换机等网络设备替换现有的网络设备，如果线路恢复正常，则说明该网络设备发生了故障，否则，需要继续查找。

3.4 操作系统自带的网络故障诊断工具

网络发生故障后，为定位网络故障环节，有时光凭“看”和“听”是无法解决问题的，需要一定的测试工具。

合理地利用工具，有助于快速准确地判断故障原因，定位故障点。

根据网络故障的分类，检测故障的工具也可分为软件工具和硬件工具两种。软件工具主要是操作系统自带的诊断工具，硬件工具主要有网络测线仪、万用表、网络测试仪、时域反射仪、协议分析仪和网络万用仪等。

1. ping 命令

ping 命令是利用回应请求/应答 ICMP 报文来测试目的主机或路由器的可达性，用来判定网络的连通性。

在 DOS 命令提示符下，ping 命令可以有若干参数，如图 7-2 所示。

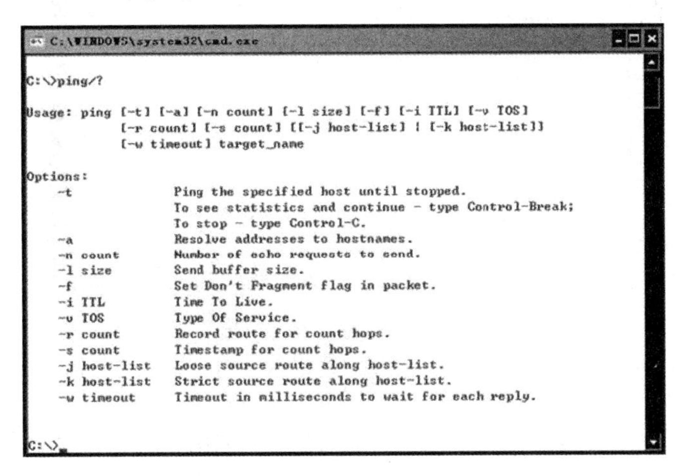

图 7-2　ping 命令的使用方法

-t：表示连续不断地对目的主机进行测试，若使用者不人为中断(同时按 Ctrl 和 C 键，或 Ctrl 和 Break 键)会不断地 ping 下去。

-a：解析主机的 NetBIOS 主机名，如果想知道 ping 的计算机名，就要加上这个参数。

-n count：定义用来测试所发出的测试包的个数，默认值为 4，count 可灵活设定为一个具体数。

target_name：可以是目的主机的主机名、IP 地址或域名(网址)。

使用 ping 命令出现的常见错误信息如下。

(1) Unknown Host(不知名主机)：表示该远程主机的名字不能被 DNS 服务器转换成 IP 地址，故障原因可能是 DNS 服务器有问题，或者其名字不正确，或者与远程主机之间的网络有故障。

(2) Network Unreachable(网络不能达到)：表示本地有到达远程主机的路由，应检查路由器配置，如果没有路由，则可以添加。

(3) No Answer(无响应)：远程主机没响应，可能是本地服务器没有工作、本地服务器网络配置不正确、本地路由器没工作、通信线路有故障或本地服务器存在路由选择问题。

(4) Request Timed Out(响应超时)：数据包全部丢失，可能是到路由器的连接问题或路由器不能通过，也可能是本地服务器已经关机或死机，还可能是对方有防火墙，或者已经下线了。

2. ipconfig 命令

ipconfig 命令可以检查网络适配器的配置，包括网络适配器的 IP 地址、子网掩码及默认网关。使用其后不同的参数，可以得到更多的网络信息。

键入 ipconfig/all，可获得完整的 TCP/IP 配置信息，另有主机名、DNS 服务器、节点类型、网络适配器类型、MAC 地址等信息，如图 7-3 所示。

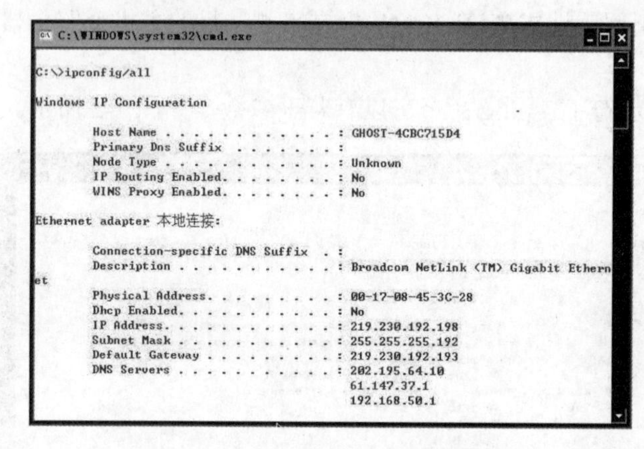

```
C:\WINDOWS\system32\cmd.exe

C:\>ipconfig/all

Windows IP Configuration

        Host Name . . . . . . . . . . . . : GHOST-4CBC715D4
        Primary Dns Suffix  . . . . . . . :
        Node Type . . . . . . . . . . . . : Unknown
        IP Routing Enabled. . . . . . . . : No
        WINS Proxy Enabled. . . . . . . . : No

Ethernet adapter 本地连接:

        Connection-specific DNS Suffix  . :
        Description . . . . . . . . . . . : Broadcom NetLink (TM) Gigabit Ethern
et
        Physical Address. . . . . . . . . : 00-17-08-45-3C-28
        Dhcp Enabled. . . . . . . . . . . : No
        IP Address. . . . . . . . . . . . : 219.230.192.198
        Subnet Mask . . . . . . . . . . . : 255.255.255.192
        Default Gateway . . . . . . . . . : 219.230.192.193
        DNS Servers . . . . . . . . . . . : 202.195.64.10
                                            61.147.37.1
                                            192.168.50.1
```

图 7-3　ipconfig 命令的使用方法

3. netstat 命令

netstat 命令可以显示有关统计信息和当前 TCP/IP 网络连接情况，获得使用的端口和使用的协议等信息、收到和发出的数据、被连接的远程系统的端口等，帮助我们了解网络的整体使用情况。根据 netstat 参数的不同，可以显示不同的网络连接信息，如图 7-4 所示。

```
C:\WINDOWS\system32\cmd.exe

C:\>netstat/?

显示协议统计信息和当前 TCP/IP 网络连接。

NETSTAT [-a] [-b] [-e] [-n] [-o] [-p proto] [-r] [-s] [-v] [interval]

  -a            显示所有连接和监听端口。
  -b            显示包含于创建每个连接或监听端口的
                可执行组件。在某些情况下已知可执行组件
                拥有多个独立组件，并且在这些情况下
                包含于创建连接或监听端口的组件序列
                被显示。这种情况下，可执行组件名
                在底部的 [] 中，顶部是其调用的组件，
                等等，直到 TCP/IP 部分。注意此选项
                可能需要很长时间，如果没有足够权限
                可能失败。
  -e            显示以太网统计信息。此选项可以与 -s
                选项组合使用。
  -n            以数字形式显示地址和端口号。
  -o            显示与每个连接相关的所属进程 ID。
  -p proto      显示 proto 指定的协议的连接；proto 可以是
                下列协议之一：TCP、UDP、TCPv6 或 UDPv6。
                如果与 -s 选项一起使用以显示按协议统计信息，proto 可以是下列协议
之一：
                IP、IPv6、ICMP、ICMPv6、TCP、TCPv6、UDP 或 UDPv6。
  -r            显示路由表。
  -s            显示按协议统计信息。默认地，显示 IP、
                IPv6、ICMP、ICMPv6、TCP、TCPv6、UDP 和 UDPv6 的统计信息；
                -p 选项用于指定默认情况的子集。
  -v            与 -b 选项一起使用时将显示包含于
                为所有可执行组件创建连接或监听端口的
                组件。
  interval      重新显示选定统计信息，每次显示之间
                暂停时间间隔(以秒计)。按 CTRL+C 停止重新
                显示统计信息。如果省略，netstat 显示当前
                配置信息(只显示一次)

C:\>_
```

图 7-4　netstat 命令的使用方法

-a：显示所有连接和监听端口，使用该参数，可以查看计算机的系统服务是否正常，判断系统是否被种上了木马，如果发现不正常的端口和服务，要及时关闭该端口或服务。还可以作为一种实时入侵检测工具，判断是否有外部计算机连接到本地计算机。

-n：可以显示本机和与本机相连的外部主机的 IP 地址。

-e：可以显示以太网统计，可与-s 参数联合使用。

-s：显示每个协议的统计。

-r：可以显示路由表的内容。

4. nbtstat 命令

nbtstat(TCP/IP 上的 NetBIOS 统计数据)用于提供关于 NetBIOS 的统计数据，可以查看本地或远程计算机上的 NetBIOS 名字表，如图 7-5 所示。

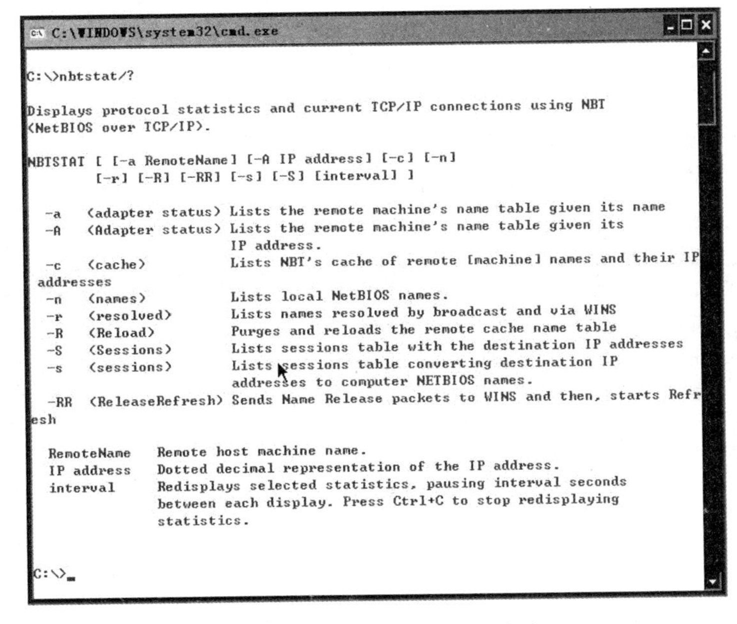

图 7-5　nbtstat 命令的使用方法

-a RemoteName：使用远程计算机的名称列出其名称表，并通过其 NetBIOS 名来查看它的当前状态。

-A IP address：使用远程计算机的 IP 地址列出其名称表。

-c：列出在 NetBIOS 里缓存的连接过的远程计算机的 NetBIOS 名称和 IP 地址。

-n：列出本地计算机的 NetBIOS 名称。

5. tracert 命令

tracert 命令可以看作是 ping 命令的扩展，它不但能够显示数据包等待和丢失等信息，还能够给出数据包达到目标主机的路径图，通过路径图显示的信息，可以判断数据包在哪个路由器处堵塞。其参数的含义如图 7-6 所示。

-d：表示不要将 IP 地址解析为计算机名称。

-h maximum_hops：表示搜寻目的可经过的最大数目跳跃区段，可显示出所经每一站路由器的反应时间、站点名称、IP 地址等重要信息，从中可判断哪个路由器最影响物流访问的速度。

-j host-list：表示根据 host-list 来指定宽松源路由。

-w timeout：表示根据每个回应的 timeout 所指定的微秒数来作为等候时间。

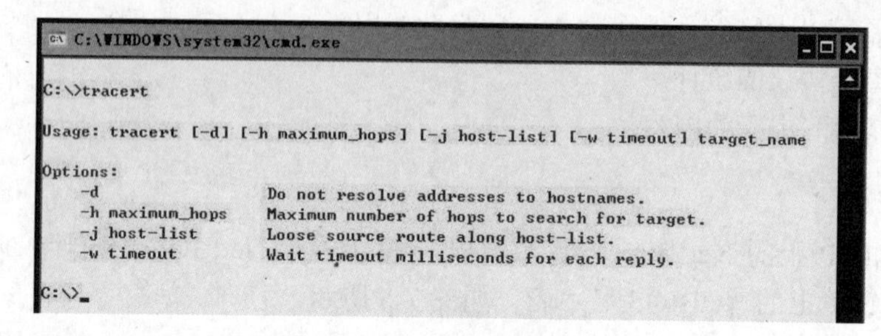

图 7-6　tracert 命令的使用方法

6. arp 命令

arp 命令使用 ARP 协议(地址解析协议，用于将 IP 地址转换为物理地址的协议)，来显示和修改 ARP 缓冲区，该缓冲区内存放 IP 地址和对应的 MAC 地址。

arp 命令参数如图 7-7 所示。

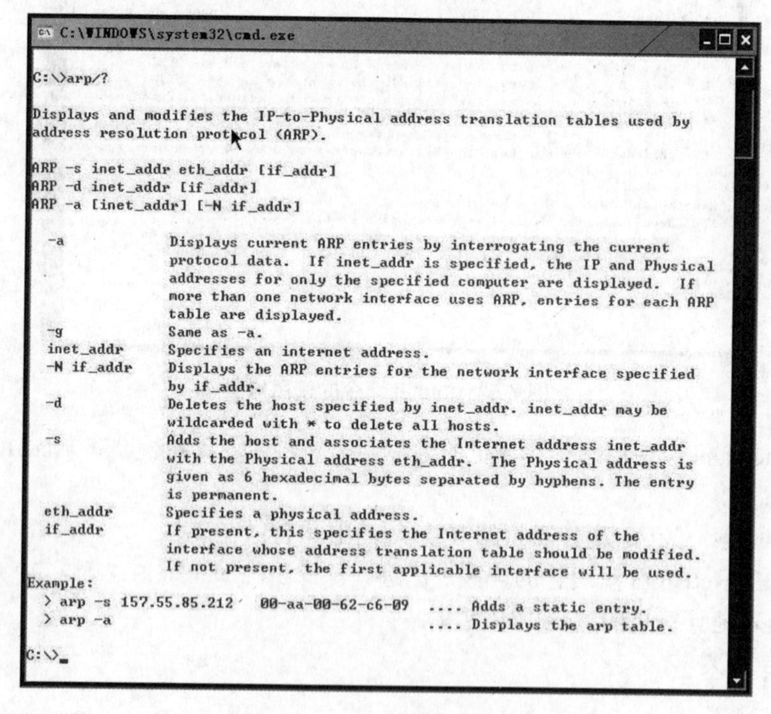

图 7-7　arp 命令的使用方法

-a：用于查看高速缓存中的所有项目。

-d：用于删除 IP 地址。

-s：用于为 MAC 地址的主机增加 IP 地址。

7. nslookup 命令

nslookup 命令用于监视网络中的 DNS 服务器能否正确实现域名解析。

- 正向解析：nslookup 域名。
- 反向解析：nslookup IP 地址。

3.5 操作系统自带的网络诊断工具的应用

1. 使用 ipconfig /all 命令查看配置

发现和解决 TCP/IP 网络问题时，先检查出现问题的计算机上的 TCP/IP 配置。可以使用 ipconfig 命令获得主机配置信息，包括 IP 地址、子网掩码和默认网关。

使用带/all 选项的 ipconfig 命令时，将给出所有接口的详细配置报告，包括任何已配置的串行端口。使用 ipconfig /all，可以将命令输出重定向到某个文件，并将输出粘贴到其他文档中。也可以用该输出确认网络上每台计算机的 TCP/IP 配置，或者进一步调查 TCP/IP 网络问题。

例如，如果计算机配置的 IP 地址与现有的 IP 地址重复，则子网掩码显示为 0.0.0.0。

下面的范例是 ipconfig /all 命令输出的，该计算机配置成使用 DHCP 服务器动态配置 TCP/IP，并使用 WINS 和 DNS 服务器解析名称：

```
Windows 2000 IP Configuration
Hose Name . . . . . . . . . . . . . . . . . . . . . . :Netserver
Primary DNS Suffix . . . . . . . . . . . . . . . . :
Node Type . . . . . . . . . . . . . . . . . . . . . . : Broadcast
IP Routin Enabled . . . . . . . . . . . . . . . . . : No
WINS proxy Enabled . . . . . . . . . . . . . . . .: No
Ethernet adapter Local Area Connection:
Host Name . . . . . . . . . . . . . . . . . : client1.microsoft.com
DNS Servers. . . . . . . . . . . . . . . . . . . . . . : 10.1.0.200
Description . . . . . . . . . . . . . . . . : 3Com 3C90x Ethernet Adapter
Physical Address . . . . . . . . . . . . . . . . .: 00-60-08-3E-46-07
DHCP Enabled. . . . . . . . . . . . . . . . . . . .: Yes
Autoconfiguration Enabled . . . . . . . : Yes
IP Address . . . . . . . . . . . . . . . . . . . . . . : 192.168.0.112
Subnet Mask . . . . . . . . . . . . . . . . . . . . : 255.255.0.0
Default Gateway . . . . . . . . . . . . . . . . . : 192.168.0.1
DHCP Server . . . . . . . . . . . . . . . . . . . . : 10.1.0.50
Primary WINS Server . . . . . . . . . . . . . : 10.1.0.101
Secondary WINS Server . . . . . . . . . . . : 10.1.0.102
Lease Obtained . . . . . . : Wednesday , September 02 , 1998 10:32:13 AM
Lease Expires . . . . . . . : Friday , September 18 , 1998 10:32:13 AM
```

如果 TCP/IP 配置没有问题，下一步测试能够连接到 TCP/IP 网络上的其他主机。

2. 使用 ping 命令测试 TCP/IP 配置

要快速获取计算机的 TCP/IP 配置，应打开控制台命令界面，然后键入“ipconfig”。

在命令提示行，通过键入“ping 127.0.0.1”，可以测试环回地址的连通性。如果 ping 命令执行失败，验证安装和配置 TCP/IP 之后，重新启动计算机。

使用 ping 命令检测计算机 IP 地址的连通性。如果 ping 命令失败，验证安装和配置 TCP/IP 之后，重新启动计算机。

使用 ping 命令检测默认网关 IP 地址的连通性。如果 ping 命令失败，验证默认网关 IP 地址是否正确，以及网关(路由器)是否运行。

使用 ping 命令检测远程主机(不同子网上的主机)IP 地址的连通性。如果 ping 命令失败，应验证远程主机的 IP 地址是否正确，远程主机是否运行，以及该计算机和远程主机之间的所有网关(路由器)是否运行。

使用 ping 命令检测 DNS 服务器 IP 地址的连通性。如果 ping 命令失败，应验证 DNS 服务器的 IP 地址是否正确，DNS 服务器是否正常运行，以及该计算机和 DNS 服务器之间的网关(路由器)是否正常运行。

3. 使用 ping 和 net view 命令测试 TCP/IP

要使用 ping 命令测试 TCP/IP 的连通性，应打开命令提示符界面，然后使用其 IP 地址直接 ping 所需的主机。如果 ping 命令失败，出现“请求超时”的消息，应验证主机 IP 地址是否正确，主机是否运行，以及该计算机和主机之间的所有网关(路由器)是否运行。

要使用 ping 命令测试主机名称解析功能，应使用主机名称 ping 所需的主机。如果 ping 命令失败，出现“未知主机”的消息，应验证主机名称是否正确，主机名称是否能被 DNS 服务器解析。

要使用 net view 命令测试 TCP/IP 的连通性，应打开命令提示符界面，然后键入“net view\\computername”。net view 命令通过建立一个临时的 NetBIOS 连接，列出运行 Windows 的计算机上的文件和打印共享。如果在指定的计算机上没有文件或打印共享，net view 命令将显示 There are no entries in the list 消息。如果 net view 命令失败，出现 System error 53 has occurred 的消息，应验证 computername 是否正确，Windows Server 2008 系统的计算机是否正常运行，以及该计算机和运行 Windows Server 2008 系统的计算机之间的所有网关(路由器)是否正常运行。

要进一步解决连通性问题，可执行以下操作。

使用 ping 命令 ping computername。如果 ping 命令失败，出现 Unknown host 消息，那么，computername 不能解析成 IP 地址。

使用 net view 命令和运行 Windows 计算机的 IP 地址，如下所示：

```
net view\\IP address
```

如果 net view 命令成功，那么，computername 解析成错误的 IP 地址。

如果 net view 命令失败，出现 System error 53 has occurred 消息，则运行 Windows 的计算机没有运行 Microsoft 网络服务的文件和打印机共享。

4. 使用 tracert 命令跟踪网络连接

tracert(跟踪路由)是路由跟踪实用程序，用于确定 IP 数据报访问目标所采取的路径。tracert 命令用 IP 生存时间(TTL)字段和 ICMP 错误消息来确定从一个主机到网络上其他主机的路由。

(1) tracert 工作原理

通过向目标发送不同 IP 生存时间(TTL)值的“Internet 控制消息协议(ICMP)”回应数据包，tracert 诊断程序确定到目标所采取的路由。要求路径上的每个路由器在转发数据包之前，至少将数据包上的 TTL 递减 1。数据包上的 TTL 减为 0 时，路由器应该将“ICMP 已超时”的消息发回源系统。

tracert 先发送 TTL 为 1 的回应数据包，并在随后的每次发送过程中将 TTL 递增 1，直到目标响应或 TTL 达到最大值，从而确定路由。通过检查中间路由器发回的“ICMP 已超时”的消息，来确定路由。某些路由器不经询问，直接丢弃 TTL 过期的数据包，这在 tracert 实用程序中看不到。

tracert 命令按顺序打印出返回“ICMP 已超时”消息的路径中的近端路由器接口列表。如果使用-d 选项，则 tracert 实用程序不在每个 IP 地址上查询 DNS。

在下面的例子中，数据包必须通过两个路由器(即 10.0.0.1 和 192.168.0.1)，才能到达主机 172.16.0.99。

```
C:\> tracert 172.16.0.99 -d
Tracing route to 172.16.0.99 over a maximum of 30 hops
1   2s       3s       2s 10.0.0.1
2   75ms     83ms     88ms 192.168.0.1
3   73ms     79ms     93ms 172.16.0.99
Trace complete
```

主机的默认网关是 10.0.0.1，而 192.168.0.0 网络上路由器的 IP 地址是 192.168.0.1。

(2) 用 tracert 解决问题

可以使用 tracert 命令确定数据包在网络上的停止位置。下例中，默认网关确定为 192.168.10.99，主机没有有效路径。这可能是路由器配置的问题，或者是 192.168.10.0 网络不存在(错误的 IP 地址)：

```
C:\> tracert 192.168.10.99
Tracing route to 192.168.10.99 over a maximum of 30 hops
1 10.0.0.1 reports : Destination net unreachable
Trace complete
```

tracert 实用程序对于解决大网络问题，是非常有用的，此时，可以采取几条路径到达同一个点。

5. 使用 pathping 命令测试路由器

pathping 命令是一个路由跟踪工具，它将 ping 和 tracert 命令的功能与这两个工具所不提供的其他信息结合起来。pathping 命令在一段时间内将数据包发送到到达最终目标路径上的每个路由器，然后基于数据包的计算机结果，从每个跃点返回。由于命令显示数据包在任何给定路由器或链接上丢失的程度，因此，可以很容易地确定可能导致网络问题的路由器或链接。

以下是典型的 pathping 报告，跃点列表后所编辑的统计信息表明在每个独立路由器上数据包丢失的情况：

```
D:\>pathping -n msw
Tracing route to msw [ 7.54.1.196 ]
over a maximum of 30 hops:
0 172.16.87.35
1 172.16.87.218
2 192.68.52.1
3 192.68.80.1
4 7.54.247.14
5 7.54.1.196
Computing statistics for 125 seconds…

Source to Here This Node/Link
Hop  RTT  Lost/Sent=Pct  Lost/Sent=Pct  Address
0                                    172.16.87.35
                    0/ 100 = 0%       |
1     41ms 0/ 100 = 0%       0/ 100 = 0%      172.16.87.218
                    13/ 100 = 13%     |
2     22ms 16/ 100 = 16%     3/ 100 = 3%      192.68.52.1
                    0/ 100 = 0%       |
3     24ms 13/ 100 = 13%     0/ 100 = 0%      192.68.80.1
                    0/ 100 = 0%       |
4     21ms 14/ 100 = 14%      1/ 100 = 1%     10.54.247.14
                    0/ 100 = 0%       |
5     24ms 13/ 100 = 13%     0/ 100 = 0%      10.54.1.196
Trace complete
```

当运行 pathping 时，在测试问题时，首先查看路由的结果。此路径与 tracert 命令所显示的路径相同。然后 pathping 命令对下一个 125 毫秒显示忙消息(此时间根据跃点计数变化)。在此期间，pathping 从以前列出的所有路由器和它们之间的链接之间收集信息。在此期间结束时，显示测试结果。

最右边的两栏 This Node/Link Lost/Sent=Pct 和 Address 包含的信息最有用。

172.16.87.218(跃点 1)和 192.68.52.1(跃点 2)丢失 13%的数据包。所有其他链接工作正常。在跃点 2 和 4 中的路由器也丢失寻址到它们的数据包(如 This Node/Link 栏中所示)，但是该丢失不会影响转发的路径。

对链接显示的丢失率(在最右边的栏中标记为|)表明沿路径转发丢失的数据包。该丢失表明链接阻塞。对路由器显示的丢失率(通过最右边栏中的 IP 地址显示)表明这些路由器的 CPU 可能超负荷运行。这些阻塞的路由器可能也是端对端问题的一个因素，尤其是在软件路由器转发数据包时。

6. 使用 arp 命令解决硬件地址问题

地址解析协议(ARP)允许主机查找同一物理网络上的主机的媒体访问控制地址，如果给出后者的 IP 地址，为使 ARP 更加有效，每个计算机缓存 IP 到媒体访问控制地址映射，消除重复的 ARP 广播请求。

可以使用 arp 命令，查看和修改本地计算机上的 ARP 表项。arp 命令对于查看 ARP 缓存和解决地址解析问题非常有用。

(1)　查看地址解析协议(ARP)缓存

在命令提示符下，键入 arp -a。

例如，如果最近使用过 ping 命令测试并验证从这台计算机到 IP 地址为 10.0.0.99 的主机的连通性，则 ARP 缓存显示以下各项信息：

```
Interface:10.0.0.1 on interface 0x1
Internet Address Physical Address Type
10.0.0.99 00-e0-98-00-7c-dcdynamic
```

此例中，缓存项指出位于 10.0.0.99 的远程主机解析成 00-e0-98-00-7c-dc 的媒体访问控制地址，它是在远程计算机的网卡硬件中分配的。媒体访问控制地址是计算机用于与网络上远程 TCP/IP 主机物理通信的地址。

要最小化网络上的 ARP 广播通信，Windows 2010 维护硬件到软件地址映射的缓存以便将来使用。缓存包含以下两种类型的项目。

①　动态 ARP 缓存项

在正常使用与远程计算机的 TCP/IP 会话过程中，这些项目是自动添加和删除的。如果在两分钟内不再使用，动态项目将老化并在缓存中过期。如果动态项目在两分钟内重新使用，则可以保留在缓存中，在被删除或使用 ARP 广播过程要求缓存更新之前，将最多有 10 分钟的缓存寿命。

②　静态 ARP 缓存项

这些项是使用 arp 命令以及-s 选项手动添加的。静态项目一直保留在 ARP 缓存中，直到计算机重新启动为止。

(2)　添加静态 ARP 缓存项

在命令提示符下，键入：

```
arp -s ip_address mac_address
```

ip_address：指定本地(在同一子网上)TCP/IP 节点的 IP 地址。

mac_address：为本地 TCP/IP 节点上安装并使用的网卡指定媒体访问控制地址。

例如，为 IP 地址是 100.0.0.200 的本地 TCP/IP 节点添加静态 ARP 项，该 IP 地址解析成媒体访问控制地址 00-10-54-CA-E1-40，请在命令提示符下键入：

```
arp -s 10.0.0.200 00-10-54-CA-E1-40
```

静态 ARP 项有助于加速访问经常使用的主机。

静态项一直有效，直到重新启动 Windows。要让静态 ARP 缓存项保持不变，应将 arp 命令添加到系统启动时运行的批处理文件中。

3.6　常用的硬件形式的网络故障诊断工具

在网络系统中出现故障不可避免，要进行网络维护和网络故障诊断，需要借助网络测线仪、万用表、网络测试仪、时域反射仪、协议分析仪和网络万用仪等硬件形式的网络故障诊断工具来完成。

1. 网络测线仪

网络测线仪是常用的网络故障诊断工具，是用来测试线缆连通性问题以及 RJ45 接头是否完好的工具，可以检测双绞线和 RJ45 接头的以太网线路，能够测试电缆的连通性、开路、短路、跨接、反接、串扰，以及电缆状态。该工具由两部分组成，分别连接网线的两端，如果测试较短的线缆，可以直接将线缆的两端接入主测试器中；如果是较长的线路，线路的两端接头分别插入两块测试器中。

2. 数字万用表

数字万用表也是常用的网络故障诊断工具，一般用来检查电源插座电压是否正常，测试 PC 电源，测试传输介质(如细缆和双绞线)，测试同轴电缆接头处的终端匹配器。

3. 网络测试仪

网络测试仪提供了实时的网络分析测试，可以收集网络的统计资料并用图表形式显示。可以用于被动的工作方式(即出了问题去查找)，也可以用于主动的方式(即网络动态监测)。更高级的网络测试仪将网络管理、故障诊断以及网络安装测试等功能集中在一个仪器中，可以通过交换机、路由器观察整个网络的状况。

4. 时域反射仪

时域反射仪用于检测到断点或短路点的距离，提供更多关于故障类型和位置的信息，帮助我们避免耗费时间进行反复试验或进行不正确的电缆追踪。

5. 协议分析仪和网络万用仪

协议分析仪的大部分功能是数据包的捕捉、协议的解码、统计分析和数据流量的产生，从而查找故障源。现在，不少公司生产的协议分析仪，不但实现了协议分析，而且完成了电缆测试仪和网络测试仪的大部分功能。而且有一些产品称为“网络万用仪”，不但能实现协议分析，还能对复杂的 PC 至网络连通设置问题进行诊断，例如 IP 地址、默认网关、E-mail 和 Web 服务器等。

任务实施

认真听取网络管理员和当事人的故障描述，借助网络检测工具，使用常见的网络故障诊断方法，实现故障的定位和排除。

(1) 在确保电源正常的情况下，查看网卡或交换机、Hub、路由器等网络设备的 LED 灯是否正常，如不正常，重新把线缆插头插好，如还不正常，替换网卡等相应网络设备试一试，看是否网络设备有故障。

(2) 用 ipconfig 命令查看 IP 地址配置是否正确，如不正确，在桌面的“网上邻居”上右击，选择“属性”快捷菜单命令，然后在所用的“本地连接”上右击，选择“属性”快捷菜单命令，打开“本地连接 属性”对话框，双击“Internet 协议(TCP/IP)”，在“Internet 协议(TCP/IP)属性”界面中，重新配置 IP 地址、子网掩码、默认网关、DNS 服务器地址。如果别人强占了自己的 IP 地址，造成 IP 地址冲突，可以先临时更改自己的 IP 地址，使用 nbtstat -a 确定强占自己 IP 地址的计算机的 MAC 地址和主机名，要求其退让。

捆绑 MAC 地址和 IP 地址，预防 IP 地址冲突，在 DOS 命令提示符下，输入 ipconfig/all，查出自己的 IP 地址及对应的 MAC 地址，例如，IP 地址为 192.168.20.18，MAC 地址为 00-E0-4C-A0-02-A4；输入命令 ARP-S 192.168.20.18 00-E0-4C-A0-02-A4，这样，就把 IP 地址和 MAC 地址捆绑在一起了。

(3) 使用“ping 本机 IP 地址”或“ping 127.0.0.1”。如果能 ping 通，说明计算机的网卡和网络协议设置都没问题，问题可能出在计算机与网络的连接上，应检查网线及其与网络设备的接口状态。

如果出现错误提示信息，如 Destination Host Unreachable，则表明目标主机不可达。检查网卡是否安装正确(通过设备管理器查看，如果在系统硬件列表中没有发现网络适配器，或网络适配器前方有一个黄色的“!”，说明网卡未安装正确，需将未知设备或带有黄色“!”的网络适配器删除，刷新后，重新安装网卡，并为该网卡正确安装和配置网络协议；如果网卡无法正确安装，说明网卡可能损坏，换一块网卡重试)。

如果网卡安装正确，检查 TCP/IP 和 NetBEUI 通信协议是否正确安装，否则需要卸载后重新安装，并把 TCP/IP 参数配置好。

检查网线是否连接正常，用测线仪测试是否连通。

如果没有异常情况，说明网卡和 TCP/IP 协议安装没有问题，没有连通性故障。

(4) 通过“ping 网关地址”查看返回信息是否正常，如不正常，则从网卡和网线方面寻找原因。

检查计算机到网关段网络的连接状态，如能连通，则说明计算机到网关这一段网络没问题，但不能确定网关是否有问题。

(5) 通过“ping 外网 IP 地址”来查看返回信息是否正常，如不正常，则检查网关的设置。

(6) 使用 nslookup 检查 DNS 是否工作正常，如果出现不能正常解析域名的情况，则需要检查 DNS 是否设置正常。

(7) 检查防火墙策略是否有限制。

(8) 在“控制面板”的“网络”属性中，单击“文件及打印共享”按钮，在弹出的“文件及打印共享”对话框中，将“允许其他用户访问我的文件”和“允许其他计算机使用我的打印机”复选框选中，否则将无法使用共享文件夹。

(9) 对于服务器故障，如某项服务被停止、BIOS 版本太低、管理软件或驱动程序有 Bug、应用程序有冲突、人为造成的软件故障、开机无显示、上电自检阶段故障、安装阶段故障、操作系统加载失败、系统运行阶段故障等，则请服务器系统管理员协助，通过启用服务、使用安全模式恢复系统、使用故障恢复控制台等措施，一起排除故障。

任务 4　网络工程项目的验收

任务展示

对网络工程验收是施工方向用户方移交的正式手续，也是用户对工程的最后监查、认可。在工程验收阶段，一是要监查工程是否符合设计要求和有关施工规范，二是要对工程的施工水平做出较为全面的评价。

任务知识

4.1 网络工程现场验收测试

现场验收又称物理验收，它是网络工程在施工完工后必不可少的一步。

1. 现场验收内容

在网络工程完工后，甲方、乙方应共同组成一个验收小组，对已竣工的工程进行验收。对于网络综合布线系统，应该首先在物理上验收，其主要的验收内容如下。

(1) 工作区子系统验收

对于众多的工作区，不可能逐一验收，需要由甲方抽样挑选工作间来检测。验收的重点有如下几个方面。

① 线槽走向、布线是否美观大方、符合规范。

② 信息座是否按规范进行了安装。

③ 信息座安装是否做到了一样高、平、牢固。

④ 信息面板是否都固定牢靠。

(2) 水平干线子系统验收

水平干线验收的主要验收点有如下几个方面。

① 槽安装是否符合规范。

② 槽与槽、槽与槽盖是否接合良好。

③ 托架、吊杆是否安装牢靠。

④ 水平干线与垂直干线、工作区交接处是否有裸线，有没有按规范去做。

⑤ 水平干线槽内的线缆有没有固定。

(3) 垂直干线子系统验收

垂直干线子系统的验收，除了类似于水平干线子系统的验收内容外，还要检查楼层与楼层之间的洞口是否封闭了(以防火灾出现时成为一个隐患点)；线缆是否按间隔要求固定了；拐弯线缆是否留有弧度。

(4) 管理间、设备间子系统验收

主要检查设备安装是否规范、整洁。

2. 物理验收内容

验收不一定要等工程结束时才进行，往往有的内容是随时验收的，我们把网络布线系统的物理验收内容归纳如下。

(1) 施工过程中甲方需要检查的事项

① 环境要求：

- 地面、墙面、天花板内、电源插座、信息模块座、接地等要素的设计与要求。
- 设备间、管理间的设计。
- 竖井、线槽、打洞位置的要求。

- 施工队伍以及施工设备。
- 活动地板的敷设。

② 施工材料的检查：

- 双绞线、光缆是否按方案规定的要求购买。
- 塑料槽管、金属槽是否按方案规定的要求购买。
- 机房设置如机柜、集线器、接线面板是否按方案规定的要求购买。
- 信息模块、座、盖是否按方案规定的要求购买。

③ 安全、防火要求。

(2) 检查设备安装

① 机柜与配线面板的安装：

- 在进行机柜安装时，要检查机柜安装的位置是否正确，规格、型号、外观是否符合要求。
- 跳线制作是否规范，配线面板的接线是否美观、整洁。

② 信息模块的安装：

- 信息插座安装的位置是否规范。
- 信息插座、盖的安装是否平、直、正。
- 信息插座、盖是否用螺丝拧紧了。
- 标志是否齐全。

(3) 双绞线电缆和光缆的安装

① 桥架和线槽的安装：

- 位置是否正确。
- 安装是否符合要求。
- 接地是否正确。

② 线缆布放：

- 线缆规格、路由是否正确。
- 线缆的标号是否正确。
- 线缆拐弯处是否符合规范。
- 竖井的线槽、线固定是否牢靠。
- 是否存在裸线。
- 竖井层与楼层之间是否采取了防火措施。

(4) 室外光缆的布线

① 架空布线：

- 架设竖杆位置是否正确。
- 吊线规格、垂度、高度是否符合要求。
- 卡挂钩的间隔是否符合要求。

② 管理布线：

- 管孔的使用、管孔位置是否合适。
- 线缆规格。
- 防护设施。

③ 挖沟布线(直埋)：

- 光缆规格。
- 敷设位置、深度。
- 是否加了防护铁管。
- 回填土复原是否夯实。

④ 隧道线缆布线：

- 线缆规格。
- 安装位置、路由。
- 设计是否符合规范。

⑤ 线缆终端安装：

- 信息插座的安装是否符合规范。
- 配线架压线是否符合规范。
- 光纤头制作是否符合要求。
- 光纤插座是否合乎规格。
- 各类线缆是否符合规范。

上述 5 点，均应在施工过程中由甲方和督导人员随工检查。发现不合格的地方，要随时返工，如果完工后再检查，出现问题就不好处理了。

除了以上对物理外观做一般性的检查外，还应做一些简单的测试，内容主要包括：

- 工作间到设备间的连通状况。
- 主干线的连通状况。
- 跳线测试。
- 信息传输速率、衰减、距离、接线图、近端串扰等。

4.2 网络设备验收

(1) 任务目标。对照网络设备(服务器、交换机、路由器、拨号访号服务器、UPS 电源及各类 Modem 等设备)订货清单清点到货，确保到货设备与订货一致。使验收工作有条不紊，井然有序。

(2) 先期准备。由系统集成方负责人员在设备到货前，根据订货清单填写《到货设备登记表》的相应栏目，以便到货时进行核查、清点。《到货设备登记表》仅为方便工作而设定，所以不需要任何人签字，只需专人保管即可。

(3) 开箱检查、清点、验收。一般情况下，设备厂商会提供一份验收单，以设备厂商的验收单为准。妥善保存设备随机文档、质保单和说明书，软件和驱动程序应单独存放在安全的地方。

4.3 网络系统试运行

从初步验收结束时刻起，整体网络工程进入试运行阶段。整体网络工程在试运行期间，不间断连续运行时间不应少于两个月。试运行由系统集成商的代表负责，用户与设备厂商密切协调配合。在试运行期间，要完成的任务如下：

- 监视系统运行。
- 网络基本应用测试。
- 可靠性测试。
- 系统冗余性能测试。
- 系统安全性能测试。
- 网络负载能力测试。
- 网络应用系统功能测试。

4.4　网络工程的最终验收

各种系统试运行期满后，由用户方对系统集成方所承做的网络工程进行最终验收。最终验收的内容包括以下几个方面。

(1) 检查试运行期间的所有运行报告及各种测试数据。确定各项测试工作已做充分，所有遗留的问题都已解决。

(2) 验收测试。按照测试标准对整个网络工程进行抽样测试，测试结果填入“最终验收测试报告”。

(3) 撰写《最终验收报告》，该报告后附《最终验收测试报告》。

(4) 向用户移交所有技术文档，包括所有设备的详细配置参数、各种用户手册等。

4.5　网络工程的交接和维护

1. 网络工程交接

最终验收结束后，开始交接过程。网络工程交接是一个逐步使用户熟悉网络、使用网络并能够管理与维护网络的过程。网络工程交接包括技术资料交接和网络系统交接，网络系统交接一直延续到维护阶段。

技术资料包括在实施过程中所产生的全部长文件和记录。至少提交：总体设计文档、工程实施设计、网络通信设备配置文档、综合布线配置文档、网络服务器配置文档、网络应用系统技术文档、各项测试报告、系统维护手册(设备随机文档)、系统操作手册(设备随机文档)和系统管理建议书等。

2. 网络工程维护

在技术资料交接之后，进入维护阶段。网络系统维护工作贯穿整个网络建设的生命期。用户方的网络系统管理人员，要在此期间内逐步培养独立处理各种事件的能力。

在网络系统维护期间，网络如果出现任何故障，网络管理人员应详细填写相应的故障报告。如果故障无法排除，要立即找系统集成商的技术人员来处理。

在合同规定的无偿维护期之后，网络系统的维护工作原则上由用户自己完成，对网络系统的修改，用户可以独立进行。网络管理人员还要承担用户培训的技术支持工作，还要承担网络应用系统的开发工作。比如主页制作与更新、网络应用系统的设计与开发等。

针对网络系统的运行，建议用户填写详细的系统运行记录和修改记录，实施严格的管理制度，以确保网络系统安全、可靠、高效地运行。

任务5　网络工程项目的评估

任务展示

网络工程项目评估是在确定的评估目标、原则的指导下，按照网络资源或网络项目划分评估内容，采用评估方法和策略，依据评估步骤和流程对网络整体系统进行全面评估。

任务知识

5.1　评估基本知识

1. 评估目标

针对一个已建成的网络工程项目，提供全面的现有网络状态的信息，保护现有的资源；提出改善网络性能的建议，提供降低风险、改善网络运行效率的建议；提供全面的评估总结，为投资决策提供科学依据。

2. 评估原则

(1) 整体性原则：从评估内容、业界标准、应用需求分析和服务规范等多个角度保证评估测试的整体性和全面性。

(2) 规范性原则：严格遵循业界项目管理和服务质量标准和规范。

(3) 有效性原则：从成功经验、人员水平、企业信誉、工具、项目过程等多个方面保证整个过程和结果的有效性。

(4) 最小影响原则：在项目管理和工具技术方面，使评估对系统造成的影响降低到最低限度。

(5) 保密性原则：保证政务网络应用系统和业务系统数据的安全性，避免政务数据的泄露和系统受到侵害。

3. 评估内容

按照网络资源划分，评估内容包括对网络结构、网络传输、网络交换、业务应用、数据交换、数据库运行、应用程序运行、安全措施(包含设备软件和制度)、备份措施(包含设备软件和制度)、管理措施(包含设备软件、制度和人员)、主机/服务器处理能力、客户端处理能力等方面的评估。

按照评估项目划分，评估内容包括网络协议分析、系统稳定评估、网络流量评估、网络瓶颈分析、网络业务应用评估、安全漏洞评估、安全弱点评估等方面。

按照网络故障划分，评估内容包括网络接口层(物理、数据链路)故障、网络层故障和网络应用(协议)层故障等方面的评估。

网络接口层故障包括传输介质、通信接口以及信号接地等问题。网络层故障包括网络协议的配置、IP 地址的配置、子网掩码和网关的配置，以及各种系统参数的配置等问题。这些都是排除故障时要查看的主要内容。

网络应用层包括支持应用的网络操作系统(如 Unix、Windows 2000 Server / Windows XP、Linux、Netware 等)和网络应用系统(如 DNS、DHCP 服务器、邮件服务器和 Web 服务器等)。主要的故障原因一般是各种操作系统存在的系统安全漏洞和许多应用软件之间的冲突。可以利用各种网络监测与管理工具，比如任务管理器、性能监视器及各种硬件检测工具等。还有一个问题，就是病毒破坏和被人非法访问篡改的问题。

4. 评估策略

电子政务系统的健壮性和安全性评估，在技术上采用的是从网络信息系统的底层到高层、实测和预测相结合的综合评估；在资源划分上采用的是由大到小、逐步细化、纵横关联的模型；要充分考虑网络系统运行维度和网络信息资源的关系。

在电子政务系统的健壮性和安全性评估过程中，要根据用户网站信息系统的实际情况，灵活地使用本地测试法、分布测试法、远端测试法、协同测试法、并发测试法或者几种方法相结合的方式进行测试规划。

5. 评估一般流程

根据评估目标、原则和策略，网络系统在评估时，可按照图 7-8 所示的评估流程来实施评估。

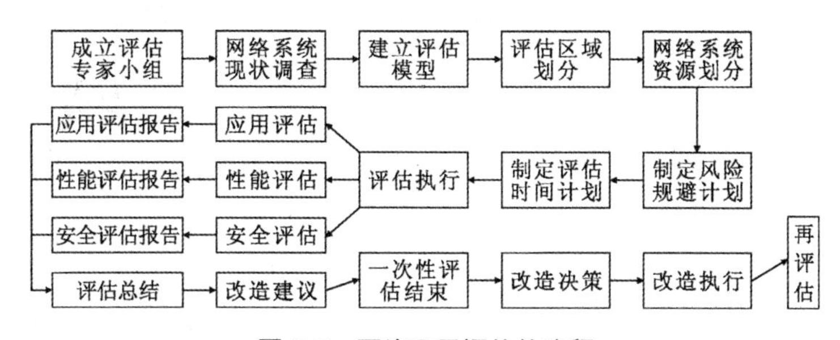

图 7-8　网络项目评估的流程

5.2　网络健壮性评估

现在，人们对网络信息的依赖程度越来越高，对网络信息系统的要求已经不仅仅满足于能用，而是需要高性能、高可靠性和高可用性的值得信赖的网络信息系统。

例如，一项网络数据业务的正常运行，不仅需要高效的网络传输和交换，而且需要主机、服务器的快速处理及数据库系统的良好运转，还需要足够的安全保证。网络信息系统运行表现出来的这些特征与性能，可以用健壮性来描述。

网络系统的健壮性评估是保证网络信息高性能、高可靠性、高可用性、高效率运转的基本手段。网络系统的健壮指数越大，说明它的生命力就越强，它所能够承载的信息量越大。一个健壮性指数高的网络系统是保证业务运行和应用的必要前提。

在整个网络系统中，网络结构、网络传输、业务应用、数据交换、数据库运行、应用程序运行、安全措施、备份措施、管理措施、主机/服务器处理及客户端处理等，这一系列的元素都是相互关联和相互影响的。这些元素之间的关系往往是比较复杂的，牵一发而动全身，每一项元素的性能下降或者受到安全威胁时，都将对整个网络系统造成影响。尤其是，对于那些处理关键业务的元素(如边界路由器、服务器等)，更是不允许性能下降和存在安全隐患。

如果在评估中只关注一种或几种元素，如安全、流量、服务器软件系统等，这些零散的评估往往不能够提供全面的网络状态的信息；更不能够进行全面的网络状态信息的相互关联，来进行全面的、辩证的评估。很难给网络管理者提供正确的管理信息，很难提供一种恰当的改善建议和改善方案，也很难给投资决策者正确的决策支持信息。

5.3 网络安全性评估

1. 安全风险分析

周密的网络安全评估与分析，是制订可靠、有效的安全防护措施的必要前提。网络风险分析应该在网络系统、应用程序或信息数据库的设计阶段进行。这样，可从设计开始就明确安全需求，确认潜在的损失。因为，在设计阶段实现安全控制，要远比在网络系统运行后采取同样的控制，可节约更多费用和时间。即使认为当前的网络系统分析建立得十分完善，在建立安全防护时，风险分析还是会发现一些潜在的安全问题。

网络系统的安全性，取决于网络系统最薄弱的环节，任何疏忽的地方都可能成为黑客攻击点，导致网络系统受到很大的威胁。最有效的方法是定期对网络系统进行安全性分析，及时发现并修正存在的弱点和漏洞，保证网络系统的安全性。

一个全面的风险分析包括：物理层安全风险分析、链路层安全风险分析、网络层(包含传输层)安全风险分析、操作系统安全风险分析、应用层安全风险分析、管理的安全风险分析、典型的黑客攻击手段。

2. 安全评估方法

网络系统风险分析的方式有：问卷调查、访谈、文档审查、黑盒测试、操作系统漏洞的检查和分析、网络服务的安全漏洞和隐患的检查和分析、抗攻击测试和综合审计报告。其中，最主要的就是利用漏洞扫描软件对网络系统进行扫描分析。

可以利用先进的漏洞扫描软件(如科先达 KSS)对网络系统扫描。扫描分析功能主要包括弱点漏洞检测、运行服务检测、用户信息检测、口令安全性检测和文件系统安全性检测等。网络安全性分析系统是以一个网络安全性评估分析软件为基础，通过实践性的扫描分析网络系统，检查和报告系统存在的弱点和漏洞，提出安全建议、补救措施和策略。

3. 安全评估的步骤

(1) 找出漏洞。评估网站结构，并审视网络使用政策及安全性方案，如单点防护的防火墙、加密系统或扫描系统的入侵侦测软件、电子邮件过滤软件和防毒软件。

(2) 分析漏洞。这方面的分析涉及漏洞所造成风险的本利分析。要进行此项分析，必须非常了解相关部门的信息资产。

(3) 降低风险。因为网站系统的功能日趋复杂，为了降低风险，评估必须从安全性解决方案和政策方面，重新检视网站的安全。例如，网站是否针对某个漏洞或数个小漏洞提供了整套安全性解决方案，安全性政策是否鼓励所有使用者参与维护网络安全的任务。

4. 安全评估的下一步工作

(1) 做好万一遭受非法入侵的准备。评估系统安全性的一项重要元素，就是紧急事件应变措施。网络管理者应制订一份紧急事件应变措施，以防在事件发生时，安全性系统却未发生效用的状况发生；同时，必须确认所有员工充分了解这份紧急事件应变措施内容。紧急事件应变措施应说明当紧急事件发生时，应报告给谁，谁负责回应，谁做决策；而在准备计划时，应包括情境模拟。此外，当网络环境或威胁有所改变时，也应立即检查计划，决定是否需要进行修改。

(2) 测试弱点。测试系统整体的频率，应是整个评估安全性方案的一部分。在监督阶段中，安全性系统会定期扫描某些重要信息系统。这些扫描结果的记录也就可以用来比对侦测入侵结果及判断信息是否被窜改。此过程可以用来深入分析网络安全的优势与劣势各是什么，根据其结果，或许必须修改政策或方案。

(3) 评估与再评估。即使网站的安全性基础建设在某一个阶段被评定为非常优良的，但也不能认为下一个阶段仍是安全的。正常的情况是，在一段时间后，必须再进行一次评估。网络上的威胁，如黑客和病毒，只会随着互联网的逐渐发展成为网络安全的首要问题而更加复杂。长期而言，有效的安全性方案必须持续不断地评估网站的安全性。

项目小结

本项目从网络项目质量管理、网络工程项目成本及效益分析、网络故障的诊断与排除、网络工程项目验收和网络工程项目评估这几个方面，对网络工程管理进行了深入的介绍。所采用的项目实例皆来源于生产一线，密切结合实际，期望能为广大读者在网络工程项目管理过程中提供有利的帮助，并在读者的帮助下不断完善相关的内容。

项目检测

(1) 简述 ISO9000 质量管理体系认证的意义。
(2) 计算机网络工程现场验收测试内容有哪些？
(3) 计算机网络工程现场验收测试种类有哪些？
(4) 简述计算机网络工程成本测算的意义。
(5) 计算机网络工程成本测算的费用包括哪些？

参 考 文 献

[01] 王公儒. 网络综合布线系统工程技术实训教程[M]. 2 版. 北京：机械工业出版社，2012.

[02] 杨云江，高鸿峰，邓周灰. 大学校园网络综合布线系统的设计与应用[N]. 贵州大学学报(自然科学版). 2005. 03.

[03] 胡胜红，毕娅. 网络工程原理与实践教程[M]. 北京：人民邮电出版社，2008.

[04] (美)David Barnett, David Groth, Jim McBee. 网络布线从入门到精通[M]. 3 版. 王军等译. 北京：电子工业出版社，2005.

[05] 吴学毅. 计算机网络规划与设计[M]. 北京：机械工业出版社，2009.

[06] Allan Reid, Jim Lorenz. 思科网络技术学院教程 CCNA Discovery：家庭和小型企业网络[M]. 思科系统公司译. 北京：人民邮电出版社，2009.

[07] (美)Ted G. Lewis. 网络科学：原理与应用[M] 北京：机械工业出版社，2011.

[08] (美)Donahue, G.A.. Network Warrior 中文版思科网络工程师必备手册[M]. 孙余强，孙剑译. 北京：人民邮电出版社，2011.

[09] 王建平，李晓敏. 网络设备配置与管理[M]. 北京：清华大学出版社，2010.

[10] 雷震甲. 网络工程师教程[M]. 3 版. 北京：清华大学出版社，2009.

[11] 刘晓辉. 网络设备规划、配置与管理大全：Cisco[M]. 北京：电子工业出版社，2009.

[12] 陈鸣. 网络工程设计教程：系统集成方法[M]. 2 版. 北京：机械工业出版社，2008.

[13] 刘晓辉. 网管从业宝典[J]. 重庆：重庆大学出版社，2008.

[14] (俄)Natalia Olifer, (乌)Victor Olifer. 计算机网络：网络设计的原理、技术和协议[J]. 高传善等译. 北京：机械工业出版社，2008.